"十四五"职业教育国家规划教材

以工作过程为主线,"模块化"组织教材内容
以校企合作为平台,引入工程项目案例
以技能大赛为引领,融入竞赛项目及要求

微课版

通信工程制图及实训

第四版

新世纪高职高专教材编审委员会 组编
主 编 于正永 张 悦 华 山

大连理工大学出版社

图书在版编目(CIP)数据

通信工程制图及实训 / 于正永,张悦,华山主编
. —4版. ——大连：大连理工大学出版社,2022.1(2023.7重印)
新世纪高职高专通信类课程规划教材
ISBN 978-7-5685-3687-5

Ⅰ.①通… Ⅱ.①于… ②张… ③华… Ⅲ.①通信工程—工程制图—高等职业教育—教材 Ⅳ.①TN91

中国版本图书馆 CIP 数据核字(2022)第 023502 号

大连理工大学出版社出版

地址：大连市软件园路 80 号　邮政编码：116023
发行：0411-84708842　邮购：0411-84708943　传真：0411-84701466
E-mail:dutp@dutp.cn　URL:https://www.dutp.cn
大连图腾彩色印刷有限公司印刷　大连理工大学出版社发行

幅面尺寸：185mm×260mm　　印张：18.5　　字数：427 千字
2012 年 9 月第 1 版　　　　　　　　　　　2022 年 1 月第 4 版
2023 年 7 月第 4 次印刷

责任编辑：马　双　　　　　　　　　　　责任校对：周雪姣
封面设计：张　莹

ISBN 978-7-5685-3687-5　　　　　　　定　价：58.80 元

本书如有印装质量问题,请与我社发行部联系更换。

前言

《通信工程制图及实训》(第四版)是"十四五"职业教育国家规划教材、"十三五"职业教育国家规划教材、"十二五"职业教育国家规划教材,也是新世纪高职高专教材编审委员会组编的通信类课程规划教材之一。

党的二十大报告指出,推进文化自信自强,铸就社会主义文化新辉煌。通过在教材每个模块后面设置"技能训练"栏目,将"奋斗精神""奉献精神""创造精神""工匠精神"等元素融入实训案例中,实现精神引领;同时,教材选用国产中望CAD软件作为载体,培养民族自信,助力中国制造,担起时代发展重任,将党的二十大精神落到实处,充分发挥育人实效。

随着通信技术的快速发展和产业的不断升级,特别是5G移动通信技术的发展,网络建设进程不断推进,市场对通信工程勘测、设计类人才的需求逐渐增加。在通信工程建设过程中,通信工程勘测和设计制图至关重要。

教育部将高等职业教育人才培养目标定位于高素质技术技能人才的培养,多年来,江苏电子信息职业学院持续深化"三教"改革,不断提高人才培养质量。每年教育部举办的全国职业院校技能大赛的比赛内容及技能要求均引领着高职院校的专业建设和改革创新,江苏电子信息职业学院代表队在全国职业院校技能大赛通信类竞赛中实现了"三连冠",赛项主要涉及室外通信线路工程、室内基站工程以及室内分布系统工程的勘测和制图等内容,编者在大赛指导学生过程中不断探索和实践,积累了丰富的经验,近年来将大赛项目内容、考核要求等嵌入专业课程建设中,成效显著。

本教材是理论加实训的教材,也可以作为实训课程的参考教材。本教材为江苏电子信息职业学院与广州中望龙腾软件股份有限公司校企合作教材,并依据通信工程制图规范和行业标准,通信工程勘测、设计制图等实际工作岗位的知识和技能要求进行编写,挖掘和融入工匠精神等思政元素,同时采用"模块化"的形式组织内容。

本教材积极适应互联网发展和信息化教学改革的需要,将多媒体教学资源与纸质教材资源有机融合,共开发CAD软件操作命令演示视频127个,实例演示讲解视频60个,学生可以在学习过程中随扫随学,教师可以在教学过程中运用这些资源实施线上线下混合式教学。此外,还配套了书中所有CAD图

纸的原文件，如有需要，请从职教数字化服务平台 https://www.dutp.cn/sve 下载。

本教材共五大模块。模块一为通信工程制图基础，主要介绍了通信工程制图的整体要求和统一规定，给出了通信工程常用图例及说明，并结合实际工程项目案例进行工程图纸识读与分析；模块二为 CAD 软件设置，主要介绍了 CAD 软件操作界面、绘图环境、操作环境、图层以及线型的设置和使用方法；模块三为 CAD 软件的操作与应用，主要介绍了 CAD 软件的基本绘图命令、区域填充与面域绘制、文字绘制、图块的创建和使用、属性块以及外部参照的使用方法，还介绍了图形编辑的基本命令、尺寸标注样式的设置以及尺寸标注命令等；模块四为图形显示与输出打印，主要介绍了图形的显示、图纸布局设置、打印参数设置和图形的输出；模块五为通信工程勘测与制图，主要介绍了通信工程勘测的主要内容、基本流程等基本知识，重点分析了通信线路工程勘测的要求及路由方案的设计、通信机房的工艺要求及布局方案的设计，还分析了通信线路施工图和设备安装工程施工图绘制的基本要求及应达到的深度，并归纳了工程图纸绘制中的常见问题，最后给出了几种典型工程的 CAD 图范例。同时，各模块均设有目标导航、教学建议、内容解读、知识归纳、思政引读、自我测试和技能训练，书中多处对实际工程案例进行分析，过程较为详细，深入浅出，具有很好的实用性，非常便于读者自学。

本教材由江苏电子信息职业学院于正永、张悦、华山担任主编，南通职业大学居金娟、广州中望龙腾软件股份有限公司北京分公司工程师孙小雪、中邮建技术有限公司高级工程师王小飞参与本教材的编写。在编写本教材的过程中，合作企业工程师全程参与，将最新的行业标准、职业岗位要求以及企业工程项目案例嵌入到教材内容中。具体分工如下：于正永负责总体设计、全书统稿，模块一、模块三和模块五的撰写，CAD 基本操作演示视频制作；张悦负责模块二的撰写，重难点微课制作；华山负责模块四的撰写，部分 CAD 基本操作演示视频剪辑；居金娟参与模块一和模块五的撰写；孙小雪负责 CAD 认证标准和行业规范嵌入，参与模块二、三、四的撰写；王小飞负责企业工程项目转化和行业规范嵌入，参与模块五的撰写。同时，编者得到了江苏电子信息职业学院各位领导、同仁的大力支持，也得到了大连理工大学出版社的关心和支持，在此表示诚挚的感谢。

在编写本教材的过程中，编者参考、引用和改编了国内外出版物中的相关资料以及网络资源，在此表示深深的谢意！相关著作权人看到本教材后，请与出版社联系，出版社将按照相关法律的规定支付稿酬。

本教材可作为高职高专院校通信类专业的教材，同时也可作为从事通信工程勘测、设计等方面工作的工程技术人员的参考用书和培训教材。建议教学总学时为 76 学时，理论讲授 54 学时，校内实训操作 22 学时。

由于编者水平有限，书中难免会有错误和不妥之处，恳请广大读者批评指正。读者可以通过电子邮件 yonglly@sina.com 直接与编者联系。

为了方便教师更好地展开立体化教学，本教材另配有电子课件和习题答案，请登录职教数字化服务平台下载。

编　者

所有意见和建议请发往：dutpgz@163.com
欢迎访问职教数字化服务平台：https://www.dutp.cn/sve
联系电话：0411-84706671　84707492

目 录

绪 论 1

模块一 通信工程制图基础 3

目标导航 3
教学建议 3
内容解读 3
1.1 通信工程制图的整体要求 3
1.2 通信工程制图的统一规定 4
    1.2.1 图纸幅面尺寸 4
    1.2.2 图线型式及其应用 5
    1.2.3 图纸比例 5
    1.2.4 尺寸标注 6
    1.2.5 字体及写法 6
    1.2.6 图 衔 6
    1.2.7 注释、标志和技术数据 8
1.3 常用工程图例 10
1.4 通信工程图纸识读 11
    1.4.1 光缆线路工程施工图识读分析 11
    1.4.2 基站工程平面图识读分析 13
    1.4.3 室内分布系统施工图识读分析 14
知识归纳 15
思政引读 15
自我测试 16
技能训练 17

模块二 CAD 软件设置 22

目标导航 22
教学建议 22
内容解读 22

2.1 软件操作界面 ………………………………………………………… 23
2.2 软件命令的执行 ……………………………………………………… 24
2.3 "启动"对话框的使用 ………………………………………………… 25
2.4 文件管理命令 ………………………………………………………… 29
2.5 定制 CAD 绘图环境 ………………………………………………… 32
2.6 定制 CAD 操作环境 ………………………………………………… 37
2.7 CAD 坐标系统 ……………………………………………………… 44
2.8 绘图工具、线型和图层 ……………………………………………… 46
知识归纳 …………………………………………………………………… 65
思政引读 …………………………………………………………………… 65
自我测试 …………………………………………………………………… 66
技能训练 …………………………………………………………………… 68

模块三　CAD 软件的操作与应用 …………………………………………… 70

目标导航 …………………………………………………………………… 70
教学建议 …………………………………………………………………… 70
内容解读 …………………………………………………………………… 70
3.1 基本绘制命令 ………………………………………………………… 70
　　3.1.1 直　线 ………………………………………………………… 70
　　3.1.2 绘　圆 ………………………………………………………… 72
　　3.1.3 圆　弧 ………………………………………………………… 75
　　3.1.4 椭圆和椭圆弧 ………………………………………………… 77
　　3.1.5 点 ……………………………………………………………… 79
　　3.1.6 徒手画线 ……………………………………………………… 82
　　3.1.7 圆　环 ………………………………………………………… 83
　　3.1.8 矩　形 ………………………………………………………… 84
　　3.1.9 正多边形 ……………………………………………………… 85
　　3.1.10 多段线 ………………………………………………………… 87
　　3.1.11 迹　线 ………………………………………………………… 88
　　3.1.12 射　线 ………………………………………………………… 89
　　3.1.13 构造线 ………………………………………………………… 90
　　3.1.14 样条曲线 ……………………………………………………… 91
　　3.1.15 云　线 ………………………………………………………… 93
　　3.1.16 折断线 ………………………………………………………… 95

3.2 区域填充与面域绘制 95
3.2.1 区域填充 95
3.2.2 面域绘制 105
3.3 文字绘制 108
3.3.1 文字样式的设置 108
3.3.2 单行文本标注 110
3.3.3 多行文本标注 112
3.3.4 特殊字符输入 116
3.3.5 文本编辑 118
3.3.6 文本快显 119
3.3.7 调整文本 119
3.3.8 文本屏蔽 120
3.3.9 解除屏蔽 121
3.3.10 对齐文本 122
3.3.11 旋转文本 122
3.3.12 文本外框 122
3.3.13 自动编号 123
3.3.14 文本形态 124
3.3.15 弧形文字 125
3.4 图块、属性块及外部参照 127
3.4.1 图块的制作与使用 127
3.4.2 属性块的定义与使用 135
3.4.3 外部参照 144
3.5 图形编辑 147
3.5.1 选择对象 147
3.5.2 基本编辑命令 150
3.5.3 编辑对象属性 169
3.5.4 清理及核查 171
3.6 尺寸标注 171
3.6.1 尺寸标注的组成 171
3.6.2 尺寸标注的设置 172
3.6.3 尺寸标注命令 178
3.6.4 尺寸标注编辑 194
知识归纳 196

思政引读 ……………………………………………………………………… 197
自我测试 ……………………………………………………………………… 197
技能训练 ……………………………………………………………………… 199

模块四　图形显示与输出打印 …………………………………………………… 201

目标导航 ……………………………………………………………………… 201
教学建议 ……………………………………………………………………… 201
内容解读 ……………………………………………………………………… 201
4.1　图形显示 …………………………………………………………………… 201
　　4.1.1　图形的重画与重生成 ……………………………………………… 201
　　4.1.2　图形的缩放与平移 ………………………………………………… 202
　　4.1.3　鸟瞰视图 …………………………………………………………… 205
　　4.1.4　平铺视口与多窗口排列 …………………………………………… 206
　　4.1.5　光栅图像 …………………………………………………………… 208
　　4.1.6　绘图顺序 …………………………………………………………… 211
4.2　图纸布局与图形输出 ……………………………………………………… 212
　　4.2.1　图形输出 …………………………………………………………… 212
　　4.2.2　打印和打印参数设置 ……………………………………………… 213
　　4.2.3　从图纸空间出图 …………………………………………………… 217
知识归纳 ……………………………………………………………………… 221
思政引读 ……………………………………………………………………… 221
自我测试 ……………………………………………………………………… 221
技能训练 ……………………………………………………………………… 223

模块五　通信工程勘测与制图 …………………………………………………… 227

目标导航 ……………………………………………………………………… 227
教学建议 ……………………………………………………………………… 227
内容解读 ……………………………………………………………………… 227
5.1　通信工程勘测基础 ………………………………………………………… 228
　　5.1.1　勘测的主要内容 …………………………………………………… 228
　　5.1.2　查勘的资料整理 …………………………………………………… 229
　　5.1.3　通信工程勘测的流程 ……………………………………………… 229
5.2　通信线路勘测 ……………………………………………………………… 230
　　5.2.1　勘测准备 …………………………………………………………… 230
　　5.2.2　通信线路路由的选择 ……………………………………………… 231

5.3 通信机房勘测 ... 234
5.3.1 分工界面 ... 234
5.3.2 机房工艺和布局要求 ... 235
5.3.3 机房勘测设计 ... 239
5.4 通信线路施工图的绘制 ... 246
5.4.1 绘制步骤 ... 246
5.4.2 图纸内容及应达到的深度 ... 247
5.5 设备安装工程施工图的绘制 ... 248
5.5.1 移动通信机房平面图绘制要求 ... 248
5.5.2 通信设备安装工程施工图绘制要求 ... 249
5.6 工程图纸绘制中的常见问题 ... 249
5.7 典型工程的CAD图范例 ... 250
5.7.1 通信线路工程图 ... 250
5.7.2 移动通信基站工程图 ... 250
5.7.3 室内分布系统工程图 ... 250
5.7.4 FTTX接入工程图 ... 250
知识归纳 ... 263
思政引读 ... 263
自我测试 ... 263
技能训练 ... 264

参考文献 ... 266

附 录 ... 267
附录A 通信工程图例 ... 267
附录B 职业资格认证模拟题 ... 278

CAD 软件操作命令演示视频

序号	视频名称	页码	序号	视频名称	页码
1	软件操作界面	23	33	多段线	87
2	新建、打开和保存图形	29	34	迹线	88
3	设置图形界限和三维厚度	33	35	样条曲线	91
4	设置单位和角度	33	36	编辑样条曲线	92
5	使用坐标和坐标系	44	37	云线	93
6	管理 UCS	44	38	创建图案填充	95
7	命名 UCS	44	39	二维填充	104
8	快速计算器使用方法	46	40	面域质量特性	105
9	栅格和捕捉	46	41	文字样式、单行文本	108
10	极轴追踪和正交模式	49	42	多行文本	112
11	线宽设置	53	43	拓展:拼写检查	116
12	线型设置	53	44	块的创建与插入	127
13	图层特性管理	54	45	写块	129
14	图层转换	54	46	拓展:块及重命名	133
15	图层状态管理器	54	47	属性提取	135
16	目标捕捉(Osnap)	59	48	属性的定义	137
17	查询距离与点坐标	62	49	编辑属性	142
18	列表设置变量	62	50	外部参照的插入与管理	144
19	查看时间和状态	62	51	外部参照和块编辑	144
20	查询面积和周长	62	52	外部参照剪裁	144
21	设计中心	63	53	插入 OLE 对象	147
22	直线	70	54	插入超链接	147
23	绘圆	72	55	删除	150
24	圆弧	75	56	拓展:选择	150
25	椭圆	77	57	拓展:对齐	150
26	椭圆弧	78	58	拓展:对象编组	150
27	点	79	59	拓展:多线操作	150
28	定数等分	80	60	拓展:文字缩放	150
29	定距等分	81	61	拓展:包络处理	150
30	圆环	83	62	拓展:擦除	150
31	矩形	84	63	拓展:快速选择	150
32	正多边形	85	64	移动	151

(续表)

序号	视频名称	页码	序号	视频名称	页码
65	旋转	151	97	圆心标记	184
66	复制	152	98	角度标注	185
67	使用 Windows 剪切、复制和粘贴	152	99	引线	186
68	拓展:特性匹配	153	100	快速引线	187
69	镜像	154	101	快速标注	189
70	阵列	154	102	坐标标注	190
71	偏移	156	103	公差	191
72	缩放	157	104	编辑标注	194
73	打断	158	105	标注替代	194
74	合并	159	106	标注替换	194
75	倒角	160	107	检验标注	194
76	圆角	161	108	调整标注间距	194
77	修剪	163	109	三维动态观察、消隐与着色	201
78	延伸	164	110	三维视点切换到平面视图	201
79	拉长	165	111	预置三维视图观察方向	201
80	分解	166	112	缩放、平移、在模型空间创造多视口	202
81	拉伸	167	113	光栅图像的插入与管理	208
82	编辑多段线	168	114	图像调整	210
83	拓展:简繁体转换	169	115	图像剪裁	211
84	拓展:图形搜索定位	169	116	修改对象的显示顺序	211
85	属性修改	170	117	图纸发布	212
86	清理	171	118	文件输出与输入	212
87	创建和修改标注样式	172	119	打印操作	213
88	线性标注	178	120	拓展:批量打印	213
89	拓展:折弯线性标注	178	121	新建打印样式表	214
90	对齐标注	179	122	修改打印样式表	215
91	基线标注	180	123	打印样式表转换	215
92	连续标注	181	124	创建并修改图形布局选项卡	218
93	直径标注	182	125	页面设置	219
94	半径标注	183	126	在图纸空间创建多个布局视口	219
95	拓展:弧长标注	183	127	拓展:视口剪裁	220
96	拓展:折弯标注	183			

实例演示讲解视频

序号	视频名称	页码	序号	视频名称	页码
1	矩形绘制	71	32	用 Textfit 命令调整文本使其与椭圆匹配	120
2	凹四边形绘制	71			
3	六边形绘制	72	33	图形被屏蔽	121
4	相切、相切、半径方式画图	73	34	文本的屏蔽被取消	121
5	相切、相切、半径方式画内公切圆	73	35	旋转文本效果	122
6	相切、相切、相切方式画圆	74	36	用圆、圆槽、矩形做文字外框	123
7	圆绘制实例	75	37	弧形文字操作实例	125
8	三点画弧	76	38	定义为内部块	129
9	椭圆绘制	78	39	用 Erase 命令删除图形	150
10	椭圆弧	78	40	用 Move 命令进行移动	151
11	创建点标记符号显示	80	41	用 Rotate 命令进行旋转	152
12	分割对象	80	42	用 Copy 命令进行复制	153
13	测试对象	81	43	用 Mirror 命令镜像图形	154
14	圆环的绘制	83	44	用 Array 命令进行阵列复制	155
15	矩形的绘制	85	45	用 Offset 命令偏移对象	156
16	以外切于圆和内接于圆绘制六边形	86	46	用 Scale 命令放大图形	158
17	多段线绘制	87	47	用 Break 命令删除图形	158
18	迹线绘制正方形	89	48	用 Join 命令连接图形	159
19	用射线平分等边三角形的角	90	49	用 Chamfer 命令绘制图形	161
20	用 Xline 命令绘制三角形的角平分线	91	50	用 Trim 命令将直线部分减掉	163
21	用样条曲线绘制 S 图形	92	51	用 Dimlinear 命令标注	179
22	用 Spline 命令绘制流线型样条曲线	93	52	实例操作演示	180
23	云线命令的使用	94	53	用 Dimbaseline 命令标注	181
24	渐变色双色填充案例	104	54	用 Dimcontinue 命令标注	182
25	面域的并集运算	106	55	用 Dimdiameter 命令标注圆的直径	183
26	面域的差集运算	107	56	用 Dimradius 命令标注圆弧的半径	184
27	面域的交集运算	108	57	用 Dimcenter 命令标注圆的圆心	184
28	实例操作演示	110	58	用 Dimangular 命令标注角度	185
29	用 Text 命令标注文本	112	59	用 Dimleader 命令标注	186
30	编辑文字	118	60	用倾斜选项修改尺寸后的效果	195
31	文本快显	119			

绪　　论

一、职业岗位与能力要求

《通信工程制图及实训》教材主要服务于"通信工程制图"这门课程,该课程主要讲授通信工程识图、工程勘测、工程设计以及工程制图等方面的内容。这门课程所对应的主要职业岗位与能力要求如表1所示。

表 1　　　　　　　　课程对应的主要职业岗位与能力要求

序号	职业岗位名称	能力要求
1	通信工程绘图员	①理解和掌握通信工程图纸绘制的规范要求 ②能运用所学的通信工程图例,正确进行通信工程图纸的识读 ③能熟练使用通信工程绘图软件,进行通信工程图纸的绘制
2	通信工程勘测工程师	①理解和掌握通信工程勘测的一般流程 ②能运用所学的知识和勘测工具,正确进行室外通信线路工程的勘测 ③能运用所学知识和勘测工具,正确进行移动基站工程的勘测
3	通信工程设计工程师	①理解和掌握通信工程设计的一般流程 ②能运用所学知识,正确进行室外通信线路工程路由方案的设计 ③能运用所学知识,正确进行移动基站工程室内设备布局方案、天馈系统方案的设计

二、教材的设计思路与整体架构

本教材为校企合作教材,企业工程师全程参与指导,并整合了大量的实际工程案例;依据国家的通信工程制图规范和行业标准、课程对应的职业岗位及职业能力要求,融入全国职业院校技能大赛的相关内容及技能要求,挖掘和融入工匠精神等思政元素,采用"模块化"的形式选取和组织教材内容。其设计思路及整体架构如图1所示。

三、学习后,能掌握什么?

通过本课程的学习和实践,你将具备通信工程勘测能力、工程设计能力、工程识图能力以及工程制图能力,即能独立地运用所学的知识和技能,正确地完成移动基站工程的室外光缆线路路由、室内设备布局以及天馈系统的勘测和方案设计。

在学习本课程的过程中,应努力做到:

(1)通信工程图纸的识读和绘制时,必须严格遵守《通信工程制图与图形符号规定YD/T 5015—2015》等相关的国家行业规范和标准,注重"严"字。

(2)通信工程图纸的绘制应从认识和绘制工程图例,识读工程图,绘制给定的工程图纸,最后到自行设计工程图纸并绘制。由简单到复杂,多读、多画、多思考,形成较为规范的职业习惯,逐步提升自身的工程图纸识读能力和制图能力,注重"练"和"勤"字。

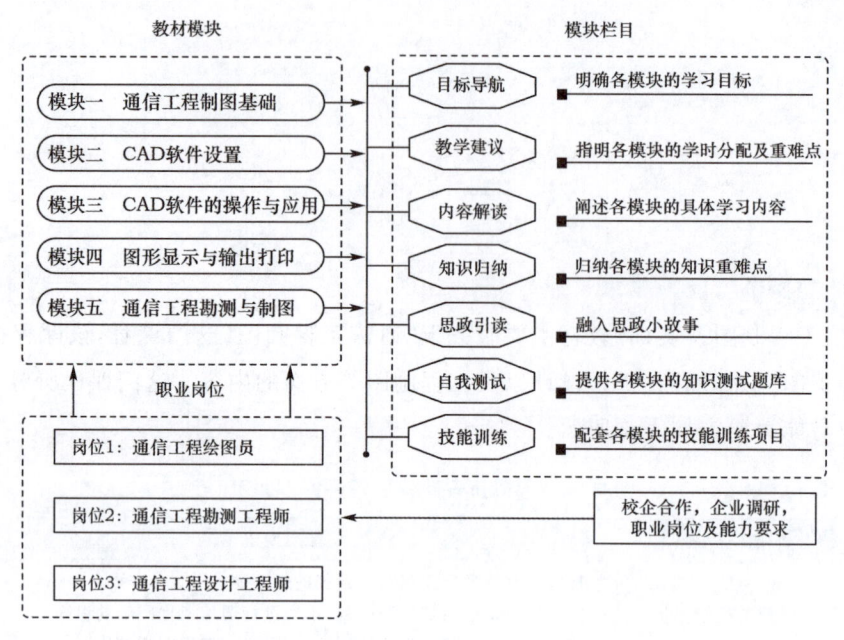

图 1　教材的设计思路与整体架构

（3）通信工程图纸的准确绘制关系到通信建设工程项目的后期实施，绘制过程中的任何错误都会影响到工程建设的质量，因此作图时应认真细致，严格遵守工程制图的国家规范和标准，培养良好的工作作风，注重"精"字。

（4）通信工程勘测和设计是通信工程项目建设的重要环节。工程勘测是工程设计的基础，准确的工程勘测为良好的工程设计奠定了基础，当然两者都离不开丰富的实践经验，因此在学习过程中，要充分利用与企业的合作，到工程现场去实践，到企业的实际工程项目中去锻炼自己，通过实践来加深对所学知识的理解，注重"践"字。

四、教材特色

（1）本教材为校企合作教材。校企深度合作，整合校企资源，企业工程师全程参与教材的编写，并引入相关的企业工程案例。

（2）教材内容严格遵守国家的通信工程制图规范和行业标准，结合课程对应的职业岗位及职业能力要求进行编写，并在其中融入全国职业院校技能大赛的相关内容及技能要求，突出了通信建设工程设计制图岗位所需的知识与技能的内在联系，挖掘并融入了思政元素，体现了高职高专教育技能型人才培养的目标以及高职高专教育注重实践的特点，符合高职高专教育教学改革的方向。

（3）教材以通信建设工程勘测、设计、制图的实际工作过程为主线，采用"模块化"方式组织教材内容。考虑到高职高专学生的学习特点，每个模块以目标导航、教学建议、内容解读、知识归纳、思政引读、自我测试和技能训练七部分组成，并多处结合实际工程项目案例进行了分析，使教学目标集中、明确，便于学生自主学习。

（4）在"互联网＋"时代背景下，以纸质教材为核心，以移动互联网为载体，将多媒体的教学资源与纸质教材资源有机融合，学生可以在学习过程中随扫随学，老师可以在教学过程中运用这些资源实施线上线下混合式教学。

模块一　通信工程制图基础

● 目标导航

- 理解和掌握通信工程制图的总体要求和统一规定
- 掌握通信工程制图中的常用图例及含义
- 能运用所学的通信工程图例，进行实际工程项目图纸的识读
- 培养学生遵纪守法、爱岗敬业的职业道德

● 教学建议

模块内容	学时分配	总学时	重点	难点
1.1 通信工程制图的整体要求	0.5	10	√	
1.2 通信工程制图的统一规定	1.5		√	
1.3 常用工程图例	2		√	
1.4 通信工程图纸识读	4		√	√
技能训练	2		√	√

● 内容解读

为了使通信工程的图纸做到规格统一、画法一致、图面清晰，符合施工、存档和生产维护的要求，有利于提高设计效率、保证设计质量和适应通信工程建设的需要，必须严格依据《通信工程制图与图形符号规定》(YD/T 5015—2015)的相关规范文件制图。本模块主要介绍通信工程制图的整体要求和统一规定、通信工程各类图例含义，并结合实际工程项目案例进行通信工程图纸识读分析。

1.1　通信工程制图的整体要求

(1)通信工程制图应根据表述对象的性质、论述的目的与内容，选取合适的图纸及表达手段，以便完整地表述主题内容，当几种手段均可以达到目的时，应采用简单的方式。

(2)图面应布局合理、排列均匀、轮廓清晰且便于识别。

(3)图纸中应选用合适的图线宽度，避免图中的线条过粗或过细。

(4)应正确使用国家标准和行业标准规定的图形符号。派生新的符号时，应符合国家标准符号的派生规律，并应在合适的地方加以说明。

(5)在保证图面布局紧凑和使用方便的前提条件下，应选择合适的图纸幅面，使原图大小适中。

(6)应准确地按规定标注各种必要的技术数据和注释，并按规定进行书写和打印。

(7)工程图纸应按规定设置图衔，并按规定的责任范围签字，各种图纸应按规定顺序编号。

1.2　通信工程制图的统一规定

1.2.1　图纸幅面尺寸

（1）工程图纸幅面和图框大小应符合国家标准 GB/T 6988.1－2008《电气技术用文件的编制　第 1 部分：规则》的规定，一般应采用 A0、A1、A2、A3、A4 及其加长的图纸幅面，目前实际工程设计中，多数采用 A4 图纸幅面，各图纸幅面和图框的尺寸应符合表 1-1 的规定和图 1-1 的格式。

表 1-1　　　　　　　　　图纸幅面和图框尺寸　　　　　　　　　单位：mm

幅面代号	A0	A1	A2	A3	A4
图框尺寸($L×B$)	1189×841	841×594	594×420	420×297	297×210
非装订侧边框距(c)	10			5	
装订侧边框距(a)	25				

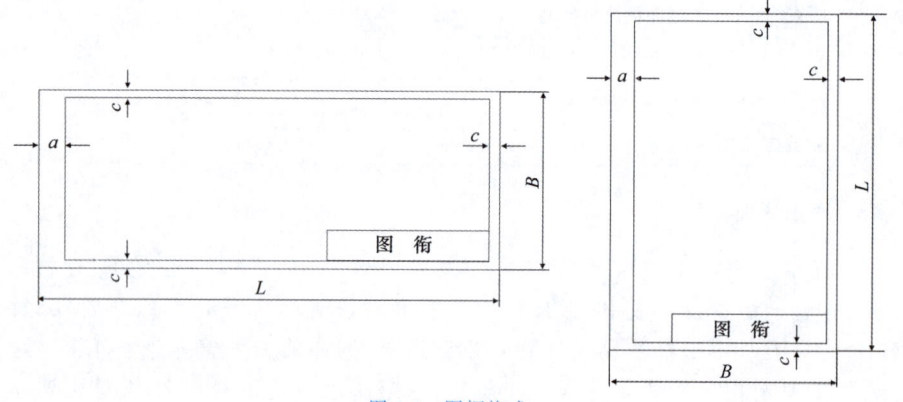

图 1-1　图框格式

当上述幅面不能满足要求时，可按照 GB/T 14689－2008《技术制图　图纸幅面和格式》的规定加大幅面，具体尺寸大小如表 1-2 所示。对于 A0、A2、A4 幅面的加长量应按照 A0 幅面短边的八分之一的倍数增加；对于 A1、A3 幅面的加长量应按照 A0 幅面长边的四分之一的倍数增加；A0 及 A1 幅面允许同时加长两边。

表 1-2　　　　　　　　加大幅面图纸的代号和尺寸　　　　　　　　单位：mm

代号	尺寸
A3×3	420×891
A3×4	420×1189
A4×3	297×630
A4×4	297×841
A4×5	297×1051

也可以在不影响整体视图效果的情况下，将工程图分割成若干张图纸来绘制，目前这种方式在通信线路工程图绘制时经常被采用。

(2)应根据所表述对象的规模大小、复杂程度、所要表达的详细程度、有无图衔及注释的数量来选择较小的合适幅面。

1.2.2 图线型式及其应用

(1)图线型式分类及其一般用途,如表 1-3 所示。

表 1-3　　　　　　　　　图线型式分类及其一般用途

图线名称	图线型式	一般用途
实线	———————	基本线条:用于表示图纸主要内容用线,可见轮廓线
虚线	— — — — —	辅助线条:用于表示机械连接线、屏蔽线、不可见轮廓线、计划扩展内容用线
点划线	—·—·—·—	图框线:用于表示分界线、结构图框线、功能图框线、分级图框线
双点划线	—··—··—··—	辅助图框线:用于表示更多的功能组合或从某种图框中区分不属于它的功能部件

(2)图线宽度一般可选用 0.25 mm、0.35 mm、0.5 mm、0.7 mm、1.0 mm、1.4 mm。

(3)通常宜选用两种宽度的图线,粗线宽度为细线宽度的 2 倍,主要图线采用粗线,次要图线采用细线。对复杂的图纸也可采用粗、中、细三种线宽,线的宽度按 2 的倍数依次递增,但线宽种类也不宜过多。

(4)使用图线绘图时,应使图形的比例和配线协调恰当,重点突出,主次分明,在同一张图纸上,按不同比例绘制的图样及同类图形的图线粗细应保持一致。

(5)细实线是最常用的线条,在以细实线为主的图纸上,粗实线主要用于图纸的图框及需要突出的部分。指引线、尺寸标注线应使用细实线。

(6)当需要区分新安装的设备时,则用粗实线表示新建,细实线表示原有设施,细虚线表示规划预留部分,"×"表示通信改造工程需要拆除的设备及线路。

(7)平行线之间的最小间距不宜小于粗线宽度的 2 倍,且不能小于 0.7 mm。

1.2.3 图纸比例

(1)对于平面布置图、管道及光(电)缆线路图、区域规划性质的工程图、设备加固图及零部件加工图等图纸,一般要求按比例绘制;而方案示意图、系统图、原理图等可以不按比例绘制,但应按工作顺序、线路走向、信息流向等进行排列。

(2)对于平面布置图、管道及光(电)缆线路图和区域规划性质的工程图纸,可选比例为 1∶10、1∶20、1∶50、1∶100、1∶200、1∶500、1∶1000、1∶2000、1∶5000、1∶10 000、1∶50 000 等,应根据相关规范要求和工程实际情况选用合适的比例。

(3)对于设备加固图及零部件加工图等图纸推荐的比例为 1∶2、1∶4 等。

(4)应根据图纸表达的内容深度和选用的图幅,选择合适的比例,并在图纸图衔相应栏目处标注。

(5)对于通信线路工程、通信管道类的图纸,为了更方便地表达周围环境情况,可采用沿线路方向按一种比例,而周围环境的横向距离采用另外的比例,也可以示意性绘制。

1.2.4　尺寸标注

(1)一个完整的尺寸标注应由尺寸数字、尺寸界线、尺寸线及其终端等组成。

(2)图中的尺寸数字,一般应注写在尺寸线的上方或左侧,也可以注写在尺寸线的中断处,但同一张图样上注法应尽量一致。具体标注应符合以下要求:

①尺寸数字应顺着尺寸线方向写并符合视图方向,数字高度方向和尺寸线垂直,并不得被任何图线通过。当无法避免时,应将图线断开,在断开处填写数字。在不引起误解的情况下,对非水平方向的尺寸,其数字可水平地注写在尺寸线的中断处。角度的数字应注写成水平方向,一般应注写在尺寸线的中断处。

②尺寸数字的单位除标高、总平面图和管线长度应以米(m)为单位外,其他尺寸均应以毫米(mm)为单位。按此原则,标注尺寸可为不加单位的文字符号。若采用其他单位时,应在尺寸数字后加注计量单位的文字符号。

(3)尺寸界线用细实线绘制,由图形的轮廓线、轴线或对称中心线引出,也可利用轮廓线、轴线或对称中心线作为尺寸界线。尺寸界线一般应与尺寸线垂直。

(4)尺寸线的终端,可以采用箭头或斜线两种形式,但同一张图纸中只能采用一种尺寸线终端形式,不得混用。具体标注应符合以下要求:

①采用箭头形式时,两端应画出尺寸箭头,指到尺寸界线上,表示尺寸的起止。尺寸箭头宜用实心箭头,箭头的大小应按照可见轮廓线选定,且其大小在图中应保持一致。

②采用斜线形式时,尺寸线与尺寸界线必须相互垂直。斜线应用细实线,且方向及长短应保持一致。斜线方向应以尺寸线为准,逆时针方向旋转 45°,斜线长短约等于尺寸数字的高度。

1.2.5　字体及写法

(1)图纸中书写的文字(包括汉字、字母、数字、代号等)均应字体工整、笔画清晰、排列整齐、间隔均匀,其书写位置应根据图面妥善安排,文字多时宜放在图纸的下面或右侧,不能出现线压字或字压线的情况,否则会影响工程图纸的质量。

文字内容书写应从左向右水平方向书写,标点符号占一个汉字的位置;中文书写时,应采用国家正式颁布的汉字,字体宜采用宋体或仿宋体。

(2)图中的"技术要求""说明"或"注"等字样,应写在具体文字内容的左上方,并且用比文字内容大一号的字体书写。当具体文字内容多于一项时,应按下列顺序号进行排序:

1、2、3……

(1)、(2)、(3)……

①、②、③……

(3)图中所涉及数量的数字,均应采用阿拉伯数字表示,且计量单位应使用国家颁布的法定计量单位。

1.2.6　图　衔

(1)通信工程图纸应有图衔,图衔的位置应在图纸的右下角。

(2)通信工程图纸常用标准图衔为长方形,其大小为 30 mm×180 mm(高×长),主要包括图名、图号、设计单位名称、单位主管、部门主管、总负责人、单项负责人、设计人、审核人、校核人等内容。

（3）图衔的外框必须加粗，其线条粗细应与整个图框相一致，常用标准图衔见图1-2所示。为了简便起见，实际工程设计中也会使用简易式图衔，见图1-3所示。当绘制通信线路工程图时，若通过一张工程图纸不能完整地画出，可分为多张图纸，第一张图纸应使用标准图衔，其后续图纸可使用简易图衔。

图 1-2 常用标准图衔

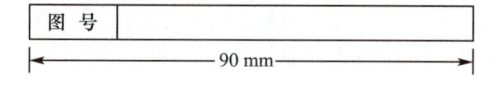

图 1-3 简易式图衔

（4）设计图纸编号的编排应尽量简洁，应符合以下要求。

①设计图纸编号的组成应按照以下规则执行：

常用设计图纸编号主要包括工程计划号、设计阶段代号、专业代号以及图纸编号四个部分，如图1-4所示。

图 1-4 常用设计图纸编号组成

同工程计划号、同设计阶段、同专业而多册出版的图纸，为避免重复编号，可按图1-5所示的规则进行编排。

图 1-5 图纸编号组成

②工程计划号应由设计单位根据工程建设方的任务委托和工程设计管理办法，统一给定。

③设计阶段代号应符合表1-4所示的规定。

表 1-4   设计阶段代号

设计阶段	代号	设计阶段	代号	设计阶段	代号
可行性研究	Y	初步设计	C	技术设计	J
规划设计	G	方案设计	F	设计投标书	T
勘察报告	K	初设阶段的技术规范书	CJ	修改设计	在原代号后加X
咨询	ZX	施工图设计 一阶段设计	S		

④常用专业代号,应符合表1-5所示的规定。

表 1-5　　　　　　　　　　　常用专业代号

名称	代号	名称	代号
光缆线路	GL	电缆线路	DL
海底光缆	HGL	通信管道	GD
光传输设备	GS	移动通信	YD
无线接入	WJ	交换	JH
数据通信	SJ	计费系统	JF
网管系统	WG	微波通信	WB
卫星通信	WT	铁塔	TT
同步网	TBW	信令网	XLW
通信电源	DY	电源监控	DJK

注:①用于大型工程中分省、分业务区编制的区分标识,可以是数字1、2、3或拼音字母的大写字头等。
　　②用于区分同一单项工程中不同的设计分册(如不同的站册),一般用数字(分册号)、站名拼音字头或相应汉字来表示。

(5)图纸编号:工程计划号、设计阶段代号、专业代号相同的图纸间的区分号,应采用阿拉伯数字简单顺序编制(同一图号的系列图纸用括号内加分数表示)。

1.2.7　注释、标志和技术数据

(1)当含义不便于用图示方法表达时,可以采用注释。当图中出现多个注释或大段说明性注释时,应把注释按顺序放在边框附近。有些注释可以放在需要说明的对象附近,当注释不在需要说明的对象附近时,应采用指引线(细实线)指向所要说明的对象。

(2)标志和技术数据应该放在图形符号的旁边。当数据很少时,技术数据也可以放在图形符号的方框内(如继电器的电阻值);当数据较多时,可以用分式表示,也可以用表格形式列出。

当用分式表示时,可采用以下模式:

$$N\frac{A-B}{C-D}F$$

其中:N 为设备编号,一般靠前或靠上放。
A、B、C、D 为不同的标注内容,可增可减。
F 为敷设方式,一般靠后放。

当设计中需表示本工程前后有变化时,可采用斜杠方式:(原有数)/(设计数)。
当设计中需表示本工程前后有增加时,可采用加号方式:(原有数)+(增加数)。
常用的标注方式如表1-6所示,要注意的是,标注方式示意图中的字母代号应以工程中的实际数据代替。

表 1-6　　　　　　　　　　　　　常用的标注方式

序号	标注方式示意图	说　明
1	（圆圈内：N / P / P1/P2 P3/P4）	直接配线区的标注方式 　　注：图中的字母代号应以工程数据代替（下同） 　　其中：N—主干电缆编号，例如：0101 表示 01 电缆上第一个直接配线区 　　P—主干电缆容量（初设为对数；施设为线序） 　　P1—现有局号用户数 　　P2—现有专线用户数，当有不需要局号的专线用户时，再用＋(对数)表示 　　P3—设计局号用户数 　　P4—设计专线用户数
2	（圆圈内：N / (n) / P / P1/P2 P3/P4）	交接配线区的标注方式 　　注：图中的字母代号应以工程数据代替（下同） 　　其中：N—交接配线区编号，例如：J22001 表示 22 局第一个交接配线区 　　n—交接箱容量。例如：2400(对) 　　P1、P2、P3、P4—含义同 1 注
3	m+n　L N1　　　N2	管道扩容的标注 　　其中：m—原有管孔数，可附加管孔材料符号 　　n—新增管孔数，可附加管孔材料符号 　　L—管道长度 　　N1、N2 为人孔编号
4	L H*Pn-d	市话电缆的标注 　　其中：L—电缆长度；H*—电缆型号 　　Pn—电缆百对数；d—电缆芯线线径
5	○――L――○ N1　　　N2	架空杆路的标注 　　其中：L—杆路长度 　　N1、N2—起止电杆编号（可加注杆材类别的代号）
6	L H*Pn-d N-X N1　　　N2	管道电缆的简化标注 　　其中：L—电缆长度；H*—电缆型号 　　Pn—电缆百对数；d—电缆芯线线径 　　X—线序；斜向虚线—人孔的简化画法 　　N1 和 N2 表示起止人孔号 　　N—主杆电缆编号
7	N-B ｜ d C　｜ D	分线盒标注方式 　　其中：N—编号；B—容量 　　C—线序；d—现有用户数 　　D—设计用户数
8	N-B ‖ d C　‖ D	分线箱标注方式 　　注：字母含义同 7
9	WN-B ‖ d C　‖ D	壁龛式(W)分线箱标注方式 　　注：字母含义同 7

(3)在电信工程设计中,由于文件名称和图纸编号多已明确,在项目代号和文字标注方面可以适当简化,推荐如下:

①平面布置图中可主要使用位置代号或用顺序号加表格说明。

②系统方框图中可以使用图形符号或用方框加文字符号来表示,必要时也可二者兼用。

③接线图应该符合 GB/T 6988.1－2008《电气技术用文件的编制》中"第 3 部分:接线图和接线表"的相关规定。

(4)对安装方式的标注应符合表 1-7 所示的规定。

表 1-7　　安装方式的标注

序号	代号	安装方式	英文说明
1	W	壁装式	Wall mounted type
2	C	吸顶式	Ceiling mounted type
3	R	嵌入式	Recessed type
4	DS	管吊式	Conduit suspension type

(5)对敷设部位的标注应符合表 1-8 所示的规定。

表 1-8　　敷设部位的标注

序号	代号	安装方式	英文说明
1	M	钢索敷设	Supported by messenger wire
2	AB	沿梁或跨梁敷设	Along or across beam
3	AC	沿柱或跨柱敷设	Along or across column
4	WS	沿墙面敷设	On wall surface
5	CE	沿天棚面顶板面敷设	Along ceiling or slab
6	SC	吊顶内敷设	In hollow spaces of ceiling
7	BC	暗敷设在梁内	Concealed in beam
8	CLC	暗敷设在柱内	Concealed in column
9	BW	墙内埋设	Burial in wall
10	F	地板或地板下敷设	In floor
11	CC	暗敷设在屋面或顶板内	In ceiling or slab

1.3　常用工程图例

需要说明的是,工程制图规范中所给出的图例并不可能囊括所有所需的工程图例,随着技术、产品工艺的不断更新和进步,工程设计人员会依据本公司的有关标准绘制出新的工程图例,总之,只要在设计图纸中对其以图例形式加以标明即可。参照信产部发布的《通信工程制图与图形符号规定》(YD/T 5015－2015)文件,主要通信工程图例罗列见附录 A,具体信息如表 1-9 所示。

表1-9　　　　　　　　　　通信工程图例与附录对应关系

序号	图例名称	附录	序号	图例名称	附录
1	通信光缆常用图例	A-1	6	通信电源常用图例	A-6
2	通信线路常用图例	A-2	7	传输设备常用图例	A-7
3	线路设施与分线设备常用图例	A-3	8	移动通信常用图例	A-8
4	通信杆路常用图例	A-4	9	机房建筑及设施常用图例	A-9
5	通信管道常用图例	A-5	10	地形图常用图例	A-10

1.4　通信工程图纸识读

通信工程图纸是通过图形符号、文字符号、文字说明以及标注表达的。为了能够读懂图纸，就必须了解和掌握图纸中各种图形符号、文字符号等所代表的含义。识读通信工程图纸，获取工程相关信息的过程称为通信工程图纸识读。

1.4.1　光缆线路工程施工图识读分析

图1-6所示是某信息职业技术学院光缆线路工程施工图，下面将运用前面所学的制图知识和相关专业知识来详细识读它。

(1)总体查看图纸各要素是否齐全。该工程图除图衔中有关信息没有填写完整外，其他要素基本齐全。

①指北针图标，它是通信线路工程图、机房平面图、机房走线路由图等图纸中必不可少的要素，可以帮助施工人员辨明方向，正确快速地找到施工位置；

②工程图例齐全，为准确识读此工程图纸奠定了基础；

③技术说明、主要工程量列表简述较为清晰，为编制施工图预算提供了信息，同时也使施工技术人员领会设计意图，从而为快速施工提供详细的资料；

④图纸主要参照物齐全，有学院小路、学生公寓、操场等，为工程施工提供了方便；

⑤图纸中线路敷设路由清晰，距离数据标注完整，同时对于特殊场景(钢管引上、拉线程式等)进行了相关说明；

⑥图纸左中区域也给出了本次工程管道光缆占孔的情况，有利于读者更好地识读该图纸。

(2)细读图纸，看能否直接指导工程施工。

①从左往右看，12芯光缆由3M机房旁的ODF架出发，经管道敷设，从1#人孔—2#人孔—3#人孔—4#人孔—5#人孔—6#人孔(光缆在每个人孔里的管孔位占用情况已在图纸中给出，见图例上方图示)，其光缆敷设长度(图中标出的人孔间距离是指人孔中心至人孔中心的距离)$L=5+10+25+60+20+15=135$ m，这个长度不包括光纤弯曲、损耗以及设计预留等部分。要注意的是，在光缆敷设的时候，要根据实际工程情况，明确是否要计取机房室内部分的光缆长度。

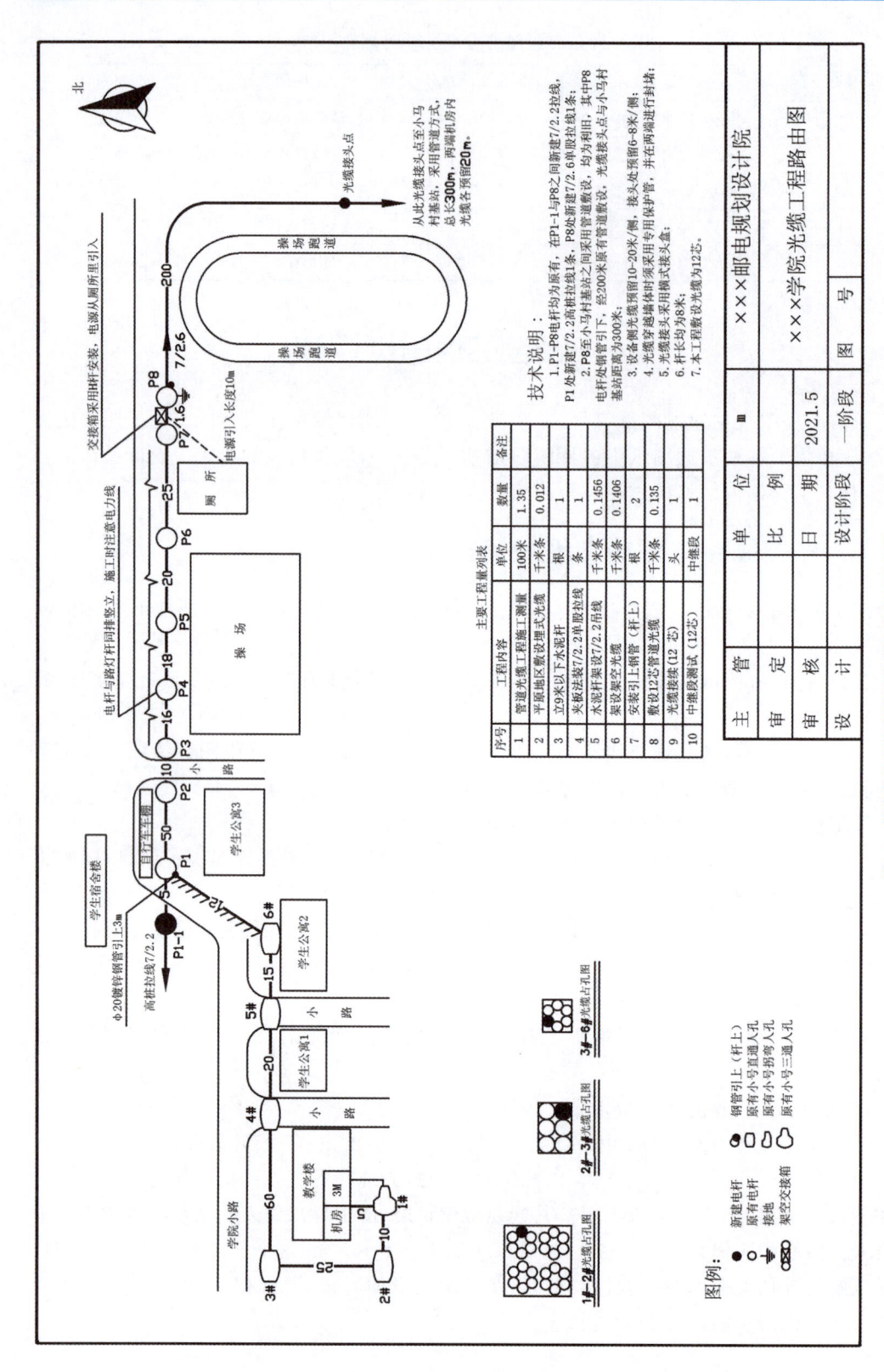

图1-6 某信息职业技术学院光缆线路工程施工图

②光缆至 6♯人孔后,经 12 m 的直埋敷设至电杆 P1(这里,由管道敷设转换为直埋敷设,需要在 6♯人孔壁上开一个墙洞)。

③在电杆 P1 处通过镀锌钢管引上 3 m,进行杆路敷设,从 P1—P2—P3—P4—P5—P6—P7—P8,这些电杆均为原有电杆,在 P7—P8 之间本次工程安装一个架空光缆交接箱,P1 至 P8 之间光缆敷设长度 $L=50+10+16+18+20+25=139$ m,其中不包括 P7 与 P8 之间交接箱用光缆长度、弯曲、损耗以及光缆预留部分,另外,新建拉线 2 条,P8 处设单股拉线 1 条,在 P1 杆处新建高桩拉线 1 条,现有预算定额手册里无高桩拉线,在计取工程量时,将其看作为新建电杆 P1-1、新建电杆 P1-1 与原有电杆 P1 之间的吊线和单股拉线 7/2.2 组成。

④光缆引至 P8 杆处时,通过钢管引下(未明确钢管类型),经过 500 m 管道敷设方式至小马村基站,两端机房内光缆预留长度均为 20 m,并在距 P8 电杆 200 m 接头处完成 12 芯光缆接续,接头处每侧预留光缆 6~8 m。

至此,以上已将本工程图纸的全部内容进行了解读,为后期工程量具体量的计算和概预算文件编制奠定了基础。

1.4.2 基站工程平面图识读分析

如图 1-7 所示是某新建 TD-SCDMA 基站工程平面布置图,其分析思路与 1.4.1 节类似。

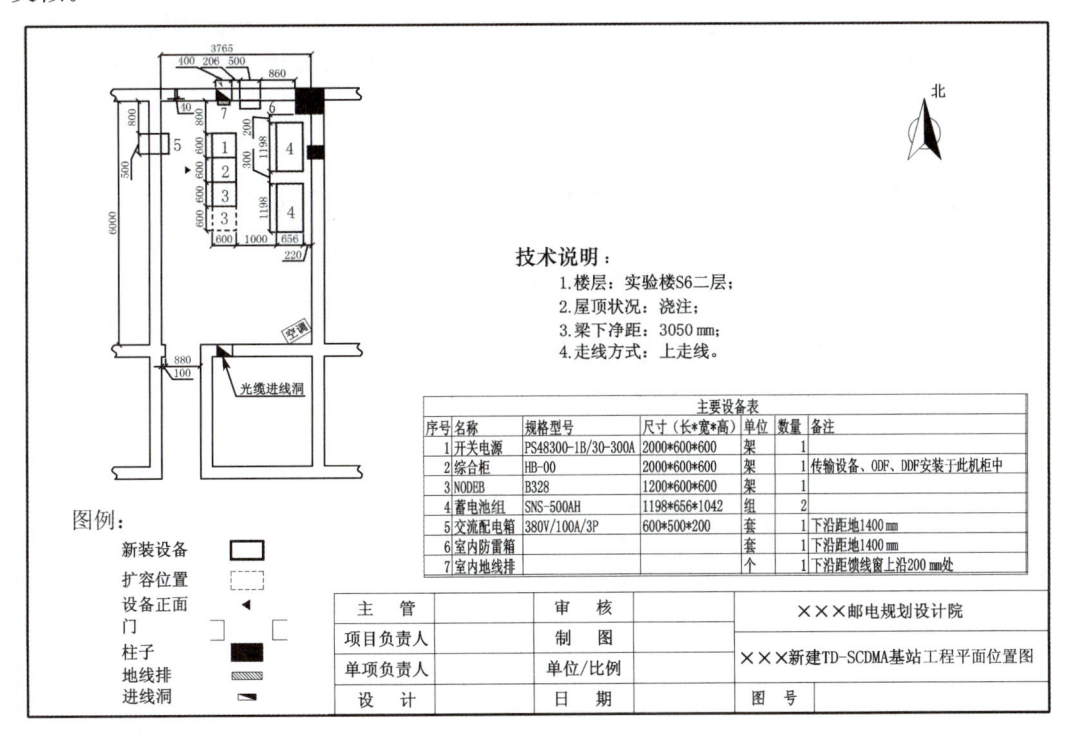

图 1-7 某新建 TD-SCDMA 基站工程平面布置图

(1)对图纸进行整体查看,图纸各要素是否齐全,并了解其设计意图。可以看出,本工程图纸有指北针、机房平面布置、图例、技术说明以及主要设备表等,要素较为齐全。同时,新建、扩建设备区分较为明显,设备正面图例标注清晰。

(2)细读图纸,看能否直接指导工程施工。

①设备是否定位。本次工程新增 1(开关电源)、2(综合柜,内含传输设备、DDF、ODF)、3(NODEB)、4(蓄电池组 2 组)、5(交流配电箱)、6(室内防雷箱)和 7(室内接地排)等 7 个新设备,设备大小尺寸、设备间距已在图中及主要设备表里给出,每个设备的安装位置可以唯一确定。

②设备摆放是否合理。1 为开关电源设备,与 5(设备交流配电箱)靠近,便于电源线布放,节约工程成本投入;预留空位(图中虚线框)3 表示后期扩建 NODEB 的位置,也较为合理,便于走线和长远规划;4(蓄电池组)靠近墙面放置,这个需要考虑到地面承重大小。

③门窗是否符合移动基站的建设要求。此处门宽为 880 mm,高度未知,单扇或双扇未明确,不符合移动基站单扇门宽 1 m,高不小于 2 m 的基本要求,需要后期施工加以改造。为了减少外部灰尘渗入机房内部,机房不设窗户(若有窗户,需要进行改造,本工程整个机房没有窗户),由空调调节温度和湿度,符合要求。

④接地设计是否合理。本工程设计中,室内设置了 7(室内接地排),为了便于蓄电池组的接地,可以在 4(蓄电池组)附近增设接地排,专门用于蓄电池组的接地,这样可以节省接地线缆的布放。

⑤墙壁上设备安装是否定位。本次工程有 5(交流配电箱)、6(室内防雷箱)和 7(室内接地排)共三个墙壁设备,图中主要设备表已给出三者的安装高度,安装位置可以唯一确定。

⑥墙洞是否定位。本次设计中要求南北墙上各开一个墙洞,其中北墙的是馈线洞,南墙的是中继光缆进线洞,两者距侧墙的距离和高度并未给出,因此会导致无法施工。

⑦空调、照明、开关等辅助设施应在具体施工前完成,在本设计图中无须定位。

至此,以上已将本工程图纸的全部内容进行了解读。

1.4.3 室内分布系统施工图识读分析

如图 1-8 所示是某宾馆室内分布天线安装及走线路由图,下面将对其进行以下两个方面的识读和分析。

(1)对图纸进行整体查看,图纸各要素是否齐全,并了解其设计意图。可以看出,本工程图纸有指北针、天线安装及走线路由图、图例等,要素较为齐全,若有相关技术说明也可添加在图纸相关位置,便于解读此工程图纸。

(2)细读图纸,看能否直接指导工程施工。从接入点开始,经过耦合器 T1-9F(15 dB)、T2-9F(10 dB)、T3-9F(10 dB)、T4-9F(6 dB)、T5-9F(6 dB)进行馈线敷设(1/2 馈线),在各耦合器的耦合端出口 1 m 处进行天线的安装,最后通过 PS1-9F 功分器等分出 2 个天线。图中所用到的 1/2 射频同轴电缆长度均已标注,若再给出室内分布系统框图和系统原理图,则更有利于指导工程施工。

模块一　通信工程制图基础

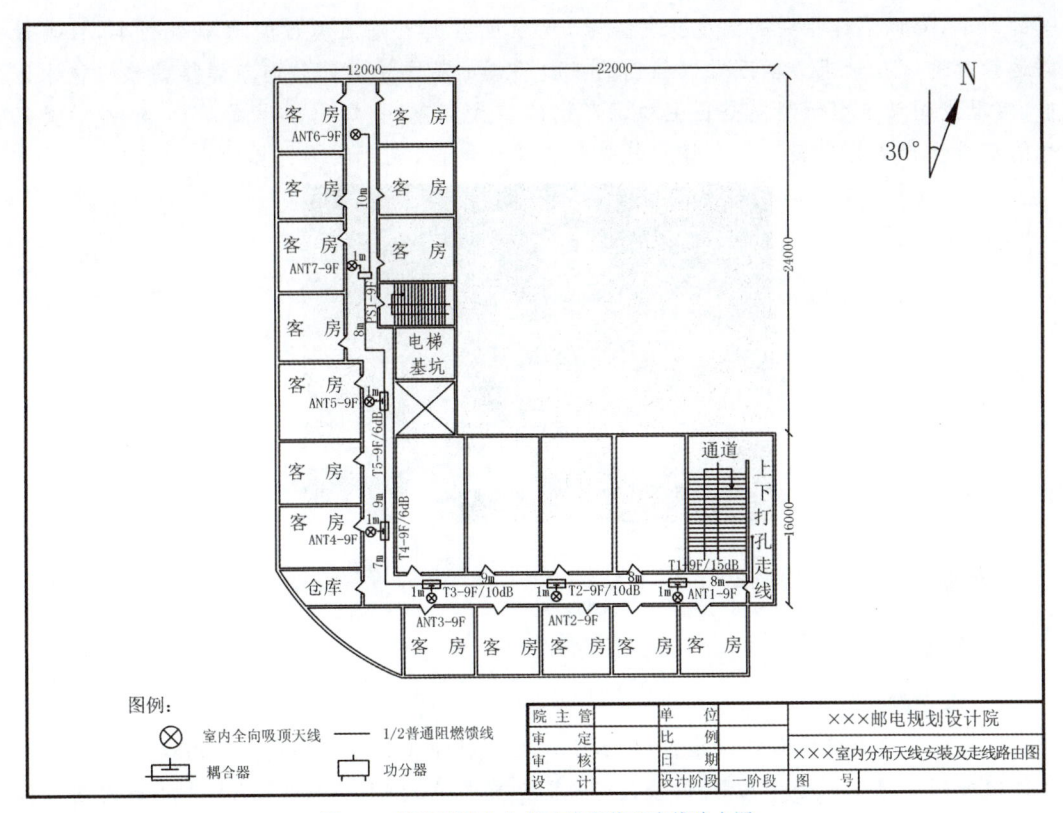

图 1-8　某宾馆室内分布天线安装及走线路由图

知识归纳

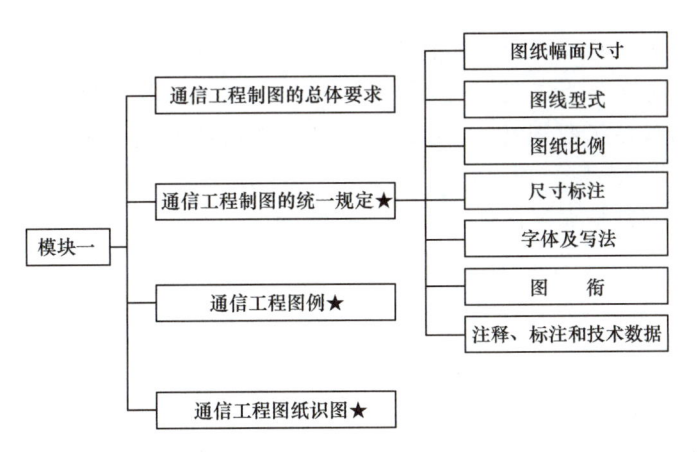

```
                          ┌─ 图纸幅面尺寸
                          ├─ 图线型式
         ┌─ 通信工程制图的总体要求
         │                ├─ 图纸比例
         │                ├─ 尺寸标注
模块一 ──┼─ 通信工程制图的统一规定★
         │                ├─ 字体及写法
         ├─ 通信工程图例★   ├─ 图    衔
         │                └─ 注释、标注和技术数据
         └─ 通信工程图纸识图★
```

★：表示为本模块的重要知识点。

思政引读

李万君,中车长春轨道客车股份有限公司电焊工、高级技师,中国"第一代高铁工人"的杰出代表,高铁战线的"大国工匠",被誉为"工人院士"(图 S1)。一把焊枪,一双妙手,他以柔情呵护复兴号的筋骨;千度烈焰,万次攻关,他用坚固为中国梦提速。李万君,那飞

驰的列车,会记下你指尖的温度!复兴号,现今世界上大范围运行的动车组列车,目前最高运营时速 350 千米。李万君以独创的一枪三焊的新方法破解转向架焊接的核心技术困难,实现我国动车组研制完全自主知识产权的重大突破,也焊出了世界新标准,推动复兴号的批量生产成为现实。如今每天复兴号追风逐电,已成为闪耀世界的中国名片。

图 S1 "大国工匠"李万君

(资料来源:央视新闻,2019 年 1 月)

自我测试

一、填空题

1.工程设计图纸幅面和图框尺寸应符合国家标准 GB/T 6988.1—2008《电气技术用文件的编制 第 1 部分:规则》的规定,一般应采用 A0、A1、A2、A3、A4 及加长的图纸幅面,目前实际工程设计中,多数采用_____图纸幅面。

2.当需要区分新安装的设备时,用粗实线表示_____,细实线表示原有设施,细虚线表示_____。在改建的通信工程图纸上,用"×"来标注_____。

3.一个完整的尺寸标注应由尺寸数字、_____、尺寸线及其终端等组成。

4.常用图纸编号主要由工程计划号、_____、_____以及图纸编号四个部分组成。

5.当绘制通信线路工程图时,若通过一张工程图纸不能完整地画出,可分为多张图纸,第一张图纸应使用_____图衔,其后续图纸可使用_____图衔。

6.填写下表的图纸幅面和图框尺寸(单位:mm)。

幅面类型	A0	A1	A2	A3	A4
图框尺寸(长×宽)					
非装订侧边框距					
装订侧边框距					

7.在绘制通信工程图纸时,当含义不便于用图示方法表达时,可以采用_____来实现。

8.识读通信工程图纸,获取工程相关信息的过程称为_____。

二、判断题

1.工程设计图纸应按规定设置图衔,并按规定的责任范围签字,图衔的位置是图纸的左下角。 ( )

2.目前,通信工程制图执行的标准是 YD/T 5015—2015《通信工程制图与图形符号规定》。	( )
3.若设计图纸中只涉及两种线宽,则粗线线宽一般应为细线线宽的1.5倍。	( )
4.设计图纸中常用的线型有实线、虚线、点划线和双点划线。	( )
5.虚线多用于设备工程设计图中,表示为将来需要新增的设备。	( )
6.设计图纸中的"技术要求""说明"或"注"等字样,应写在具体文字内容的左上方,使用比文字内容小一号的字体书写。	( )
7.设计图纸中的线宽最大为1.4 mm,最小为0.25 mm。	( )
8.架空光缆线路工程图纸一般可不按比例绘制,且其长度单位均为米。	( )
9.设计图纸中平行线之间的最小间距不宜小于粗线宽度的两倍,同时最小不能小于0.7 mm。	( )
10.点划线在设计图中一般用作图纸的分界线。	( )
11.设计图纸中的说明等内容编号等级由大到小应为第一级1、2、3……第二级(1)、(2)、(3)……第三级①、②、③……	( )
12.图衔外框的线宽应与整个图框的线宽一致。	( )
13.若设计图纸中只涉及三种线宽,则线宽数值由细到宽应按2的倍数递增。	( )
14.确定设备设计图纸中预留空位的方法是哪里有空位就留哪里。	( )
15.应根据所表述对象的规模大小、复杂程度、所要表达的详细程度、有无图衔及注释的数量来选择较小的合适幅面。	( )
16.当幅面不能满足要求时,对于A1、A3幅面的加长量应按照A0幅面短边的四分之一的倍数增加。	( )

三、简答题

1.简述通信工程制图的整体要求。
2.简述通信工程制图中常用标准图衔的尺寸及主要内容。

技能训练

技能训练　通信工程图纸的识读

一、实训目的

1.熟悉通信工程图纸绘制的总体要求。
2.掌握通信工程图纸绘制的统一规定及要求。
3.熟悉通信工程图例的含义及使用。
4.能够根据通信工程图例正确进行通信工程图纸的识读。

二、实训场所和器材

通信工程设计实训室(通信工程制图软件、计算机)

三、实训内容

根据所学的通信工程制图规范要求、图例,认真识读图1~3所示的通信工程图,请写出详细的识读过程。

图 1 的识读过程如下：

图 2 的识读过程如下：

图 3 的识读过程如下：

四、总结与体会

模块一 通信工程制图基础

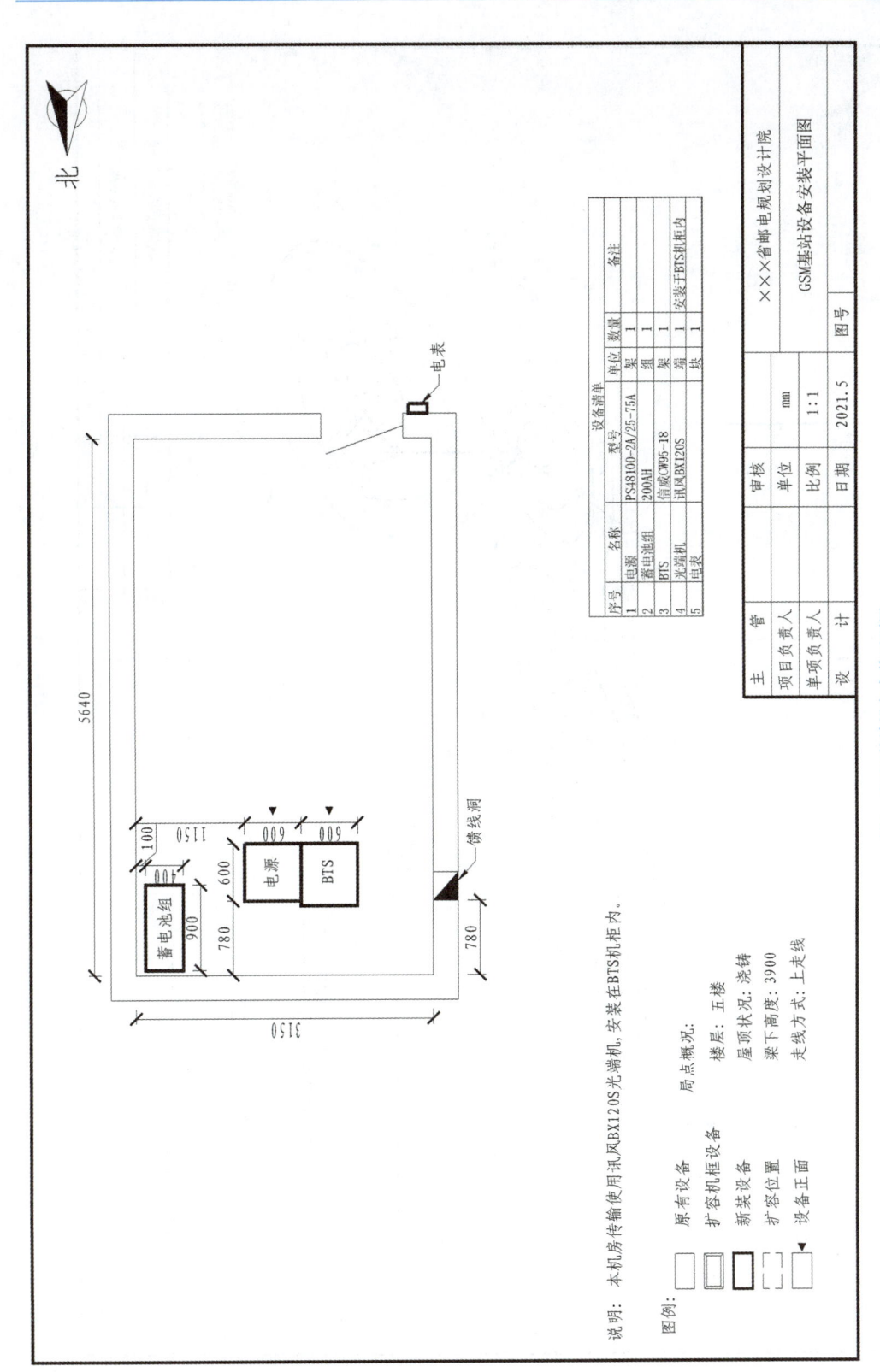

图1 GSM基站设备安装平面图

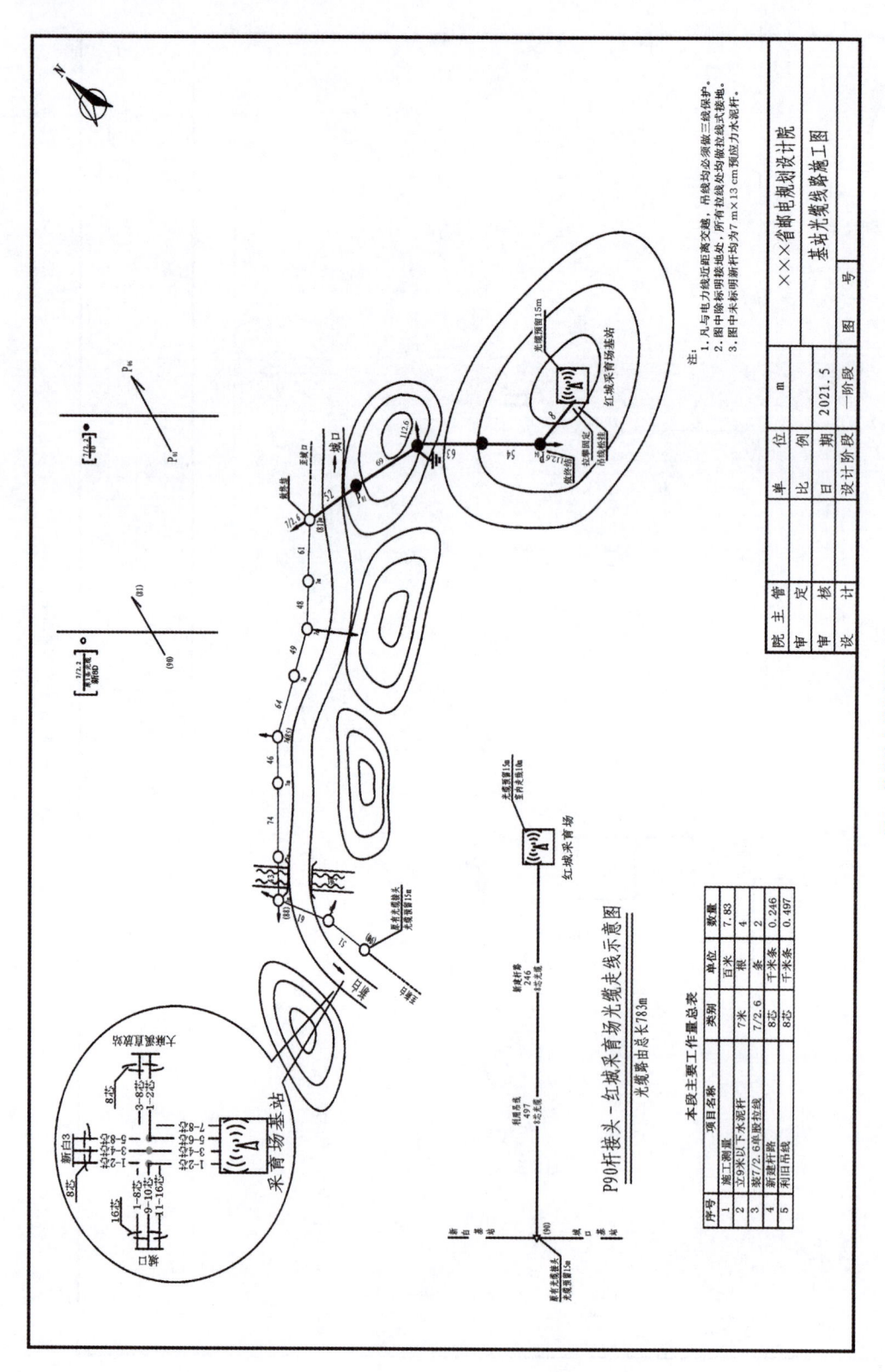

图2 某基站光缆线路施工图

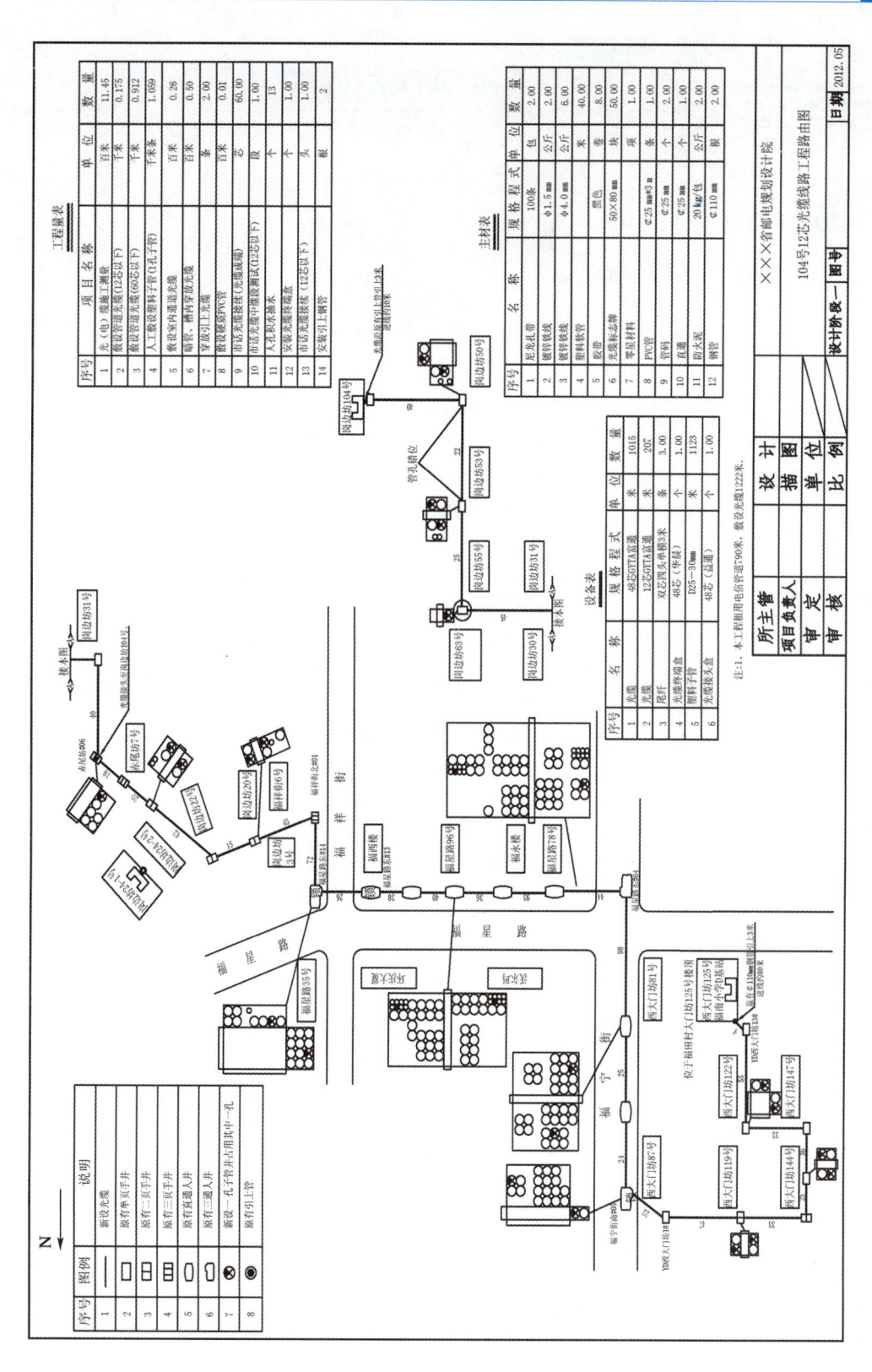

图3 104号12芯光缆线路工程路由图

模块二　CAD软件设置

● 目标导航

- 认识CAD软件操作界面
- 能正确使用"启动"对话框,进行绘图环境的设置
- 能正确使用文件管理相关命令,进行文件管理设置
- 学会通过相关命令来定制CAD绘图环境
- 学会通过相关命令来定制CAD操作环境
- 熟悉CAD坐标系统及使用方法
- 能正确使用CAD栅格、光标捕捉、对象捕捉、极轴以及正交等绘图工具
- 掌握CAD图层和线型的设置和使用方法
- 培养学生严谨细致、认真负责的学习态度

● 教学建议

模块内容	学时分配	总学时	重点
2.1 软件操作界面	0.5		√
2.2 软件命令的执行	0.5		
2.3 "启动"对话框的使用	0.5		
2.4 文件管理命令	0.5	8	
2.5 定制CAD绘图环境	1		√
2.6 定制CAD操作环境	1.5		√
2.7 CAD坐标系统	0.5		
2.8 绘图工具、线型和图层	1		√
技能训练	2		

● 内容解读

　　每个人的工作性质、环境、所属专业均不相同,要使CAD满足每个人的要求和习惯,应对CAD进行必要的设置。

　　绘图参数设置是进行绘图之前的必要准备工作。它可指定在多大的图纸上进行绘制;指定绘图采用的单位、颜色、线宽等。CAD提供了强大的精确绘图功能,其中包括栅格、光标捕捉、对象捕捉、极轴以及正交等,通过绘图工具参数的设置,可以精确、快速地进行图形定位。

　　图层概念的引入,将复杂的一个图形分解成简单的几个部分分别进行绘制。这样在绘制和管理大型、复杂的工程图时,制图人员就可以做到有条不紊、快速准确了。

　　本模块主要介绍CAD软件操作界面、文件管理命令的使用、CAD绘图环境和操作环境定制、坐标系统、绘图工具使用、图层和线型的设置和使用方法等内容。

2.1 软件操作界面

以中望 CAD 2022 版软件为载体,介绍 CAD 软件的设置、操作及输出等内容,其他版本的中望 CAD 软件、各类版本的 AutoCAD 软件以及其他公司的 CAD 软件的使用方法大同小异,其操作界面和操作方法基本一致。中望 CAD 2022 试用版软件可以从官方网站下载。

中望 CAD 2022 教育版的工作界面如图 2-1 所示,主要包括标题栏、下拉菜单、绘图区、工具栏、命令栏、状态栏以及属性栏等。和其他应用程序一样,制图人员可以根据自身需要进行工作界面的安排。

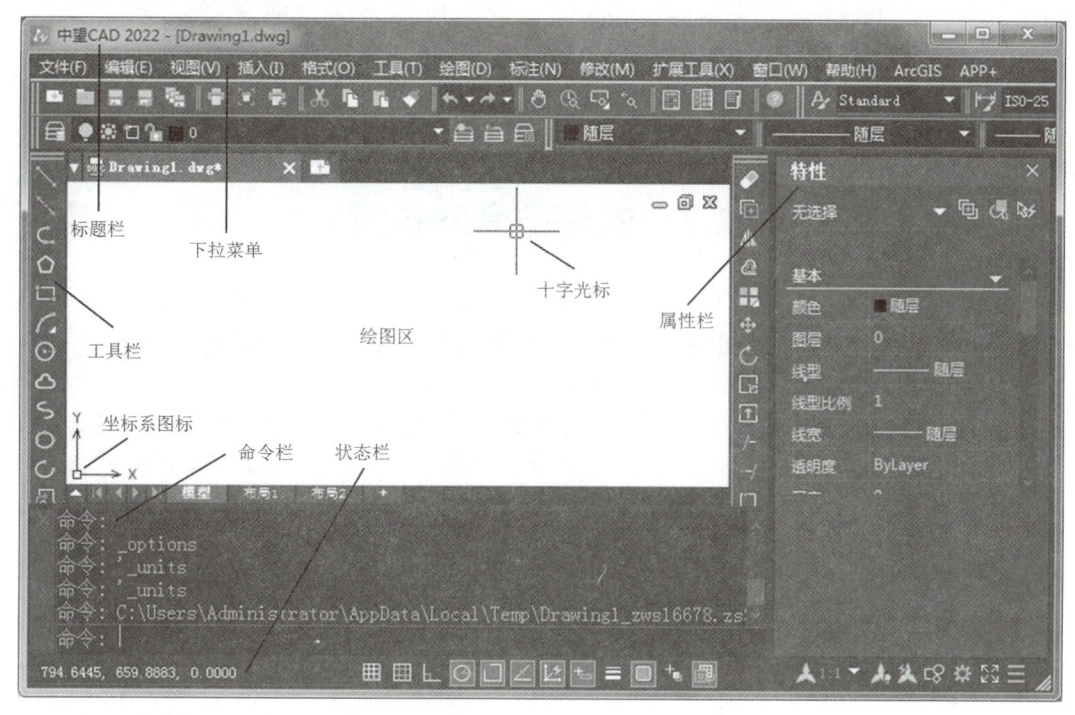

图 2-1 中望 CAD 2022 教育版的工作界面

(1) 标题栏:显示软件名称和当前图形文件名。与 Windows 标准窗口一致,可以利用右上角的按钮将当前窗口进行最小化、最大化或关闭。

(2) 下拉菜单:单击界面上方的菜单,会弹出该菜单对应的下拉菜单,在下拉菜单中基本包含了 CAD 软件的所有命令和功能选项,单击需要执行操作的相应选项,即执行该项的相应操作。

(3) 工具栏:工具栏可以通过菜单项"视图"→"工具栏"子菜单进行设置。各类工具栏均包含多个不同功能的图标按钮,用户只需单击某个按钮即可执行相应的操作。通信工程制图常用的有标准工具栏(默认在菜单项下面,有新建、打开、保存、特性匹配等)、绘图工具栏(默认位于左边,包括所有图形绘制命令按钮)、修改工具栏(默认位于右边,包括所有图形修改命令)以及对象特性(默认位于标准工具栏下面,包括图层和线型属性设置)

等。另外,在工具栏上单击鼠标右键,可以调整工具栏显示的状态,也可以按住鼠标左键拖动调整工具栏的位置。

(4)命令栏:命令栏位于软件工作界面的下方,当命令栏中显示"命令:"提示的时候,表示软件处于等待用户输入命令状态。当软件处于命令执行过程中时,命令栏中显示各种操作提示(同时也会显示在鼠标标识右下方,该功能可以通过状态栏上"动态输入"进行开启或关闭设置)。在绘图的整个过程中,制图人员(特别是初学者)要注意命令栏中的提示内容。

(5)绘图区:绘图区位于软件工作界面中央的空白区域,所有的绘图操作均在该区域中完成。在绘图区域的左下角显示了当前坐标系图标,向右方向为 X 轴正方向,向上为 Y 轴正方向。绘图区没有边界,无论多大的图形都可置于其中。鼠标移动到绘图区中,会变为十字光标,执行选择对象的时候,鼠标会变成一个方形的拾取框。

(6)状态栏:状态栏位于软件工作界面的最下方,用于显示当前十字光标在绘图区所处的绝对坐标位置,同时还显示了常用的控制按钮,如捕捉、栅格、正交、对象捕捉以及对象跟踪等,单击一次,按钮按下表示启用该功能,再单击则关闭。

2.2 软件命令的执行

在 CAD 软件中,命令的执行方式有多种,如可以通过快捷命令输入、单击工具栏上的命令按钮以及选择下拉菜单命令项等。当制图人员在绘图工程图形时,应根据实际情况选择最合适的命令执行方式,以提高工作效率。

(1)以键盘方式执行:通过键盘方式执行命令是最常用的一种绘图方法。当制图人员使用某个绘图功能时,只需在命令栏中输入该功能的命令形式,然后根据动态提示完成绘图即可,如图 2-2 所示。CAD 提供动态输入的功能,在状态栏中单击"动态输入"按钮后,键盘输入的内容会显示在十字光标右下方,如图 2-3 所示。

图 2-2 键盘方式执行命令

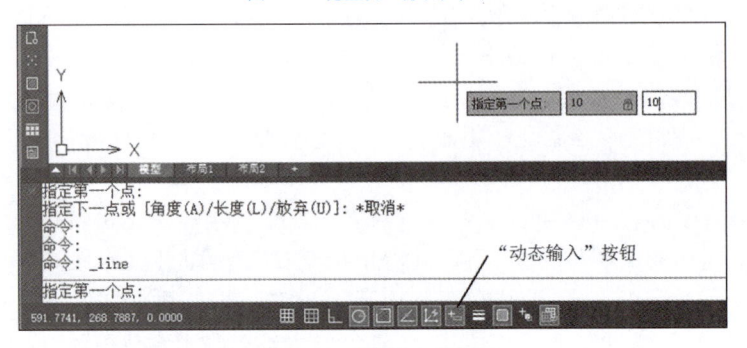

图 2-3 动态输入功能

(2)以命令按钮方式执行:在工具栏上选择要执行命令对应的工具按钮,然后按照提示完成绘图工作。

(3)以菜单命令方式执行:通过单击下拉菜单中的相应子菜单命令,执行过程与以上两种方式相同。CAD 软件同时也提供鼠标右键快捷菜单,在快捷菜单中会根据绘图的状态提示一些常用的操作命令,如图 2-4 所示。

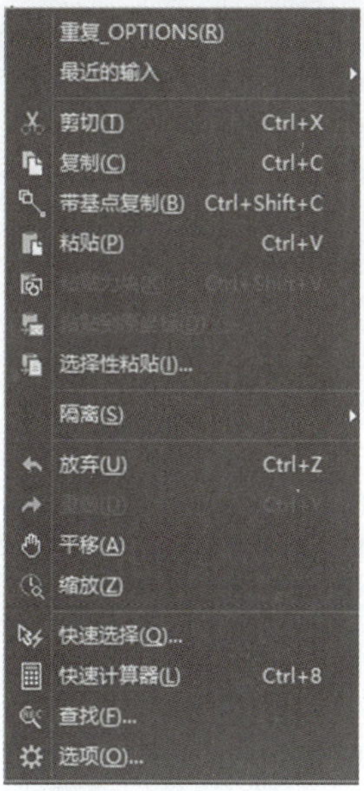

(4)退出正在执行的命令:CAD 软件可随时退出正在执行的命令。当执行某命令后,可按 Esc 键退出该命令,也可按 Enter 键结束某些操作命令。要注意的是,有的操作要执行多次才能退出。

(5)重复执行上一次操作命令:当结束了某项操作命令后,若要再一次执行该命令,可以按 Enter 键或空格键来重复上一次的命令。在命令栏中,可以通过上下方向键查看前面已执行的数条命令,然后选择执行。

(6)取消已执行的命令:当绘图中出现错误,要取消前面已执行的命令时,可以使用 Undo 命令,或单击工具栏上的"放弃"按钮 ,即可返回到前一步或前几步的状态。

图 2-4　鼠标右键快捷菜单

(7)恢复已撤销的命令:当撤销了某项命令后,又想恢复已撤销的命令,可以使用 Redo 命令或单击工具栏中的"重做"按钮 来恢复。

(8)使用透明命令:CAD 软件中有些命令可以插入另一条命令的期间执行,如当前在使用 Line 命令绘制直线的时候,可以同时使用 Zoom 命令放大或缩小视图范围,这样的命令称为透明命令。只有少数命令为透明命令,在使用透明命令时,必须在命令前加一个单引号"'",这样 CAD 软件才能识别。

2.3　"启动"对话框的使用

启动 CAD 或建立新图形文件时,系统出现 CAD 屏幕界面,并弹出一个"启动"对话框,如图 2-5 所示。利用该对话框,制图人员可以方便地设置绘图环境,从而可以采用多种方式绘图。

下面分别介绍"启动"对话框各个按钮的功能。

(1)打开一幅图

当单击"启动"对话框(图 2-5)中的 按钮时,系统会自动弹出如图 2-6 所示的对话框。若在对话框右边预览框中无图形显示,则需要勾选对话框中的"使用预览"单选按钮。

制图人员可以直接选择"文件"列表框中的文件名,单击"确定"按钮,打开已经存在的图样;或单击"浏览"按钮,系统将弹出如图 2-7 所示的"选择文件"对话框,在该对话框中可选取已有图样,并在其上开始绘图。例如,在图 2-7 中,选中 Sample 子目录下的 Cube.dwg 图形文件,在对话框右边预览框中将可以预览该图形,然后单击"打开"按钮,以后便可以在此图样上继续绘图和编辑。

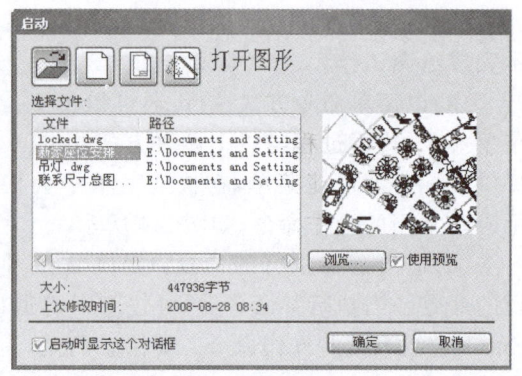

图 2-5 "启动"对话框　　　　　　　　　图 2-6 打开图形

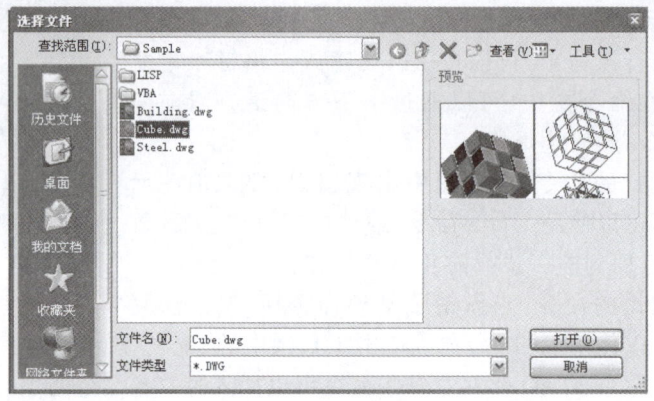

图 2-7 浏览和选择文件

(2) 使用缺省设置

当单击"启动"对话框(图 2-5)中的按钮时,系统将使用缺省的绘图环境,如图 2-8 所示。该对话框中的"默认设置"栏中有两个单选按钮:英制(英尺和英寸)和公制。制图人员选择其中一项后,单击"确定"按钮,即可开始绘制新图形。

图 2-8 缺省绘图环境

目前,国内设计技术人员均采用公制(毫米)。若以英制进入,绘图区是长 12 英寸、宽 9 英寸的环境,且小数点后带 4 位小数,一般人不习惯。而初学者往往是直接以缺省方式进入,也就是进入英制。建议最好不采用默认设置方式做新图,好的方式是以样板图为基础的方式,效率较高。

(3) 使用样板图向导

样板图是指包含一定绘图环境,但未绘制任何图形的实体文件。使用样板图的特点是不仅可以使用它所定义的绘图环境,而且可以使用它所包含的图样数据,以便在此基础上建立新的样板图文件。样板图文件的后缀名为"dwt",CAD 提供了多个样板图文件供制图人员选择,同时制图人员也可以定义自己的样板图文件。

单击图 2-5 所示的"启动"对话框中的 按钮,打开如图 2-9 所示的对话框。系统将让制图人员打开一幅样板图文件,且在该样板图文件基础上绘制新图。

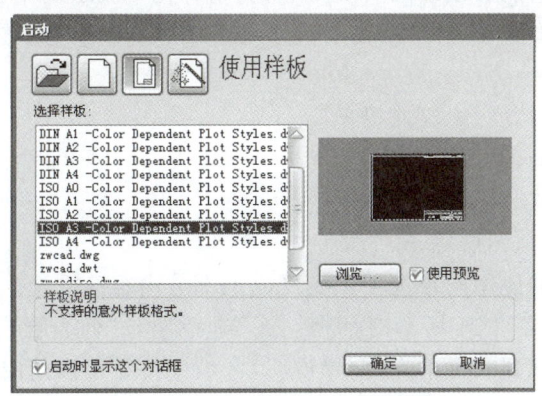

图 2-9 使用 dwt 格式样板图绘制新的图样

① 选择 dwt 格式样板图

在图 2-9 所示的对话框中,制图人员可以在"选择样板"列表框中选择 dwt 格式的样板图文件,然后单击"确定"按钮结束操作。此后,系统将自动打开该样板图文件,制图人员可以在此基础上绘制新的图样。

② 选择 dwt 格式样板文件

若在图 2-9 所示列表框中没有找到合适的样板图,可以单击"浏览"按钮,将弹出"选择样板文件"对话框,如图 2-10 所示,通过该对话框可以查找磁盘目录中 dwt 格式的图形文件,单击"确定"按钮即可打开文件,制图人员也可以在此基础上绘制新的图样。

图 2-10 "选择样板文件"对话框

要注意的是,采用此种方法,作图时间将按照原来图形的作图时间,如果是在考试等场合要求有时间限制时,则不能使用,因为容易将原图冲掉,而采用 dwt 格式样板图则不会出现此类情况,还有,若要用一个图形文件做样板图,建议先将其属性改为只读,这样可保证文件一直存在。

(4)使用向导

使用向导中包含用户绘图所需的绘图环境。绘图环境是指在 CAD 中绘制图样所需的基本设置与约定。它能够使绘图实现专业化、用户化和流水线作业,同时它可大大提高绘图效率,使所绘制的图形符合相关专业要求。在 CAD 中,绘图环境主要包括以下内容:

① 绘图单位、测量精度、光标捕捉等。

② 图纸大小与布局、绘图界限等。

③ 文字与尺寸格式。

④ 线型和图层颜色、图层等。

"启动"对话框中的使用向导选项可实现以上部分内容的设置。单击"启动"对话框中的 按钮,系统弹出如图 2-11 所示对话框。在"选择向导"列表框中显示两个选项:高级设置和快速设置。在该列表框下方"向导说明"区域中将显示当前向导功能的描述文字。

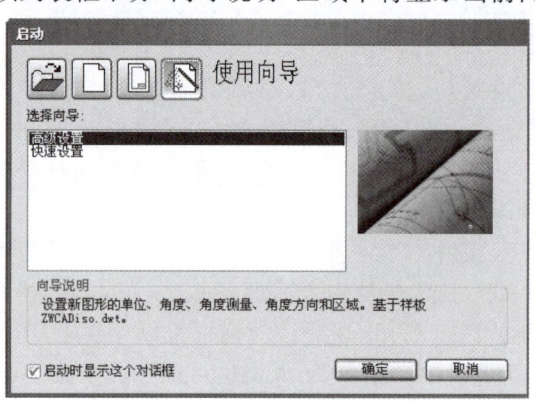

图 2-11 使用向导选项

下面分别介绍这两种设置。

① 高级设置

在"启动"对话框中,在"选择向导"列表框中选择"高级设置"选项,再单击"确定"按钮,将进入高级设置状态,系统将弹出一个"高级设置"对话框,如图 2-12 所示。

该向导共有五项设置,即:

单位:设置绘图单位和精度。如图 2-12 所示,CAD 共提供了五种绘图单位,缺省为十进制,也就是小数,一般也是采用十进制。但精度不能采用缺省值 0.0000,一般初学者选 0 即可。

角度:设置角度和精度。类似单位设置,缺省为第一项,可选度/分/秒(S)这一项。

角度测量:测量角度的起始方向。缺省项为正东,也就是时针三点方向。

角度方向:角度测量方向。缺省项为逆时针方向。

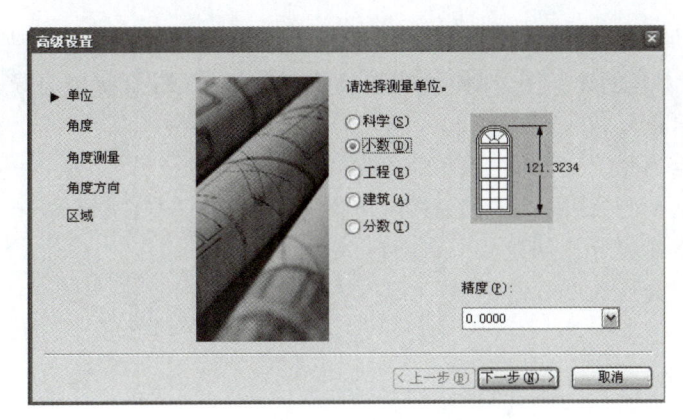

图 2-12 "高级设置"对话框

区域:绘图区域设置。分别在"宽度"和"长度"文本框中输入绘图区域的大小。如 A3 图纸区域为 420 mm×297 mm,A4 图纸区域为 297 mm×210 mm 等。

完成以上五项设置后,单击"完成"按钮,即完成高级设置,接着就开始绘图工作。

② 快速设置

如图 2-11 所示的对话框中,在"选择向导"列表框中选择快速设置选项,再单击"确定"按钮,系统将弹出"快速设置"对话框,如图 2-13 所示。快速设置较高级设置简单得多,在"快速设置"对话框中只有"单位"和"区域"两项设置,具体设置方法与高级设置一样。

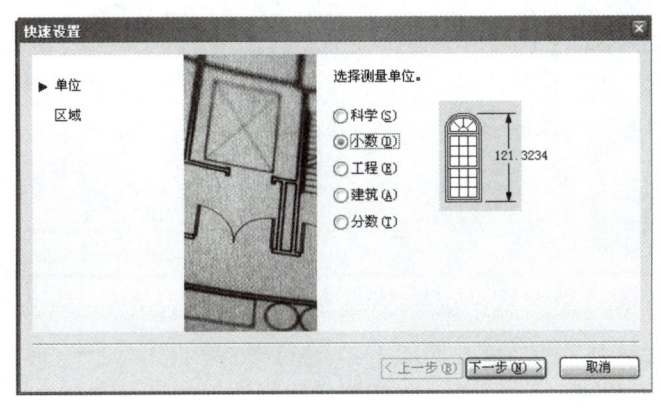

图 2-13 "快速设置"对话框

2.4 文件管理命令

常用文件管理命令有 New、Open、Qsave/Saveas、Close、Help、Quit/Exit 等。

(1)创建新图形(New)

① 以缺省设置方式新建图形。在工具栏中选择"新建"图标,或在命令行中直接输入"New",即可以缺省设置方式创建一个新图形。该图已预先做好了一系列设置,例如绘图单位、文字尺寸及绘图区域等,制图人员可根据绘图实际需要保留或改变相关设置。

微课

新建、打开和保存图形

②使用"启动"对话框新建图形。执行 New 命令后，系统会弹出"启动"对话框。该对话框允许以三种方式创建新图，即使用缺省设置、使用样板图及使用向导，其操作已在前面讲述，这里不再重复。

要注意的是，当系统变量"STARTUP"的值为"ON"时，执行 New 命令或单击"新建"图标都会弹出"启动"对话框；当"STARTUP"的值为"OFF"时，执行 New 命令或单击"新建"图标都以缺省设置方式创建一个新图形。

(2)打开图形文件(Open)

①命令格式

命令行：Open

菜单："文件"→"打开"

工具栏："标准"→"打开"

Open 命令可打开已创建的图样，若图样比较复杂，一次不能将其绘制完，可以将图样文件存盘，以后可用打开文件命令继续绘制该图。

②操作步骤

执行 Open 命令，系统弹出"打开图"对话框，如图 2-14 所示。

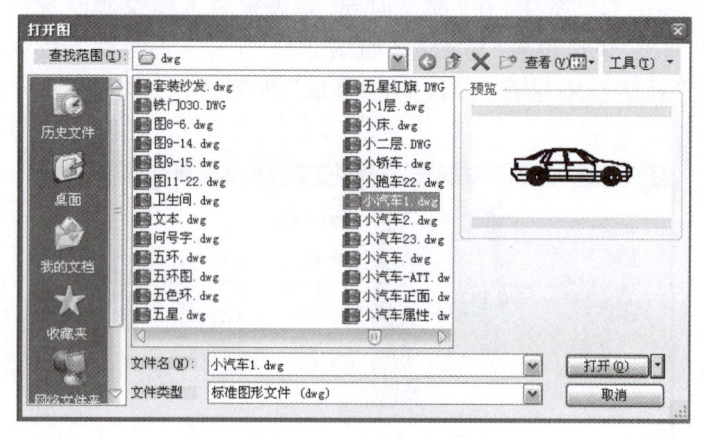

图 2-14 "打开图"对话框

对话框中各选项含义和功能说明如下：

查找范围：在下拉列表框中，可以改变搜寻图样文件的目录路径。

文件名：当在"文件"列表框中单击某一图样文件时，图样的文件名会出现在"文件名"文本框中；也可以直接在文本框中输入文件名，最后单击"打开"按钮。

文件类型：显示"文件"列表框中文件的类型，下拉列表中共包括标准图形文件(dwg)、图形交换格式(dxf)、网络设计格式(dwf)和模板图形(dwt)四种文件类型。

以只读方式打开：它是一个开关按钮，位于"打开"按钮右侧，打开此开关，表明文件以只读方式打开，不允许对文件做任何修改，但可以编辑文件，最后将文件存盘时，将提示以其他文件名存盘。

预览：选择图样后，可以从预览窗口预览将要打开的图样。

"工具"下拉菜单中的"查找"：单击此选项，打开一个对话框，通过该对话框可以找到需要打开的文件。

"工具"下拉菜单中的"定位":单击此选项,可以确定要打开的文件路径。

(3)保存文件

文件的保存在软件操作中是最基本和最常用的操作。在绘图过程中,为了防止意外情况造成死机,必须随时将已绘制的图形文件存盘,常用"保存""另存为"等命令存储图形文件。

①缺省文件名保存(Qsave)

命令行:Qsave

菜单:"文件"→"保存"

工具栏:"标准"→"保存"

若图样已经命名存储过,则此命令以最快的方式用原名存储图形,而不显示任何对话框。若将从未保存过的图样存盘,此时系统将弹出如图2-15所示的"图形另存为"对话框,系统为该图形自动生成一个文件名(一般为Drawing1),此时该命令等同于"另存为"(Saveas)"命令。

图 2-15　存储图形

②另命名存盘(Saveas)

命令行:Saveas

菜单:"文件"→"另存为"

Saveas命令将文件另命名并存盘。执行该命令后,系统弹出如图2-16所示对话框。对话框中各选项含义和功能说明如下:

保存在:单击文本框右边的下拉箭头,选择文件要保存的目录路径。

文件名:在对已经保存过的文件另存时,在"文件名"文本框中自动出现该文件的文件名,此时单击"保存"按钮即可。若要给文件另命名,可以直接在此文本框中输入新文件名并单击"保存"按钮即可。

保存类型:将文件保存为不同的格式文件,可以单击文本框右边的下拉箭头,选择其中的一种格式。

要注意的是,执行"保存"命令,系统直接将图形以原来的文件名存盘,而原先的图形文件已经变成了备份文件,即 *.bak 文件。

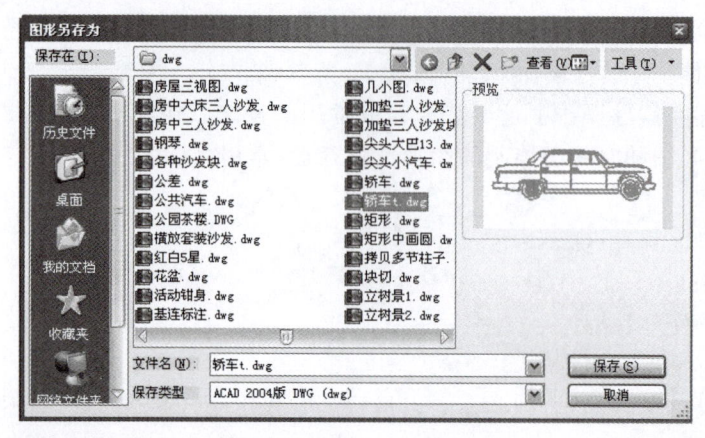

图 2-16 将文件另命名存盘

（4）关闭图形文件（Close）

命令行：Close

菜单："文件"→"关闭"

关闭当前图形文件。关闭文件之前若未保存，系统会提示是否保存。

（5）帮助（Help）

命令行：Help

菜单："帮助"→"帮助"

工具栏："标准"→"帮助"

显示帮助信息。也可以直接按 F1 键来打开帮助窗口。

（6）退出程序（Quit 或 Exit）

命令行：Quit 或 Exit

菜单："文件"→"退出"

退出 CAD 软件。若您尚未储存图形，程序会提示您是否要储存图形。退出程序也可直接单击软件窗口右上角的"关闭"按钮。

2.5　定制 CAD 绘图环境

新建工程图纸后，还可以通过以下相关设置来修改之前一些不合理的地方和其他辅助设置选项。

（1）图形界限（Limits）

① 命令格式

命令行：Limits

菜单："格式"→"图形界限"

Limits 命令用于设置绘图区域大小，即设定图纸的尺寸大小。

② 操作步骤

用 Limits 命令将图形界限设定为 A4 图纸（297 mm×210 mm）的操作步骤如下：

微课

设置图形界限和三维厚度

```
命令:Limits
限界关闭:打开(ON)/<左下点> <0,0>:0,0        //设置绘图区域左下角坐标
右上点<420,297>:297,210                    //设置绘图区域右上角坐标
命令:Limits                                //重复执行Limits命令
限界关闭:打开(ON)/<左下点> <0,0>:ON         //打开图形界限检查功能
```

各选项的含义说明如下：

关闭(OFF)：关闭图形界限检查功能。

打开(ON)：打开图形界限检查功能。

确定左下点后，系统继续提示：右上点<420,297>（指定图形界限的右上角坐标）。默认为 A3 图纸的范围，若要设置其他图幅，改成相应的图幅尺寸即可。

要注意的是：①在通信工程图纸绘制时，多数采用真实的尺寸绘图，打印出图时，再考虑比例，另外，用 Limits 限定绘图范围，不如用图线画出图框更加直观；②当图形界限检查功能设置为 ON 时，若输入或拾取的点坐标超出绘图界限，则操作将无法进行；③图形界限检查功能设置为 OFF 时，绘制图形不受绘图范围的限制；④图形界限检查功能只限制输入点坐标不能超出绘图边界，而不能限制整个图形。

(2)绘图单位（Units/Ddunits）

①命令格式

命令行：Units/Ddunits

菜单："格式"→"单位"

Units/Ddunits 命令可以设置长度单位和角度单位的制式、精度。

一般来说，用 CAD 绘图使用实际尺寸（1∶1），然后在打印出图时，再设置比例因子，在开始绘图前，需要弄清绘图单位和实际单位之间的关系。

②操作步骤

执行 Ddunits 命令后，系统将弹出如图 2-17 所示的"图形单位"对话框。

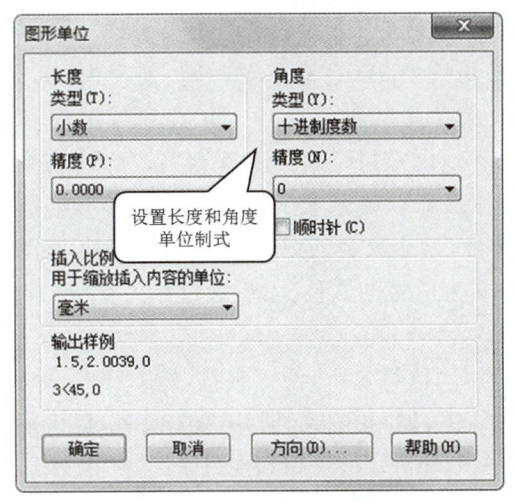

图 2-17 "图形单位"对话框

长度：其单位表示形式如表 2-1 所示。

角度：规定当输入角度值时角度生成的方向，如图 2-17 所示。若不勾选"顺时针"单选按钮，则确定逆时针方向角度为正；若勾选"顺时针"单选按钮，则确定顺时针方向角度为正，角度单位表示形式如表 2-2 所示。

表 2-1　　　　　　　　　　　　长度单位表示形式

类　型	精　度	举　例	单位含义
科　学	0.00E+01	1.08E+05	科学计数法表达方式
小　数	0.000	5.948	工程中普遍采用的十进制表达方式
工　程	0′－0.0″	8′－2.6″	英尺与十进制英寸表达方式，其绘图单位为英寸
建　筑	0′－0 1/4″	1′－3 1/2″	欧美建筑业常用格式，其绘图单位为英寸
分　数	0 1/8	165/8	分数表达方式

表 2-2　　　　　　　　　　　　角度单位表示形式

类　型	精　度	举　例	单位含义
度	0.00	48.48	十进制数，我国工程界多用
度/分/秒	0d00′00″	28d18′12″	用 d 表示度，′表示分，″表示秒
百分度	0.0g	35.8g	十进制数表示梯度，以小写 g 为后缀
弧度	0.0r	0.9r	十进制数，以小写 r 为后缀
勘测	N0d00′00″E	N44d30′0″E S35d30′0″W	该例表示北偏东北 44.5°，勘测角度表示从南(S)北(N)到东(E)西(W)的角度，其值总是小于 90°，大于 0°

基准角度：在图 2-17 中单击"方向"按钮，出现"方向控制"对话框，如图 2-18 所示，规定 0°角的位置，诸如，缺省时，0°角在"东"或"3 点"的位置。

(3) 调整自动保存时间

在 CAD 软件操作中，由于停电或突然死机等，往往未能及时保存，导致自己所绘制的图纸及相关设置全部丢失。

针对上述问题，可以调整 CAD 自动存图时间，使损失减到最小，选取"工具"下拉菜单中的最后一项，即"选项"，出现

图 2-18　角度方向控制

"配置"对话框，如图 2-19 所示。选择"打开和保存"选项卡，将系统默认的自动保存分钟数 120 改成 20，即 20 分钟系统自动存盘一次。这样计算机将按照设定的时间自动保存一个以.SV＄为后缀的文件，这个文件存放在设定的文件夹里，碰到断电等异常情况时，可将此文件更名为以.dwg 为后缀的文件，然后通过相关 CAD 软件打开即可。

(4) 文件目录

文件目录建议设置到 CAD 目录下，便于查找，如图 2-20 所示。CAD 默认将图、外部引用、块存放到"我的文档"中，如"我的文档"中文件太多，建议加以修改。临时文件保存路径也可以从系统默认的 Temp 目录改到其他目录。

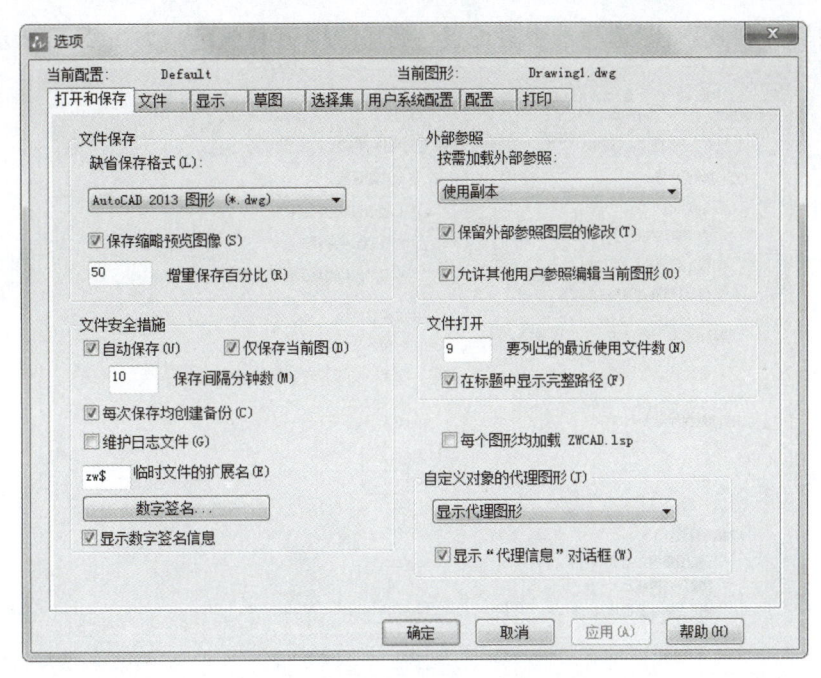

图 2-19　调整自动保存时间

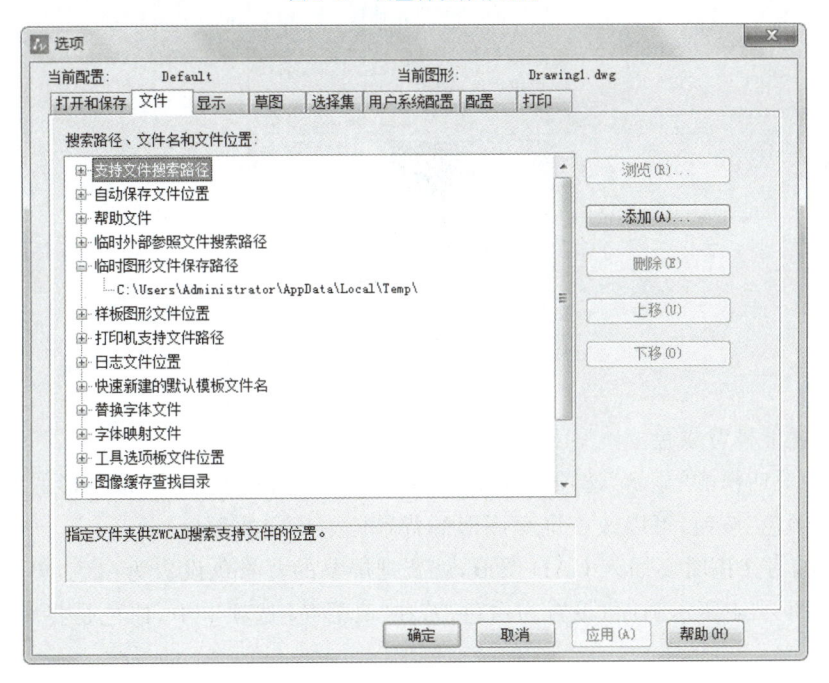

图 2-20　文件目录设置

(5)捕捉光标

系统默认捕捉光标是浅黄色,如图 2-21 所示,对于黑色背景绘图区来说反差大,比较好。但当把屏幕背景设置成白色后,浅黄色就看不清楚了(反差太小),此时可将捕捉光标设成紫色,因为经常要截图到 Word 文档,所以要改成反差大的颜色。当然,也可以根据个人实际情况到"真彩色"选项卡中去配置(共计 1670 万种颜色),如图 2-22 所示。

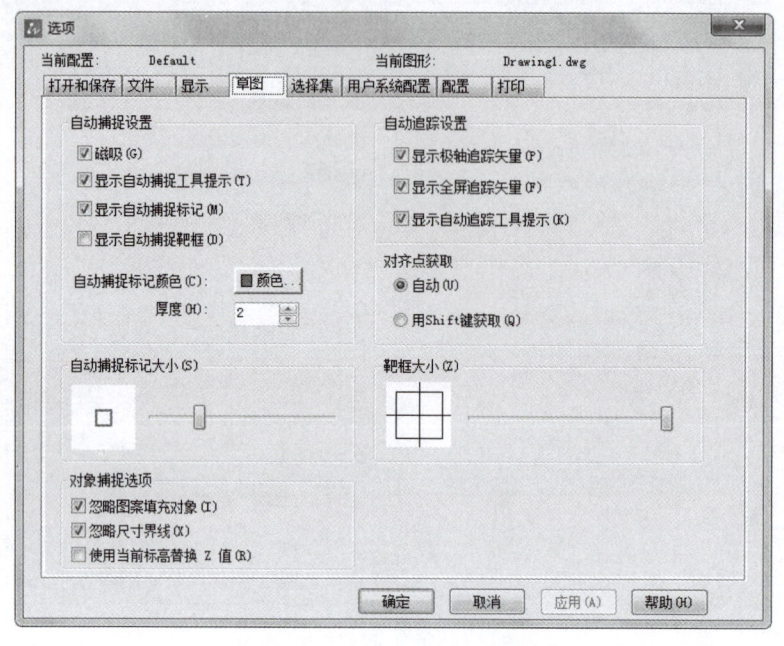

图 2-21 系统默认捕捉光标颜色

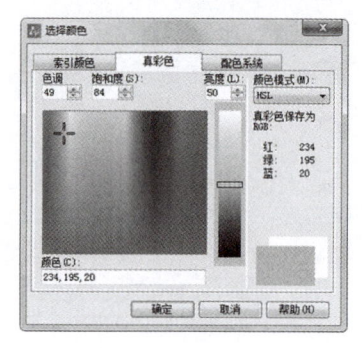

图 2-22 "真彩色"选项卡

(6)设置屏幕背景色

"选项"对话框的"显示"选项卡如图 2-23 所示。缺省情况下,屏幕图形的背景色是黑色。单击"颜色"按钮,可以改变屏幕图形的背景色为指定的颜色。

比如编写文稿时要插入 CAD 图形,就要把屏幕的背景色设置为白色,单击"颜色"按钮,出现如图 2-24 所示画面,设置为白色,若在"真彩色"选项卡中,白色是将 RGB 值均设置为 255。

如果采用"索引颜色",则单击"索引颜色"按钮,直接选择颜色要简单得多。由于是工程图纸,颜色不必设置过多,最好是不要随便以图像处理的颜色要求来处理图形。

如图 2-24 所示"图形窗口颜色"对话框中,还可以设置十字光标颜色,为帮助区别 X、Y、Z 轴,可分别设置不同颜色。

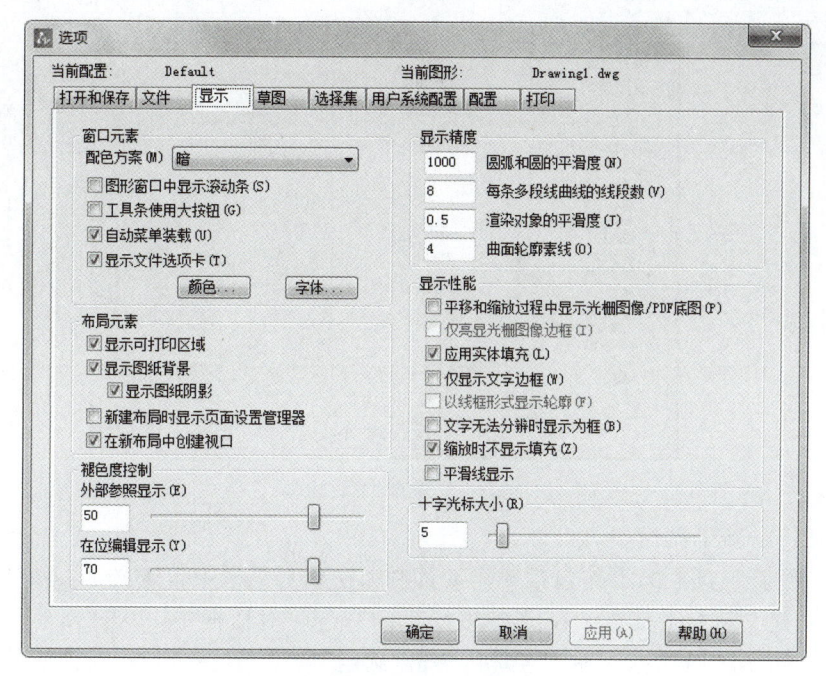

图 2-23　"显示"选项卡

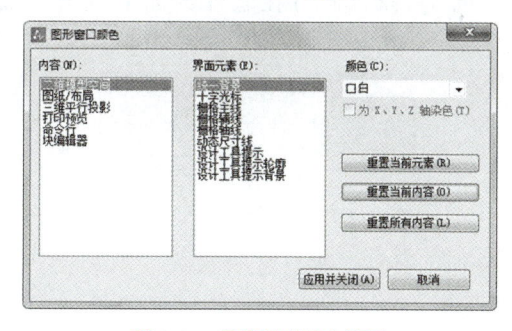

图 2-24　屏幕的背景色设置

2.6　定制 CAD 操作环境

(1)定制工具栏

命令行:Customize

菜单:"工具"→"自定义(C)"→"工具栏"

CAD 提供的工具栏可快速地调用命令。可通过增加、删除或重排列、优化等命令设置工具栏,以更适应工作,也可以建立自己的工具栏。工具栏保存在程序中,也可以导出成 *.mns 等文件给其他人加载后使用。在定制工具栏时,使用 Customize 命令。

执行 Customize 命令后,系统弹出如图 2-25 所示的"定制"对话框,选择"工具栏"选项卡。

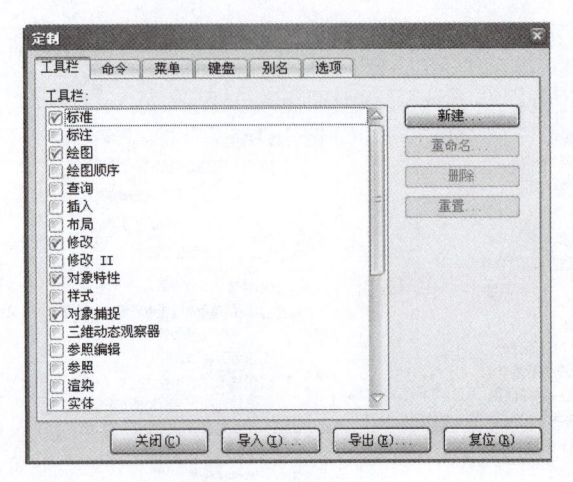

图 2-25 "定制"对话框

①组建一个新工具栏

组建一个新工具栏的工作包括新建工具栏和在新工具栏中自定义工具按钮。

步骤1:建立新的工具栏。在图2-25所示的"定制"对话框中,单击"新建"按钮,会出现如图2-26所示的对话框。输入名称后单击"确定"按钮,会在"定制"对话框的"工具栏"列表框最底下新增一个新的工具栏,同时在软件界面上也会生成一个空白的工具栏图标 。

图 2-26 "新建工具栏"对话框

步骤2:增加一个按钮到工具栏。确保想修改的工具栏是可见的,再执行Customize命令。在"定制"对话框中"命令"选项卡的"类别"列表框中,选择一个工具栏后,在"按钮"区显示相关的工具按钮,然后从"按钮"区拖动一个按钮到对话框外的某一工具栏上,若必要则修改工具提示、帮助字符串和命令,若再增加另一个工具按钮,重复以上步骤,最后,单击"关闭"按钮即可。

步骤3:从工具栏中删除一个工具按钮。确保想修改的工具栏是可见的,再执行Customize命令。右键单击工具栏中想要删除的工具按钮,然后在快捷菜单中选择"删除"。

②导入工具栏

工具栏是CAD整体的一部分,可通过建立其他CAD的部分菜单文件(*.mnu,*.mns)方式装载工具栏。从"定制"对话框的"工具栏"选项卡输入其他CAD菜单文件,仅装载菜单文件的工具栏部分。导入一个菜单文件,执行Tbconfig命令,弹出如图2-25对话框,选择"菜单"选项卡,单击"导入"按钮,找到相应的其他CAD菜单文件导入,如图2-27所示。

要注意的是,从"定制"对话框的"工具栏"选项卡输入其他CAD菜单文件替换任何想自定义的工具栏的方法输入菜单文件,不会影响当前菜单。也可按"复位"按钮返回缺省复位。

图 2-27　导入其他 CAD 菜单文件

（2）定制菜单

执行 Customize 命令，系统弹出"定制"对话框，选择"菜单"选项卡，系统显示如图 2-28 所示对话框。

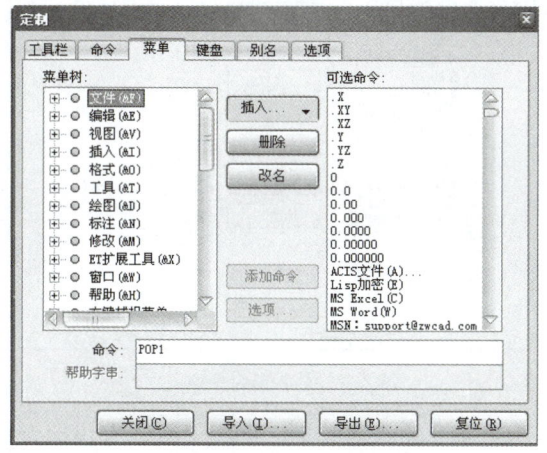

图 2-28　"定制"对话框的"菜单"选项卡

①建立一个新的下拉菜单。在"菜单树"列表框内，在想添加新菜单处选择一个已有的菜单名，然后单击"插入"按钮，选择"菜单条款"。在图 2-29 所示的文本框内输入新下拉菜单的名称，然后按 Enter 键。

②给下拉菜单加入一个命令，操作如下：

步骤 1：在"菜单树"内，选择要加入命令的菜单。

步骤 2：单击"插入"按钮，选择菜单子菜单。

步骤 3：在图 2-30 所示的文本框内输入新命令的名称，然后按 Enter 键。

步骤 4：指定要添加的命令，可以通过两种方式：

- 在"命令"文本框内输入一个 CAD 命令。
- 在"可选命令"列表内，选择相应的命令，然后单击"添加命令"按钮。

步骤 5：在"帮助字串"文本框内，输入要在状态栏显示的命令提示文本。

步骤 6：单击"关闭"按钮。

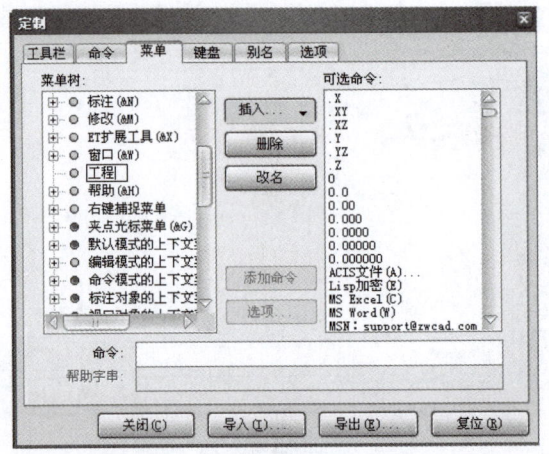

图 2-29　输入新下拉菜单的名称

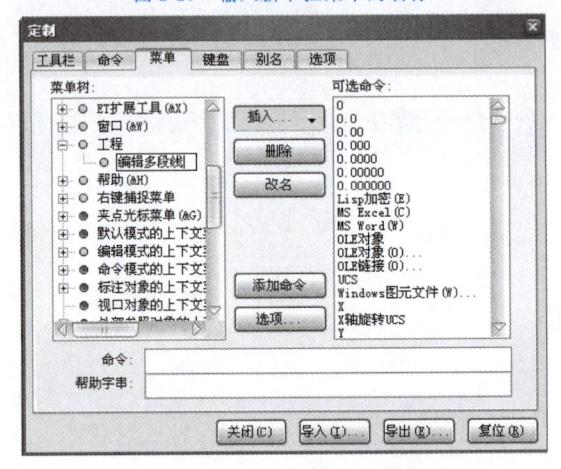

图 2-30　输入新命令的名称

要注意的是,当为新的命令输入名称时,可以在要作为快捷键的字母前加"&",但不要在同一个下拉菜单下的菜单项和命令中出现重复的快捷键。

③重命名一个菜单项,其操作如下:

步骤 1:在"菜单树"列表框中,选择要更名的菜单项。

步骤 2:单击"改名"按钮。

步骤 3:在菜单项原名称处的文本框内输入新的名称。

步骤 4:单击"关闭"按钮。

④删除一个菜单项,其操作如下:

步骤 1:在"菜单树"列表框中,选择要删除的菜单项。

步骤 2:单击"删除"按钮。

步骤 3:单击"关闭"按钮。

要注意的是,删除有子菜单的菜单项将删除所有子菜单。

⑤设置菜单的经验级别,其操作如下:

步骤 1:在"菜单树"列表框中,选择要设置经验级别的菜单项命令名称。

步骤2：单击"选项"按钮，弹出"菜单自定义选项"对话框。
步骤3：在对话框的"经验级别"选项卡中设置"初级""中级"或"高级"级别。
步骤4：单击"确定"按钮。
步骤5：单击"关闭"按钮。

⑥保存菜单文件，程序自动保存当前菜单的修改，制图人员也可以创建并保存自己定制的菜单。其操作如下：
步骤1：单击"导出"按钮。
步骤2：指定要保存的菜单文件的路径、文件名及文件格式。
步骤3：单击"保存"按钮。
步骤4：单击"关闭"按钮。

要注意的是，保存菜单不保存创建或修改的工具栏。

⑦调用菜单文件。可以用自己定制的菜单替换当前菜单，也可调用格式为＊.mnu、＊.mns和＊.icm的菜单文件，其操作如下：
步骤1：单击"导入"按钮。
步骤2：指定菜单文件的类型＊.mnu、＊.mns或者＊.icm。
步骤3：选择调用的菜单。
步骤4：单击"打开"按钮。
步骤5：单击"关闭"按钮。

（3）定制键盘快捷键

CAD提供了键盘快捷键以便能访问经常使用的命令。制图人员可以定制这些快捷键并用"定制"对话框添加新的快捷键。执行Customize命令，系统弹出"定制"对话框，选择"键盘"选项卡，如图2-31所示。

图2-31 "键盘"选项卡

①创建一个新的键盘快捷方式，其操作如下：
步骤1：单击"新建"按钮。
步骤2：输入新的键盘快捷方式的组合键（比如按Ctrl＋L键）。
步骤3：指派命令串，可以通过以下方式：

- 在"可选命令:"列表框中,选择一个命令,并单击"添加命令"按钮。
- 在"命令:"文本框中直接输入命令串。

步骤 4:单击"关闭"按钮。

②重新定义已存在的键盘快捷方式,其操作如下:

步骤 1:在"已定义的键:"列表框中选择要改变的快捷键方式。

步骤 2:在"命令:"文本框中,可选择两种方法来改变命令串:

- 删除当前命令串,在"可选命令:"列表框中选择相应命令,单击"添加命令"按钮。
- 直接在"命令:"文本框中编辑命令串。

步骤 3:单击"关闭"按钮。

③删除键盘快捷方式,其操作如下:

步骤 1:在"已定义的键:"列表框中选择要删除的快捷方式。

步骤 2:单击"删除"按钮。

步骤 3:单击"关闭"按钮。

④常用热键

使用 CAD 热键的主要目的是用来加快图形的绘制速度,表 2-3 是常用的热键定义。F6、F7、F8、F9 这几个热键经常使用,分别表示:坐标、网格、正交、捕捉。

表 2-3　　　　　　　　　　　常用热键

热键名	功　能	
F1	帮助文件开关	
F2	屏幕的图形显示与文本开关(图文转换)	
F3	对象捕捉开关键(OSNAP)	
F4	数字化仪	
F5	等轴侧平面切换	
F6	状态栏 X、Y、Z 坐标即时显示的切换键	(坐)
F7	屏幕栅格点显示状态的切换键	(网)
F8	屏幕光标正交状态的切换键	(正)
F9	屏幕光标捕捉开关键	(捕)
F10	极轴追踪开关键	
F11	对象捕捉追踪开关键	
F12	命令栏显示状态的切换键	

(4)建立命令别名

使用别名,可以通过输入一两个字母而不是整个命令来引用一些常用的命令,其操作界面如图 2-32 所示。

①创建新的别名,其操作如下:

步骤 1:单击"新建"按钮。

步骤 2:在"别名:"文本框内输入新的别名。

步骤 3:在"可选命令:"列表框内,选择相应的命令。

步骤 4:单击"添加命令"按钮。

步骤 5:单击"关闭"按钮。

图 2-32 "别名"选项卡

②重定义已存在的别名,其操作如下:
步骤 1:在"别名:"列表框中选择欲改变的别名。
步骤 2:在"可选命令:"列表框内,选择相应的命令。
步骤 3:单击"添加命令"按钮。
步骤 4:单击"关闭"按钮。
③删除已存在的别名,其操作如下:
步骤 1:在"别名:"列表框中选择欲删除的别名。
步骤 2:单击"删除"按钮。
步骤 3:单击"关闭"按钮。
④保存别名文件,系统自动保存对当前别名的改动,制图人员也可以创建并保存自己的别名文件。程序用.ica 扩展名来保存别名文件,也可以保存为.pgp 格式文件,为其他 CAD 所用。其操作如下:
步骤 1:单击"导出"按钮。
步骤 2:从"类型"下拉列表框中选择 *.ica 或 *.pgp。
步骤 3:指定路径和文件名。
步骤 4:单击"保存"按钮。
步骤 5:单击"关闭"按钮。
⑤调用别名文件,可以用自己的别名文件来替换当前的别名文件。程序可以调用其他 CAD(*.pgp)和中望 CAD(*.ica)别名文件。其操作如下:
步骤 1:单击"导入"按钮。
步骤 2:从"类型"下拉列表框中选择 *.ica 或 *.pgp。
步骤 3:指定别名文件。
步骤 4:单击"打开"按钮。
步骤 5:单击"关闭"按钮。

2.7　CAD 坐标系统

CAD 2022 使用了多种坐标系统以方便绘图,比如笛卡尔坐标系统 CCS、世界坐标系统 WCS 和用户坐标系统 UCS 等。

(1)笛卡尔坐标系统

任何一个物体都是由三维点构成,有了一点的三维坐标值,就可以确定该点的空间位置,CAD 2010 采用三维笛卡尔坐标系统(CCS)来确定点的位置。制图人员打开软件后自动进入笛卡尔坐标系统的第一象限(即世界坐标系统 WCS)。在状态栏中显示的三维数值即为当前十字光标所处的空间点在笛卡尔坐标系统中的位置。由于在缺省状态下的绘图区窗口中只能看到 XOY 平面,因此只有 X 和 Y 轴的坐标在不断地变化,而 Z 轴的坐标值一直为 0。在 XOY 平面上绘制、编辑图形时,只需输入 X、Y 轴的坐标,Z 轴坐标由 CAD 自动赋值为 0。

(2)世界坐标系统

世界坐标系统(WCS)是 CAD 2022 绘制和编辑图形过程中的基本坐标系统,也是进入 CAD 2010 后的缺省坐标系统。世界坐标系统 WCS 由三个正交于原点的坐标轴 X、Y、Z 组成。WCS 的坐标原点和坐标轴是固定的,不会随制图人员的操作而发生变化。

世界坐标系统的坐标轴默认方向是 X 轴的正方向水平向右,Y 轴的正方向垂直向上,Z 轴的正方向垂直于屏幕指向用户。坐标原点在绘图区的左下角,系统默认的 Z 坐标值为 0,如果用户没有另外设定 Z 坐标值,所绘图形只能是 XOY 平面的图形。

如图 2-33 所示,左图是 CAD 2022 坐标系统的图标,而右图是原来 2007 版之前的世界坐标系统,图标上有一个"W",是英文单词"World"(世界)的第一个字母。

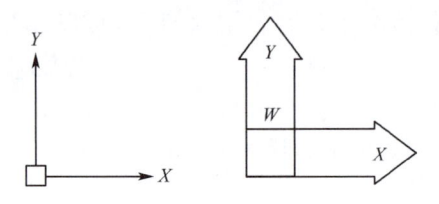

图 2-33　世界坐标系统

(3)用户坐标系统

CAD 2022 提供了可变的用户坐标系统(UCS),UCS 坐标系统是根据用户需要而变化的,以方便用户绘制图形。在缺省状态下,用户坐标系统与世界坐标系统相同,可以在绘图过程中根据具体情况来定义 UCS。

单击"视图"→"显示"→"UCS 图标"可以打开和关闭坐标系统图标。也可以设置是否显示坐标系统原点,还可以设置坐标系统图标的样式、大小及颜色。

(4)坐标输入方法

用鼠标可以直接定位坐标点,但不是很精确;采用键盘输入坐标值的方式可以更精确地定位坐标点。在 CAD 绘图中经常使用平面直角坐标系统的绝对坐标、相对坐标,平面极坐标系统的绝对极坐标和相对极坐标等方法来确定点的位置。

①绝对直角坐标

绝对直角坐标是以原点为基点定位所有的点。输入点的(X,Y,Z)坐标,在二维图形中,$Z=0$可省略。如可以在命令行中输入"20,40"(中间用逗号隔开)来定义点在XOY平面上的位置。

②相对直角坐标

相对直角坐标是某点A相对于另一特定点B的位置,是把前一个输入点作为输入坐标值的参考点,输入点的坐标值是以前一点为基准而确定的,它们的位移增量为ΔX、ΔY、ΔZ。其格式为:@$\Delta X, \Delta Y, \Delta Z$。"@"字符表示输入一个相对坐标值。如"@30,20"是指该点相对于当前点沿X方向移动30,沿Y方向移动20。

③绝对极坐标

绝对极坐标是通过相对于极点的距离和角度来定义的,其格式为:距离＜角度。角度以X轴正方向为度量基准,逆时针为正,顺时针为负。绝对极坐标以原点为极点。如输入"10＜30",表示距原点10、方向30°的点。

④相对极坐标

相对极坐标是以上一个操作点为极点,其格式为:@距离＜角度。如输入"@10＜45",表示该点距上一点的距离为10,和上一点的连线与X轴成45°。

下面以多边形绘制为例,给出几种坐标系的使用方法。在图2-34中,先以绝对坐标开始,然后改为极坐标,又改为相对坐标,其操作如下:

```
命令:Line
线的起始点:20,20
指定下一点:@30<90
指定下一点:@20,20
指定下一点:@60<0
指定下一点:@50<270
指定下一点:@-80,0
指定下一点:(按Enter键退出命令)
```

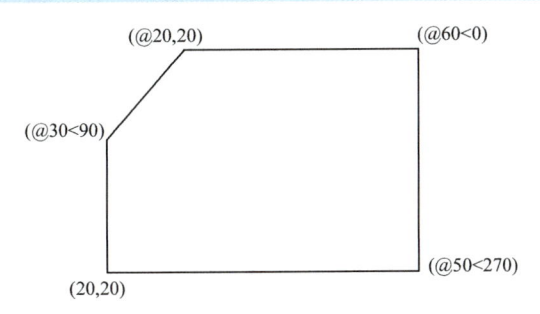

图2-34 坐标输入方式

2.8 绘图工具、线型和图层

(1)栅格

①命令格式

命令行:Grid

Grid 命令可按预先指定的 X、Y 方向间距在绘图区内显示一个栅格点阵。栅格显示模式的设置可让制图人员在绘图时有一个直观的定位参照。当栅格点阵的间距与光标捕捉点阵的间距相同时,栅格点阵就形象地反映出光标捕捉点阵的形状,同时直观地反映出图形界限。栅格由一组规则的点组成,虽然栅格在屏幕上可见,但它既不会打印到图形文件上,也不影响绘图位置。栅格只在绘图范围内显示,帮助辨别图形边界,安排对象以及对象之间的距离。可以按需要打开或关闭栅格,也可以随时改变栅格的尺寸。

微课
快速计算器使用方法

微课
捕捉和栅格

②操作步骤

栅格间距的设置可通过执行 Settings 命令或者选择下拉菜单"工具"→"草图设置",在弹出的"草图设置"对话框中完成。CAD 2022 增强了原有的捕捉和栅格的设置功能,通过这些新功能,用户能为捕捉间距和栅格间距强制指定同一 X 和 Y 间距值,指定主栅格线相对于次栅格线的频率,限制栅格密度和控制栅格是否超出指定区域等,如图 2-35 所示。

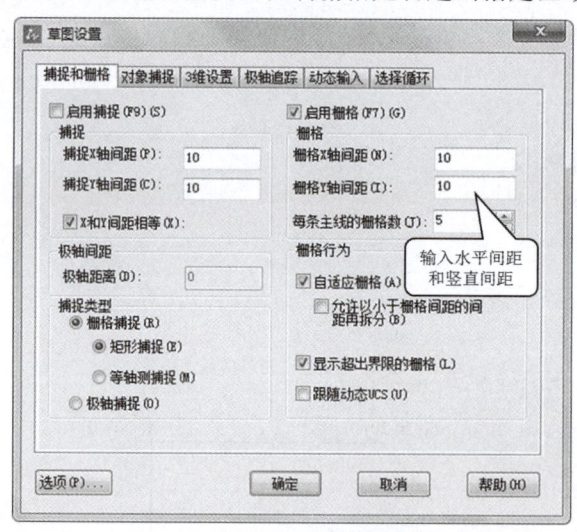

图 2-35 设定栅格间距

CAD 2022 也可以通过执行 Grid 命令来设定栅格间距,并打开栅格显示,结果如图 2-36 所示,其操作步骤如下:

命令:Grid
栅格关闭:打开(ON)/捕捉(S)/特征(A)/<栅格间距(X 和 Y=10)>:A
              //输入 A,设置间距
水平间距<10>:10   //设置水平间距

竖直间距＜10＞:10   //设置竖直间距
命令:Grid   //再执行 Grid 命令
格栅打开:关闭(OFF)/捕捉(S)/特征(A)/＜格栅间距(X 和 Y＝10)＞:S
                        //输入 S,设置栅格与光标捕捉点相同

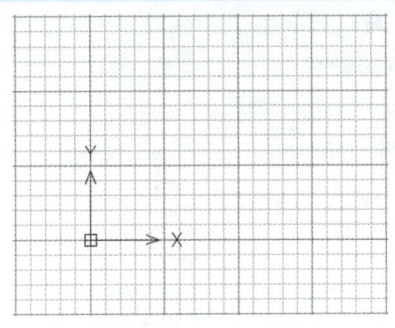

图 2-36　打开栅格显示结果

其提示选项功能如下:

关闭(OFF):选择该项后,系统将关闭栅格显示。

打开(ON):选择该项后,系统将打开栅格显示。

特征(A):设置水平间距和竖直间距。

③注意事项

- 任何时间切换栅格的打开或关闭,可双击状态栏中的"栅格",或单击设置工具条中的栅格工具,或按 F7 键。

- 当栅格间距设置得太密时,系统将提示该视图中栅格间距太小而不能显示。如果图形被放大得太大,栅格点也可能显示不出来。在 CAD 中,只要勾选上"自适应栅格"复选框,栅格即可自动适应缩放,保证栅格都能正常显示。

- 栅格就像是坐标纸,可以大大提高绘图效率。

- 栅格中的点只是作为一个定位参考点被显示,它不是图形实体,改变点的形状、大小设置对栅格点不会起作用,它不能用编辑实体的命令进行编辑,也不会随图形输出。

(2)光标捕捉

①命令格式

命令行:Snap(SN)

菜单:"工具"→"草图设置(F)"

Snap 命令可设置光标以用户指定的 X、Y 间距做跳跃式移动。通过光标捕捉模式的设置,可以很好地控制绘图精度,加快绘图速度。

②操作步骤

执行 Snap 命令后,系统提示:

捕捉关闭,X 和 Y＝10:打开(ON)/旋转(R)/样式(S)/特征(A)/＜捕捉间距＞:指定光标捕捉间距,或选择其他选项

其中:

关闭(OFF)/打开(ON):关闭/打开光标捕捉模式。单击窗口下方状态栏上的"捕

捉"按钮,或按 F9 键也可关闭/打开光标捕捉模式。

旋转(R):该选项可指定一个角度,使十字光标连同捕捉方向以指定基点为轴旋转该角度。

样式(S):设置光标捕捉样式。

特征(A):设置水平间距和竖直间距。

捕捉的设置也可通过"草图设置"对话框完成,如图 2-37 所示。

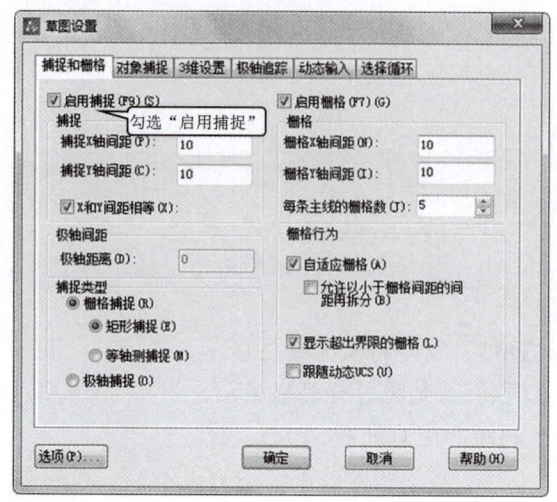

图 2-37 "草图设置"对话框

③等轴测捕捉和栅格操作

可利用等轴测捕捉和栅格操作来生成二维轴测图。利用等轴测捕捉操作,可以用绘制二维平面的方法来绘制三维视图,类似于在纸上作图。不要将轴测图等同于三维视图,只有在三维空间才能生成三维视图。

等轴测方式总是用三个预设平面,称作左、右、顶轴测面,这些平面的设置是不可改变的,若捕捉角度为 0°,则三个等轴测轴为 30°、90°和 150°。

当选用等轴测捕捉和栅格操作并选择一个等轴测平面时,捕捉间距、栅格及十字光标线均会反映在当前等轴测平面上。栅格总是显示为等距,并用 Y 坐标来计算栅格尺寸,若同时选择了正交绘图模式,则程序限定只能将对象绘制在当前等轴测平面上。

④打开等轴测捕捉和栅格操作

- 执行 Settings 命令,或者选择下拉菜单"工具"→"草图设置",弹出"草图设置"对话框。
- 找到对话框左下角的"捕捉类型"栏,缺省状态下是矩形捕捉。
- 在"矩形捕捉"下方选择"等轴测捕捉"单选按钮。
- 单击"草图设置"对话框中的"确定"按钮。
- 按 F5 键,可以转换操作的等轴测平面(左、右或顶轴测面)。

⑤注意事项

- 可将光标捕捉点视为一个无形的点阵,点阵的行距和列距为指定的 X、Y 方向间距,光标的移动将锁定在点阵的各个点位上,因而拾取的点也将锁定在这些点位上。

- 设置光标捕捉模式可以很好地控制绘图精度。例如,一幅图形的尺寸精度要求精确到十位数,此时可将光标捕捉设置为沿 X、Y 方向,间距为 10,打开 Snap 模式后,光标精确地移动 10 或 10 的整数倍距离,此时拾取的点也就精确地定位在光标捕捉点上。
- 光标捕捉模式不能控制由键盘输入坐标来指定的点,它只能控制由鼠标拾取的点。
- 在任何时候切换捕捉开关,可以单击状态栏中的"捕捉"按钮或按 F9 键。
- 栅格及捕捉设置是保证绘图准确的有效工具。栅格和捕捉是独立的,虽然将栅格尺寸和捕捉尺寸匹配很有帮助,但实际使用中这些设置并不总是匹配的。
- 等轴测平面间的切换可按 F5 键或 Ctrl+E 组合键。

(3)正交

①命令格式

命令行:Ortho

直接按 F8 键,F8 键是正交开启和关闭的切换键。

极轴追踪和正交模式

打开正交绘图模式后,可以通过限制光标只在水平或垂直轴上移动,来达到直角或正交模式下的绘图目的。打开正交绘图模式操作,线的绘制将严格地限制为 0°、90°、180°或 270°,在画线时,生成的线是水平或垂直取决于哪根轴离光标远。当激活等轴测捕捉和栅格时,光标移动将在当前等轴测平面上等价地进行。

②操作步骤

在设置了光标捕捉和栅格显示的绘图区后,用正交绘图方式绘制如图 2-38 所示的矩形(500×250)。该矩形与 X 轴方向呈 45°。其操作步骤如下:

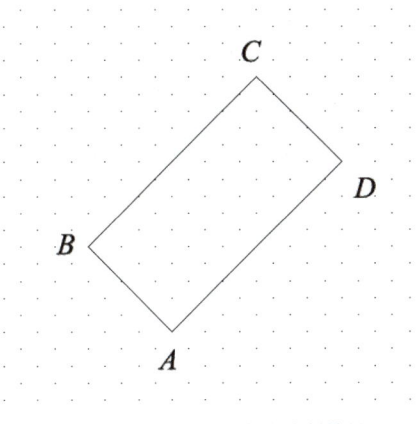

图 2-38 用正交绘图方式绘制结果

```
命令:Ortho
ORTHOMODE 已经关闭:打开(ON)/切换(T)/<关闭>:ON
                                    //打开正交绘图模式
命令:Snap
捕捉关闭(X 和 Y=10):打开(ON)/旋转(R)/样式(S)/特征(A)/<捕捉间距>:50
                                    //将捕捉间距改为 50,栅格随之改变
```

命令:Snap	//再执行 Snap 命令
捕捉关闭(X 和 Y=50):打开(ON)/旋转(R)/样式(S)/特征(A)/＜捕捉间距＞:R	
	//改变捕捉角度
捕捉栅格基准点＜0,0＞:	//直接按 Enter 键
旋转角度＜0＞:45	//输入旋转角度 45
命令:Line	
线的起始点:在绘图区的左下方拾取 A 点	//指定线段的起点
角度(A)/长度(L)/＜终点＞:在−45°角方向上距 A 点 5 个单位间距处拾取 B 点	
	//AB 边长为 250
	//捕捉 5 个单位间距
角度(A)/长度(L)/跟踪(F)/闭合(C)/撤销(U)/＜终点＞:在 45°角方向上距 B 点 10 个单位间距处拾取 C 点	
	//BC 边长为 500
	//捕捉 10 个单位间距
同理,拾取图形的 D 点	
角度(A)/长度(L)/跟踪(F)/闭合(C)/撤销(U)/＜终点＞:C	
	//让图形闭合并按 Enter 键完成图形绘制

命令行提示各选项介绍如下:
打开(ON):打开正交绘图模式。
关闭(OFF):关闭正交绘图模式。
切换(T):在绘图过程中切换正交绘图模式。

③注意事项
- 任意时候切换正交绘图模式,都可单击状态栏的"正交"按钮,或按 F8 键。
- CAD 在从命令行输入坐标值或使用对象捕捉时将忽略正交绘图模式。
- Ortho 正交绘图模式与 Snap 光标捕捉方式相似,它只能限制鼠标拾取点的方位,而不能控制由键盘输入坐标确定的点位。
- Snap 命令中"R"选项的设置对正交方向同样起作用。例如,当制图人员将光标捕捉旋转 30°,打开正交绘图模式后,正交方向也旋转 30°,系统将限制鼠标在相对于前一拾取点呈 30°或呈 120°的方向上拾取点。该设置对于具有一定倾斜角度的正交对象的绘制非常有用。
- 当光标捕捉方式设置了旋转角度后,无论光标捕捉、栅格显示、正交绘图模式是否打开,十字光标都将按旋转了的角度显示。

(4)草图设置
①命令格式
命令行:Settings
菜单:"工具"→"草图设置(F)"

"草图设置"对话框中提供的是绘图辅助工具,包含捕捉和栅格、对象捕捉、3 维设置和极轴追踪,通过这些设置可以提高绘图的速度。

② 操作步骤

执行 Settings 命令后,系统将弹出如图 2-39 所示的"草图设置"对话框。从屏幕下方的状态栏中,在"栅格"、"极轴"或"对象捕捉"这几个按钮上单击鼠标右键,再选择"设置",也可以出现"草图设置"对话框。该对话框包括六个选项卡,即"捕捉和栅格"选项卡(图 2-39)、"对象捕捉"选项卡(图 2-40)、"3 维设置"选项卡(图 2-41)、"极轴追踪"选项卡(图 2-42)、动态输入和选择循环。

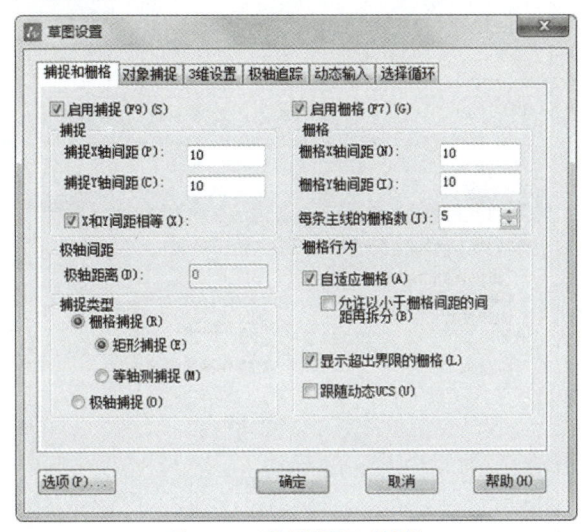

图 2-39 "草图设置"对话框

图 2-40 "对象捕捉"选项卡

极轴追踪可以追踪更多的角度,可以设置增量角,所有 0°和增量角的整数倍角度都会被追踪到,还可以设置附加角以追踪单独的极轴角。当把极轴追踪增量角设置成 30°,勾选"附加角"复选框,添加 45°时,如图 2-43 所示。

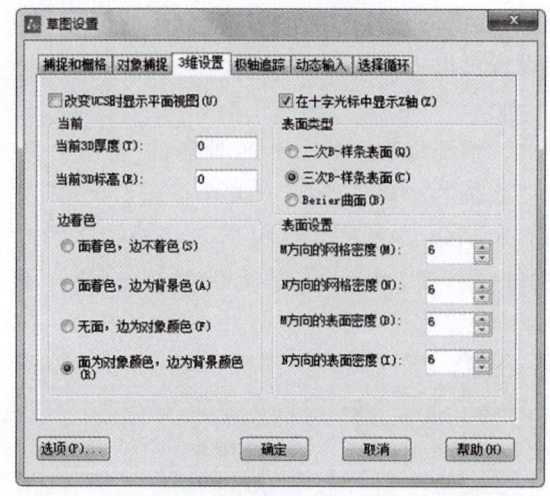

图 2-41 "3 维设置"选项卡

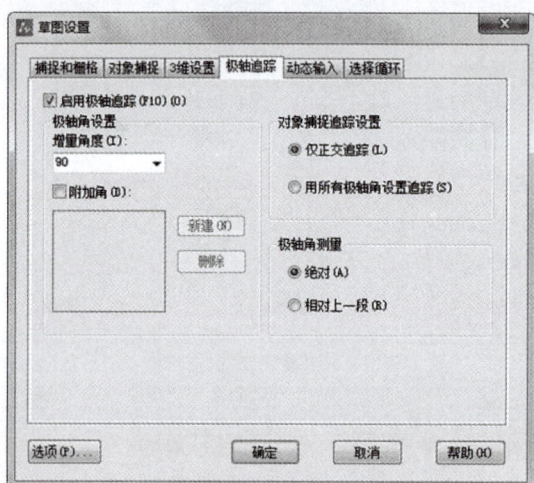

图 2-42 "极轴追踪"选项卡

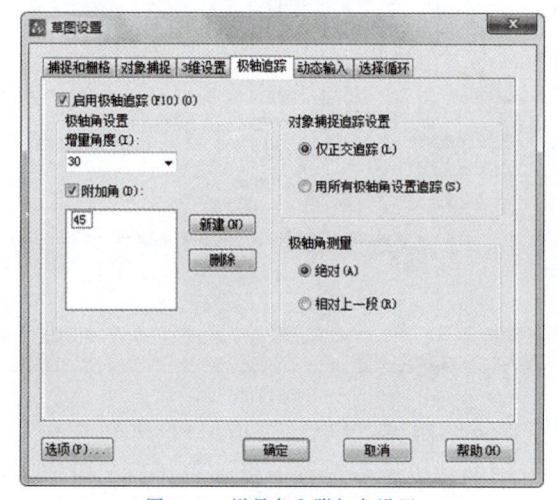

图 2-43 增量角和附加角设置

启用极轴追踪功能后,当 CAD 提示用户确定点位置时,拖动鼠标,使鼠标接近预先设定的方向(极轴追踪方向),CAD 自动将橡皮筋线吸附到该方向,同时沿该方向显示出极轴追踪的矢量,并浮出一小选项卡,选项卡中说明当前鼠标位置相对于前一点的极坐标,所有 0°和增量角的整数倍角度都会被追踪到,如图 2-44 所示。

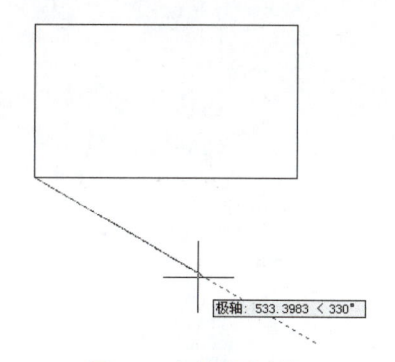

图 2-44 极轴追踪功能

当把极轴追踪附加角设置成某一角度,比如设置成图 2-45 所示的 45°时,当鼠标接近 45°方向时被追踪到。需要注意的是,附加角只是追踪单独的极轴角,在 135°等处是不会出现追踪现象的。

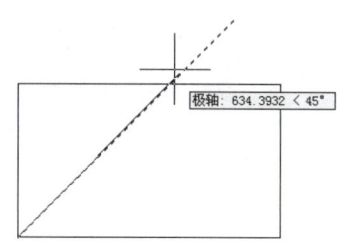

图 2-45 附加角角度追踪

线宽设置

线型设置

(5)线型
①命令格式
命令行:Linetype
图形中的每个对象都具有线型特性。Linetype 命令可对对象的线型特性进行设置和管理。每个图面均预设至少三种线型:CONTINUOUS、BYLAYER 和 BYBLOCK。这些线型不可以重新命名或删除。同样图面中可能也含无限个额外的线型,可以通过线型库文件加载更多的线型,或新建并储存自己定义的线型。

②设置当前线型
设置当前线型的操作如下:
步骤 1:执行 Linetype 命令,或选择下拉菜单"格式"→"线型",弹出如图 2-46 所示的线型管理器,此时可选择一种线型作为当前线型。
步骤 2:当要选择另外的线型时,就单击"加载"按钮,系统弹出如图 2-47 所示的线型列表,可选择相应的线型。

图 2-46 线型管理器

图 2-47 线型列表

图层特性管理

图层转换

图层状态管理器

步骤 3：结束命令，返回图形文件。

③加载附加线型

在选择一个新的线型到图形文件之前，必须建立一个线型名称或者从线型文件（*.lin）中加载一个已命名的线型。系统主要提供有 ZwCADISO.lin、ZwCADEX.lin、ZwCAD.lin 等线型文件，且每个文件包含了很多已命名的线型。从线型库中加载新线型的基本操作：执行 Linetype 命令→单击"加载"按钮→单击"浏览"按钮→选择线型库文件，单击并打开→选取要加载的线型→单击"确定"按钮，关闭窗口。

(6) 图层

①图层概述

可以将图层想象成一叠无厚度的透明纸，将具有不同特性的对象分别置于不同的图层，然后将这些图层按同一基准点对齐，就可得到一幅完整的图形。通过图层作图，可将复杂的图形分解为几个简单的部分，分别对每一层上的对象进行绘制、修改、编辑，再将它们合在一起，这样复杂的图形绘制起来就变得简单、清晰、容易管理。实际上，使用 CAD 绘图，图形总是绘制在某一图层上。这个图层可能是由系统生成的缺省图层，也可能是用户自行创建的图层。每个图层均具有线型、颜色和状态等属性。当对象的颜色、线型都设置为BYLAYER时,对象的特性就由图层的特性来控制。这样,既可以在保存对象时减少实体数据,节省存储空间,同时也便于绘图、显示和图形输出的控制。

在CAD软件中,系统对图层数虽没有限制,对每一图层上的对象数量也没有任何限制,但每一图层都应有一个唯一的名字。当开始绘制一幅新图时,CAD自动生成图层名为"0"的缺省图层,并将这个缺省图层置为当前图层。除图层名称外,图层还具有可见性、颜色、线型、冻结状态、打开状态等特性。0图层既不能被删除也不能被重命名。除图层名为"0"的缺省图层外,其他图层都是由制图人员根据自己的需要创建并命名的。

②图层设置

图层设置的命令格式如下:

命令行:Layer(LA)

菜单:"格式"→"图层(L)"

工具栏:"对象特性"→"图层特性管理器"

Layer命令可为图形创建新图层,设置图层的特性。虽然一幅图可有多个图层,但制图人员只能在当前层上绘图。

新建两个图层,进行相应的图层设置,分别命名为"中心线"和"轮廓线",用于绘制中心线和轮廓线。可将中心线设置为红色、DASHDOT线型,将轮廓线设置为蓝色、CONTINUOUS线型。

具体命令及操作如下:

单击"工具栏"按钮: //打开"格式"→"图层"对话框
在对话框中单击"新建"按钮 //新建图层
在"名称"文本框中输入"中心线" //将新建图层命名为"中心线"
单击该图层"颜色"栏,在打开的"选择颜色"对话框中选择"红色",然后单击"确认"按钮
//设置图层颜色
单击该图层"线型"栏,在打开的"选择线型"话框中选择DASHDOT线型,单击"确定"按钮 //设置图层线型
在对话框中单击"新建"按钮 //新建图层
在"名称"文本框中输入"轮廓线" //将新建图层命名为"轮廓线"
单击该图层"颜色"名称,在打开的"选择颜色"对话框中选择"蓝色",然后单击"确认"按钮 //设置图层颜色

由于系统缺省线型为CONTINUOUS,而"轮廓线"图层也是采用连续线型,故设置线型可省略。

执行LA命令后,系统将弹出如图2-48所示的对话框。其主要内容如下:

"新建":该按钮用于创建新图层。单击该按钮,在"图层"列表框中将出现一个新图层,系统将它命名为"图层1"。图层创建后可在任何时候更改图层的名称(0层和外部参照依赖图层除外)。选取某一图层,再单击该图层名,图层名被执行为输入状态后,用户输入新图层名,再按Enter键,便完成了图层的更名操作。

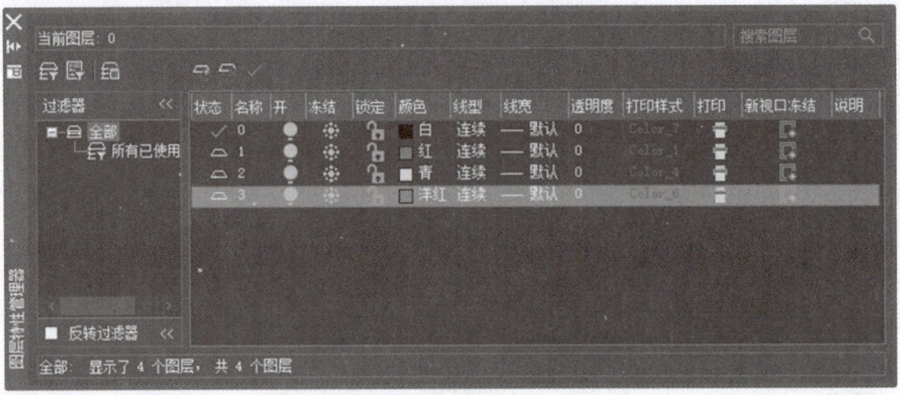

图 2-48 "图层特性管理器"对话框

"当前" :该按钮用于设置当前层。若用户要在某一图层上绘图,则必须将该图层设置为当前层。选中该层后,单击"当前"按钮即可将它设置为当前层。双击"图层"列表框中的某一图层名称也可将该图层设置为当前层。在图层显示窗口中单击鼠标右键,在弹出的快捷菜单中单击当前项,也可设置此图层为当前层。

"图层打开/关闭" :被关闭图层上的对象不能显示或输出,但可随图形重新生成。

"冻结或解冻图层" :画在冻结图层上的对象,不会显示出来,不能打印,也不能重新生成。冻结一个图层时,其对象并不影响其他对象的显示或打印。不可以在一个冻结的图层上画图,直到解冻之后才可;也不可以将一个冻结的图层设为目前使用的图层;不可以冻结当前层,若要冻结当前层,需要先将别的图层置为当前层。

"锁定/解锁" :锁定或解锁图层。锁定图层上的对象是不可编辑的,但图层若是打开的并处于解冻状态,则锁定图层上的对象是可见的。可以将锁定图层设置为当前层并在此图层上创建新对象,但不能对新建的对象进行编辑。在"图层"列表框中单击某一图层锁定项下的是或否,可将该层锁定或解锁。

单击图 2-48 对话框左上角图标 ,会弹出如图 2-49 所示的"图层过滤器特性"对话框。在对话框中,列出了图层名称、颜色、线型、开/关、锁定/解锁、冻结/解冻等设置,用户可以添加、删除、重置图层过滤器的各种参数。

③图层管理

在"图层特性管理器"对话框中的左上角单击"图层状态管理器"按钮 或从图层工具栏单击"图层状态管理器"按钮 。打开如图 2-50 所示的对话框。

"图层状态管理器"对话框中的按钮及选项说明如下:

新建:单击"新建"按钮,打开如图 2-51 所示的"要保存的新图层状态"对话框,可以创建图层状态的名称和说明。

要恢复的图层特性:选择要保存的图层状态和特性(如果没有看到这一部分,请单击对话框右下角的"更多恢复选项"箭头按钮)。

恢复:恢复保存的图层状态。

删除:删除某图层状态。

模块二　CAD 软件设置

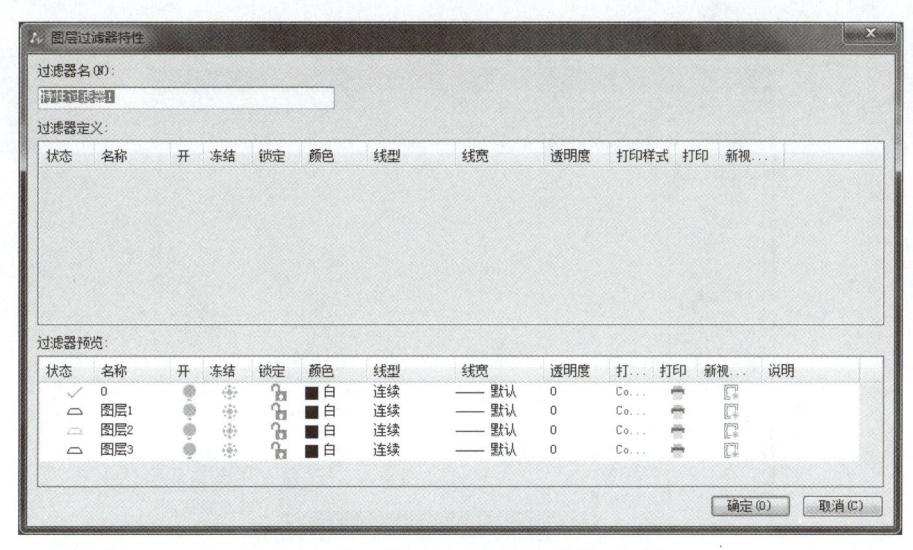

图 2-49　"图层过滤器特性"对话框

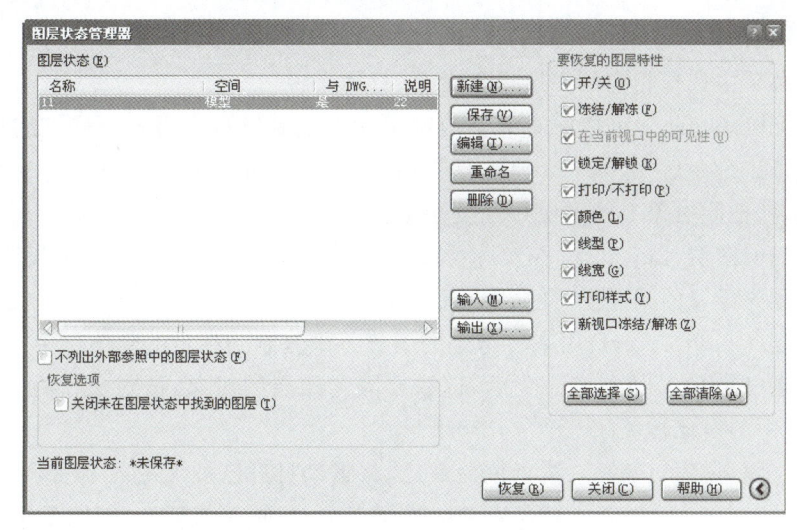

图 2-50　"图层状态管理器"对话框

图 2-51　新建图层状态

输入：将 Template 文件夹中 *.dwg 或 *.las 文件的图层状态导入当前图形文件。在如图 2-52 所示的"输入图层状态"对话框中，从"文件类型"下拉列表中选择需要的文件类型。

输出：以＊.las 或＊.dwg 文件形式保存某图层状态的设置。

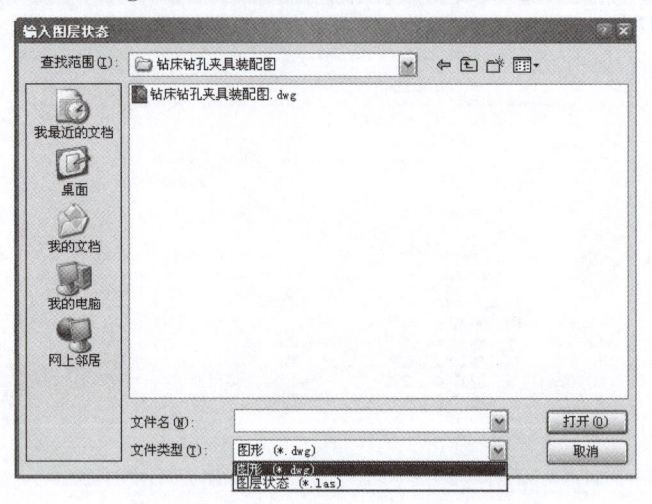

图 2-52 "输入图层状态"对话框

在使用图层时，除了前面介绍的设置方法外，还可以通过命令提示进行设置，或在快捷工具下拉菜单中选择相应的图层操作命令，具体来说：

图层匹配(Laymch)：可把原对象上的图层特性复制给目标对象，以改变目标对象的特性。在执行该命令后，选择一个要被复制的对象，CAD 继续提示选择目标对象，此时拾取目标对象，就把原对象上的图层特性复制给目标对象了。

改变至当前图层(Laycur)：在实际绘图中，有时绘制完某一图形后，会发现该图形并没有绘制到预先设置的图层上，此时，执行该命令可以将选中的图形改变到当前图层中。

改层复制(Copytolayer)：用来将指定的图形一次复制到指定的新图层中。

图层隔离(Layiso)：执行该命令后，选取要隔离图层的对象，该对象所在图层即被隔离，其他图层中的对象被关闭。

取消图层隔离(Layuniso)：执行该命令后，将自动打开已被 Layiso 命令隔离的图层。

图层冻结(Layfrz)：执行该命令后可使图层冻结，并使其不可见，不能重生成，也不能打印。

图层关闭(Layoff)：执行该命令后可使图层关闭。

图层锁定(Laylck)：执行该命令可锁定图层。

图层解锁(Layulk)：执行该命令后，弹出"请选择要解锁的层"对话框，此时选定要解锁的层，该图层即被解锁。

打开所有图层(Layon)：执行该命令后，可将关闭的所有图层全部打开。

解冻所有图层(Laythw)：执行该命令后，可以解冻所有图层。

图层合并(Laymrg)：用来将指定的图层合并。

图层删除(Laydel)：用来删除指定的图层。

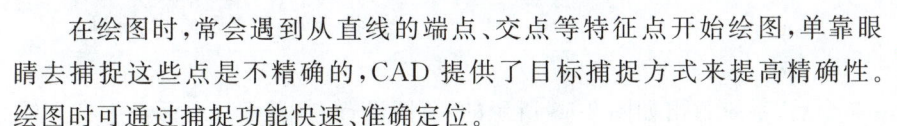

(7)目标捕捉(Osnap)

①命令格式

命令行：Osnap

在绘图时，常会遇到从直线的端点、交点等特征点开始绘图，单靠眼睛去捕捉这些点是不精确的，CAD 提供了目标捕捉方式来提高精确性。绘图时可通过捕捉功能快速、准确定位。

当定义了一个或多个对象捕捉时，十字光标将出现一个捕捉靶框，另外，在十字光标附近会有一个图标表明激活对象捕捉类型。当选择对象时，程序捕捉距靶框中心最近的捕捉点。其设置界面如图 2-53 所示。

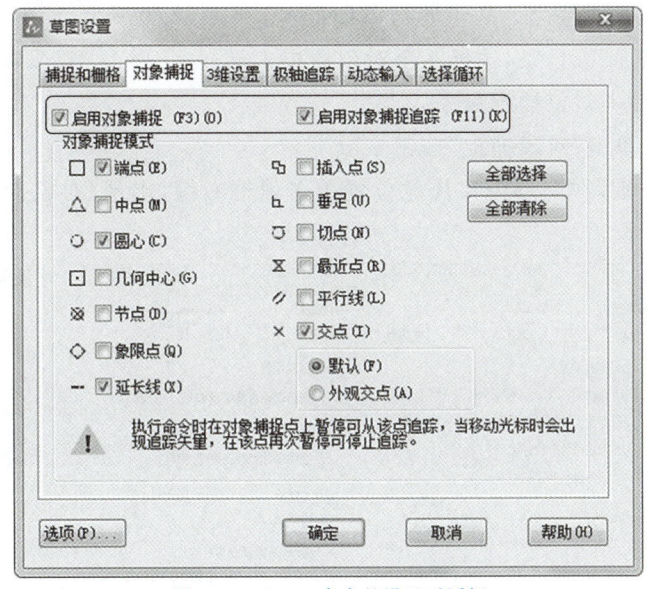

图 2-53　Osnap 命令的设置对话框

②操作步骤

用中点捕捉方式绘制矩形各边中点的连线，如图 2-54 所示。

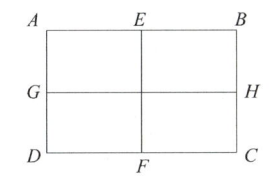

图 2-54　绘制矩形各边中点的连线

其具体操作如下：

命令：Rectangle(或 REC)　　　　　　　　　　//任意绘制一个矩形

命令：Line 线的起始点：设置中点捕捉开

角度(A)/长度(L)/＜终点＞：　　　　　　　//捕捉矩形 AB 边的中点 E

角度(A)/长度(L)/跟踪(F)/闭合(C)/撤销(U)/＜终点＞：

　　　　　　　　　　　　　　　　　　　　//捕捉矩形 DC 边的中点 F

命令：Line 线的起始点：设置中点捕捉开

角度(A)/长度(L)/＜终点＞：　　　　　　//捕捉矩形 AD 边的中点 G

角度(A)/长度(L)/跟踪(F)/闭合(C)/撤销(U)/＜终点＞：

　　　　　　　　　　　　　　　　　　//捕捉矩形 BC 边的中点 H

结束命令

执行 Osnap 命令后，系统弹出如图 2-53 所示的"草图设置"对话框。对话框中有具体的捕捉模式，制图人员可根据实际需要进行选用。

单击"选项"按钮，系统弹出如图 2-55 所示的对话框，通过此对话框可以改变靶框大小、厚度、颜色、显示状态等。

还可以采用以下方法之一来设置对象捕捉：

- 在"对象捕捉"工具条，选择一个对象捕捉工具。
- 在命令行输入对象捕捉命令。
- 在状态栏，单击"对象捕捉"按钮。
- 按住 Shift 键，在图形窗口任意位置单击鼠标右键，出现"对象捕捉"快捷菜单，选择所需对象捕捉。

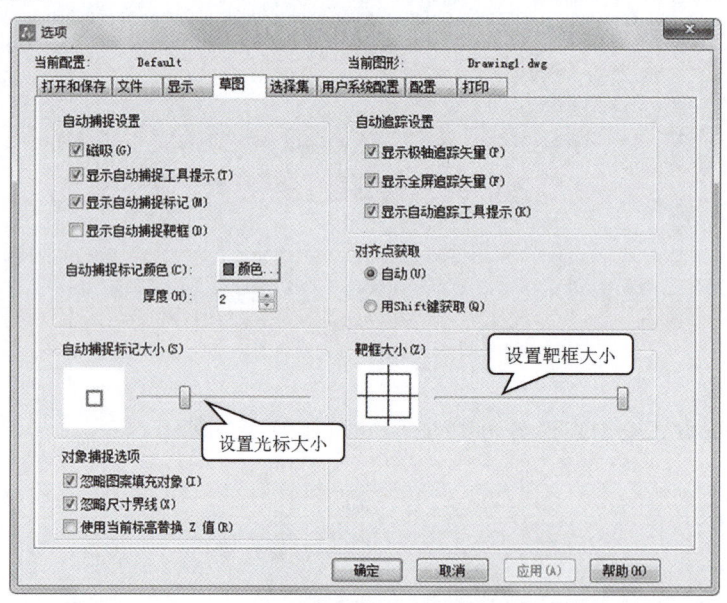

图 2-55 "草图"选项卡

"对象捕捉"工具条只是临时运行捕捉模式，它只能执行一次。将光标放在任何工具条上，单击右键可选择"对象捕捉"工具条，如图 2-56 所示。

图 2-56 "对象捕捉"工具条

具体按钮功能说明如下：

⊶：临时追踪点(TT)，启用后，指定一个临时追踪点，其上将出现一个小的加号(＋)。

移动光标时,将相对于这个临时点显示自动追踪对齐路径,用户在路径上以相对于临时追踪点的相对坐标取点。在命令行输入 TT 也可。

⌐:捕捉自,建立一个临时参照点作为偏移后续点的基点,输入自该基点的偏移位置作为相对坐标,或使用直接距离输入。也可在命令中途用 From 调用。

∖:设置端点捕捉,利用端点捕捉工具可捕捉其他对象的端点,这些对象可以是圆弧、直线、复合线、射线、平面或三维面,若对象有厚度,端点捕捉也可捕捉对象边界端点。

∖:设置中点捕捉,利用中点捕捉工具可捕捉另一对象的中间点,这些对象可以是圆弧、线段、复合线、平面或辅助线(Infinite Line),当为辅助线时,中点捕捉第一个定义点,若对象有厚度也可捕捉对象边界的中间点。

✕:设置交点捕捉,利用交点捕捉工具可以捕捉三维空间中任意相交对象的实际交点,这些对象可以是圆弧、圆、直线、复合线、射线或辅助线,如果靶框只选取到一个对象,程序会要求选取有交点的另一个对象,利用它也可以捕捉三维对象的顶点或有厚度对象的角点。

✕:设置设计视图交点捕捉,平面视图交点捕捉工具可以捕捉当前 UCS 下两对象投射到平面视图时的交点,此时对象的 Z 坐标可忽略,交点将用当前标高作为 Z 坐标,当只选取到一个对象时,程序会要求选取有平面视图交点的另一个对象。

⸺:当光标经过对象的端点时,显示临时延长线,以便用户使用延长线上的点绘制对象。

⊙:设置中心点捕捉,利用中心点捕捉工具可捕捉一些对象的中心点,这些对象包括圆、圆弧、多维面、椭圆、椭圆弧等,捕捉中心点,必须选择对象的可见部分。

◇:设置象限捕捉,利用象限捕捉工具,可捕捉圆、圆弧、椭圆、椭圆弧的最近四分圆点。

○:设置切线捕捉,利用切线捕捉工具可捕捉对象切点,这些对象为圆或圆弧,当和前点相连时,形成对象的切线。

⊥:设置垂直捕捉,利用垂直捕捉工具可捕捉到圆弧、圆、椭圆、椭圆弧、直线、多线、多段线、射线、面域、实体、样条曲线或参照线的垂足。

∖:在指定矢量的第一个点后,如果将光标移动到另一个对象的直线段上,即可获得第二点。当所创建对象的路径平行于该直线段时,将显示一条对齐路径,可以用它来创建平行对象。

⌂:设置插入点捕捉,利用插入点捕捉工具可捕捉外部引用、图块、文字的插入点。

∘:设置点捕捉,利用该工具捕捉点。

✕:设置最近点捕捉,利用最近点捕捉工具可捕捉到圆弧、圆、椭圆、椭圆弧、直线、多线、点、多段线、射线、样条曲线或参照线的最近点。

⌒:清除对象捕捉,利用清除对象捕捉工具,可关掉对象捕捉,而不论该对象捕捉是通过菜单、命令行、工具条或"草图设置"对话框设定的。

⌒:设置对象捕捉,即打开 Osnap 命令的设置对话框。

(8) 查询

① 查询距离与角度

命令行：Dist

菜单："工具"→"查询(Q)"→"距离(D)"

Dist 命令可以计算任意选定两点间的距离，执行 Dist 命令后，系统提示如下：

- 距离起始点：指定所测线段的起始点。
- 终点：指定所测线段的终点。

用 Dist 命令查询图 2-57 中 BC 两点间的距离及夹角 D。

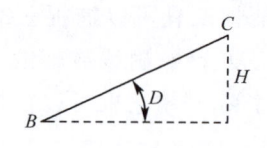

图 2-57　用 Dist 命令查询

命令：Dist
距离起始点：　　　　　　　　　　　　　//捕捉起始点 B
终点：　　　　　　　　　　　　　　　　//捕捉终点 C，按 Enter 键
距离等于＝150，XY 面上角＝30，与 XY 面夹角＝0
　　　　　　　　　　　　　　　　　　　//结果：BC 两点间的距离为 150
Delta X＝129.9038，Delta Y＝75，Delta Z＝0
　　　　　　　　　　　　　　　　　　　//夹角 D 为 30°，H 为 75

② 查询面积(Area)

命令行：Area

菜单："工具"→"查询(Q)"→"面积(A)"

Area 命令可以测量：

- 用一系列点定义的一个封闭图形的面积和周长。
- 用圆、封闭样条线、正多边形、椭圆或封闭多段线所定义的一个图形的面积和周长。
- 由多个图形组成的复合图形面积。

用 Area 命令测量如图 2-58 所示带孔的垫圈面积。

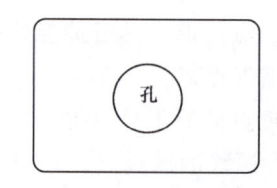

图 2-58　用 Area 命令测量面积

命令：Area
对象(E)/添加(A)/减去(S)/<第一点>：A　　　　//输入 A，选择添加
添加(A)：对象(E)/减去(S)/<第一点>：E　　　　//输入 E，选择对象模式

添加面积(A)<选取对象>：	//选取对象"矩形"
面积(A)=15858.0687sq.units,周长(P)=501.3463	
总长度(T)=501.3463	
总面积(T)=15858.0687sq.units	//确定图形的总面积
添加面积(A)<选取对象>：	//按 Enter 键结束添加模式
添加(A)：对象(E)/减去(S)/<第一点>：S	//输入 S,选择减去模式
减去(S)：对象(E)/添加(A)/<第一点>：E	//输入 E,选择对象模式
减去面积(S)<选取对象>：	//选取对象"圆孔"
面积(A)=1827.4450 sq.units,圆周(C)=151.5399	
总长度(T)=349.8064	
总面积(T)=14030.6237 sq.units	//显示测量结果

执行 Area 命令后,命令行提示选项介绍如下：

对象(E)：输入 E 后系统提示,"选取对象进行面积计算(S)：",选取对象后,系统将提示所测到的面积(A)和周长(P)的数值。

添加(A)：输入 A 后系统提示,"添加(A)：对象(E)/减去(S)/<第一点>："。输入 E 后系统接着提示："添加面积(A)<选取对象>："。选取对象后,系统将提示所测到的添加的面积：面积(A)和周长(P)的数值。

减去(S)：输入 S 后系统提示,"减去(S)：对象(E)/添加(A)/<第一点>："。输入 E 后系统接着提示："减去面积(S)<选取对象>："。选取对象后,系统将提示所测到的减去的面积：面积(A)和周长(P)的数值。

<第一点>：可以对由多个点定义的封闭区域的面积和周长进行计算。程序依靠连接每个点所构成的虚拟多边形围成的空间来计算面积和周长。

③查询图形信息(List)

命令行：List

菜单："工具"→"查询(Q)"→"列表显示(L)"

List 命令可以列出选取对象的相关特性,包括对象类型、所在图层、颜色、线型和当前用户坐标系统(UCS)的 X、Y、Z 位置。其他信息的显示,视所选对象的种类而定。

执行 List 命令后,系统提示："滚动(SC)/分类(SO)/追踪(T)/<列出选取对象>：",其中各项含义如下：

- 滚动(SC)：按滚动方式显示图形信息。
- 编页码(PA)：按编页码方式显示图形信息。
- 分类(SO)：分类显示图形信息。
- 顺序(SE)：按顺序显示图形信息。
- 追踪(T)：输入 T 后,系统提示,输入追踪的命令行数。

(9)设计中心(Adcenter)

命令行：Adcenter

"设计中心"为用户提供一个方便又有效率的工具,它与 Windows 资源管理器类似。利用设计中心,不仅可以浏览、查找、预览和管理 CAD 图形、块、外部参照及光栅图像等不同的资源文件,而且还可以通过简单的拖放操作,将位于本地计算机或"网上邻居"中文件的块、图层、外部参照等内容插入当前图形。如果打开多个图形文件,在多个文件之间也可以通过简单的拖放操作实现图形的插入。所插入的内容除包含图形本身外,还包括图层定义、线型及字体等内容。从而使已有资源得到再利用和共享,提高了图形管理和图形设计的效率。

利用设计中心可以很方便地打开所选的图形文件,也可以方便地把其他图形文件中的图层、块、文字样式和标注样式等复制到当前图形中。

执行 Adcenter 命令后,系统弹出如图 2-59 所示窗格。

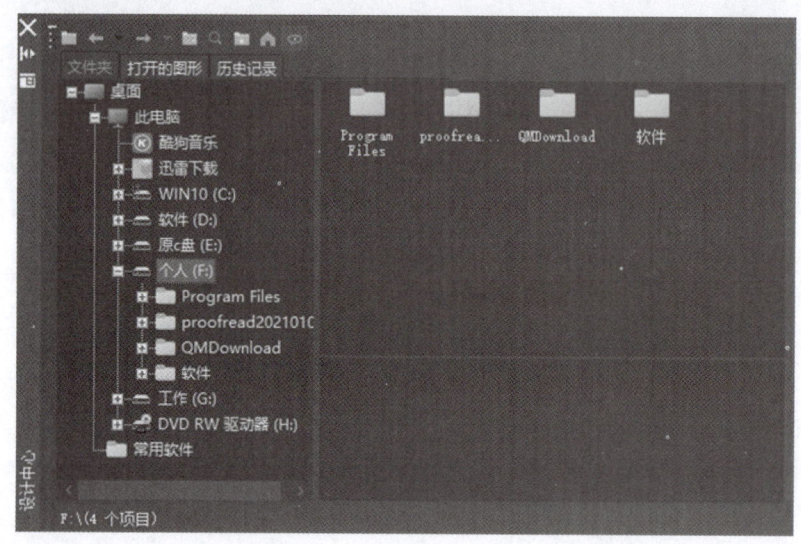

图 2-59 "设计中心"窗格

窗格中各个页面说明如下:

文件夹:显示计算机或网络驱动器(包括"我的电脑"和"网上邻居")中文件和文件夹的层次结构。

打开的图形:显示当前工作任务中打开的所有图形,包括最小化的图形。

历史记录:显示最近在设计中心打开的文件列表。显示最近在设计中心打开过的文件列表。显示历史记录后,制图人员可以在某个文件上单击鼠标右键来查看此文件信息,也可以将此文件从"历史记录"中直接删除。

树状图:显示用户计算机和网络驱动器上的文件与文件夹的层次结构、打开图形的列表、自定义内容以及上次访问过的位置的历史记录。

选择树状图中的项目可以在内容区域中显示其内容。

内容区域:显示树状图中当前选定"容器"的内容。容器包含设计中心可以访问的信息的网络、计算机、磁盘、文件夹、文件或网址(URL)。

模块二　CAD软件设置

● 知识归纳

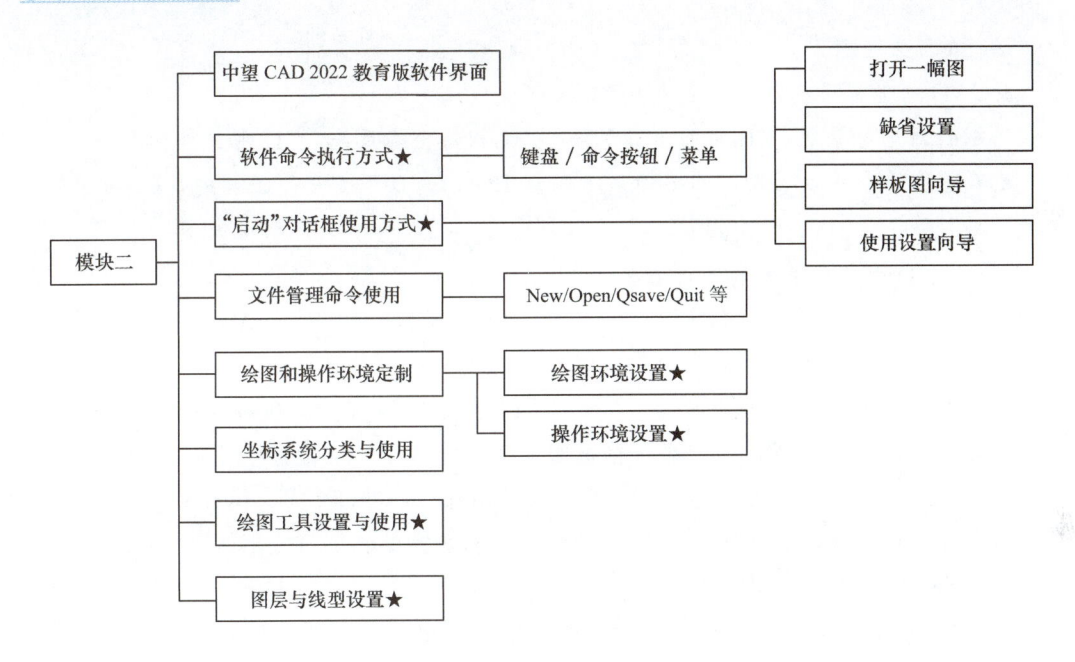

```
                    ┌─ 中望CAD 2022教育版软件界面
                    │
                    ├─ 软件命令执行方式★ ──── 键盘/命令按钮/菜单
                    │                              ┌─ 打开一幅图
                    │                              ├─ 缺省设置
                    ├─ "启动"对话框使用方式★ ─────┤
    模块二 ─────────┤                              ├─ 样板图向导
                    │                              └─ 使用设置向导
                    │
                    ├─ 文件管理命令使用 ──── New/Open/Qsave/Quit 等
                    │
                    ├─ 绘图和操作环境定制 ──┬─ 绘图环境设置★
                    │                       └─ 操作环境设置★
                    │
                    ├─ 坐标系统分类与使用
                    │
                    ├─ 绘图工具设置与使用★
                    │
                    └─ 图层与线型设置★
```

● 思政引读

　　夏立,中国电子科技集团公司第五十四研究所钳工、高级技师(图S2)。技艺吹影镂尘,擦亮中华翔龙之目;组装妙至毫巅,铺就嫦娥奔月星途。夏立,当"天马"凝望远方,绵延着我们的期待,也温暖你的梦想！钳工是个普通不过的工种,但是能将手工装配精度做到 0.002 毫米绝不简单,这相当于头发丝直径的 1/40。30 多年来,夏立亲手装配的天线指过北斗,送过神舟,护过战舰,亮过"天眼",他也从 17 岁的学徒工成长为身怀绝技的大国工匠,在人类纵目宇宙的背后是一份极致的磨砺。

图 S2　"大国工匠"夏立

（资料来源：央视新闻，2019 年 1 月）

自我测试

一、单项选择题

1.CAD的坐标系统包括世界坐标系统和(　　)。
　A.绝对坐标系　　B.平面坐标系　　C.相对坐标系　　D.用户坐标系

2.若图面已有一点A(2,2),要输入另一点B(4,4),以下方法不正确的是(　　)。
　A.4,4　　　　　B.@2,2　　　　　C.@4,4　　　　　D.@2$\sqrt{2}$<45

3.在CAD中单位设置的快捷键是(　　)。
　A.UM　　　　　B.UN　　　　　　C.Ctrl+U　　　　D.Alt+U

4.CAD软件中我们一般都用(　　)单位来做图以达到最佳的效果。
　A.米　　　　　　B.厘米　　　　　C.毫米　　　　　D.分米

5.在CAD中画完一幅图后,在保存该图形文件时用(　　)作为扩展名。
　A.cfg　　　　　B.dwt　　　　　C.bmp　　　　　D.dwg

6.在CAD中,图形编辑窗口与文本窗口的快速切换用(　　)功能键。
　A.F6　　　　　B.F7　　　　　　C.F8　　　　　　D.F2

7.在CAD中如果可见的栅格间距设置得太小,将出现如下提示(　　)。
　A.不接受命令　　　　　　　　　　B."栅格太密无法显示"信息
　C.产生错误显示　　　　　　　　　D.自动调整栅格尺寸使其显示出来

8.在CAD中取消命令执行的键是(　　)。
　A.Enter键　　　B.空格键　　　　C.Esc键　　　　D.F1键

9.在CAD中移动圆对象,使其圆心移动到直线中点,需要应用(　　)。
　A.正交　　　　　B.捕捉　　　　　C.栅格　　　　　D.中心捕捉

10.在启动向导中,使用的样板图形文件的扩展名为(　　)。
　A.dwg　　　　　B.dwt　　　　　C.dwk　　　　　D.tem

11.在CAD中可以用(　　)命令改变层的颜色属性。
　A.颜色　　　　　B.图层　　　　　C.选择　　　　　D.边界

12.在CAD中,多文档的设计环境允许(　　)。
　A.同时打开多个文档,但只能在一个文档上工作
　B.同时打开多个文档,在多个文档上同时工作
　C.只能打开一个文档,但可以在多个文档上同时工作
　D.不能在多文档之间复制、粘贴

13.在CAD中,用于打开/关闭"捕捉"的功能键是(　　)。
　A.F9　　　　　B.F8　　　　　　C.F11　　　　　D.F12

14.对"动态输入"不起开关作用的操作是(　　)。
　A.F12　　　　　　　　　　　　　B.F11
　C.单击"状态"按钮DYN　　　　　D.通过"草图设置"对话框

15.以下哪些工具按钮都是在"绘图"工具栏中(　　)。

　　A.直线、点、复制、多行文字

　　B.直线、图案填充、偏移、多行文字

　　C.创建块、点、复制、样条曲线

　　D.直线、点、表格、矩形

16.CAD软件的基本图形格式为(　　)。

　　A.*.map　　　　B.*.lin　　　　C.*.lsp　　　　D.*.dwg

17.建立命名的过滤器后,它的使用范围是(　　)。

　　A.仅本图可用　　　　　　　　B.仅R14的文件可用

　　C.仅CAD 2022的文件可以用　　D.可以作用于所有的dwg文件

18.系统提供了多个已命名的工具栏,选择的途径有(　　)。

　　A.图形界限Drawing Limits(菜单为:"格式"→"图形界限")

　　B.在工具栏按钮上右击,在快捷菜单中选择

　　C.选项Options(菜单为:"工具"→"选项")

　　D.直线Line(菜单为:"绘图"→"直线")

19.更改绘图区、命令行等的颜色以及命令行的字体,可以(　　)。

　　A.通过"选项"对话框的"显示"选项卡

　　B.通过"格式"菜单中的"颜色"

　　C.通过"视图"菜单中的"渲染"

　　D.通过"视图"单中的"着色"

20.用户坐标系统与世界坐标系统的不同点,下面说法正确的是(　　)。

　　A.用户坐标系统与世界坐标系统是固定的

　　B.用户坐标系统固定,世界坐标系统不固定

　　C.用户坐标系统不固定,世界坐标系统固定

　　D.两者都不固定

21.当设置了多个对象捕捉模式后,光标靠近某个位置可能会捕捉到不愿得到的点,要遍历其他捕捉模式可以按(　　)。

　　A.Shift键　　　B.Ctrl键　　　C.Alt键　　　D.Tab键

22.有关对象捕捉的说法,下面错误的是(　　)。

　　A.对象捕捉是为了使用户更高效率地使用各种命令

　　B.对象捕捉不是命令而是一种状态,可以在"命令:"下直接输入

　　C.对象捕捉方式可以自行设定,一旦设定后每次选择都会自动激活

　　D.对象捕捉的设置和开关可以在命令的中间进行操作

二、多项选择题

1.CAD的二维坐标可分为(　　)。

　　A.直角坐标　　　B.极坐标　　　C.UCS坐标系　　D.三维坐标

2. 若图面已有一点 A(2,2),要输入另一点 B(4,4),以下方法正确的有( )。
   A.4,4　　　　　B.@2,2　　　　　C.@4,4　　　　　D.@2＜45
   E.@4＜45

3. 在 CAD 的"草图设置"对话框中可以设置的捕捉模式有( )。
   A.端点　　　　　B.切点　　　　　C.中点　　　　　D.圆心

4. 在 CAD 的栅格设置中可以设置( )。
   A.栅格 X 轴间距　　　　　　　　B.栅格 Y 轴间距
   C.捕捉 X 轴间距　　　　　　　　D.捕捉 Y 轴间距

5. 在 CAD 中把一个画好或编辑好的图形保存到磁盘上,可使用的方法有( )。
   A.文件"File"→保存"Save"　　　B.文件"File"→另存为"Save as"
   C.单击工具条上"保存"按钮　　　D.输出"Export"

技能训练

技能训练　CAD 软件操作环境的定制

一、实训目的
1. 熟悉 CAD 软件的操作界面及功能模块。
2. 掌握定制新工具栏的操作方法。
3. 掌握定制新菜单的操作方法。

二、实训场所和器材
通信工程设计实训室(通信工程制图软件、计算机)

三、实训内容
1. 运用 CAD 软件及所学知识,定制如图 1 所示的"HCIT 常用"工具栏,该工具栏包括线性标注、标注间距、查询距离、查询定位点、文字样式管理器、标注样式管理器、表格样式、单行文字、弧形对齐文本、折断线、图块属性以及添加引线等 12 个操作按钮。

图 1　"HCIT 常用"工具栏

操作步骤:

2.运用 CAD 软件及所学知识,定制如图 1 所示的"HCIT 常用"菜单,要求该菜单放置在"帮助(H)"菜单项的左侧,且包括线性标注、标注间距、查询距离、查询定位点、文字样式管理器、标注样式管理器、表格样式、单行文字、弧形对齐文本、折断线、图块属性以及添加引线等 12 个子菜单项。

图 2 "HCIT 常用"菜单

操作步骤:

四、总结与体会

模块三　CAD软件的操作与应用

● 目标导航

- 熟练使用各种绘图命令绘制基本图形
- 熟练掌握区域填充与面域绘制的使用方法
- 熟练掌握图块的定义和使用方法
- 熟练使用各种编辑命令对所绘制图形进行编辑修改
- 能根据实际图纸要求正确进行文本输入和尺寸标注,并能够对所输入的文本和尺寸进行编辑修改
- 能运用所学的CAD各项操作,进行通信工程图纸的绘制
- 培养学生一丝不苟、精益求精的工匠精神

● 教学建议

模块内容	学时分配	总学时	重点	难点
3.1 基本绘制命令	6	28	√	
3.2 区域填充与面域绘制	2			√
3.3 文字绘制	2			
3.4 图块、属性块及外部参照	2			√
3.5 图形编辑	8		√	
3.6 尺寸标注	4		√	
技能训练	4		√	

● 内容解读

本模块主要介绍CAD软件的二维绘图命令、区域填充与面域绘制、文字输入、图块、属性及外部参照设置和使用、基本的图形编辑命令以及尺寸标注等内容。

3.1　基本绘制命令

3.1.1　直　线

(1)命令格式

命令行:Line(L)

菜单:"绘图"→"直线(L)"

工具栏:"绘图"→"直线"

直线的绘制方法最简单,也是各种绘图中最常用的二维对象之一。绘制任何长度的直线时,均可输入点的 X、Y、Z 坐标,以指定二维或三维坐标的起点与终点。

(2)命令选项含义

执行 Line 命令后,系统提示"线的起始点:",输入起始点后,系统继续提示"角度(A)/长度(L)/指定下一点:"。直线命令的各选项含义说明如下:

角度(A):指的是直线段与当前 UCS 的 X 轴之间的角度。

长度(L):指的是两点间直线的距离。

跟踪(F):跟踪最近画过的线或弧终点的切线方向,以便沿着这个方向继续画线。

闭合(C):将第一条直线段的起点和最后一条直线段的终点连接起来,形成一个封闭区域。

撤销(U):撤销最近绘制的一条直线段。在命令行中输入 U,按下 Enter 键,则重新指定新的终点。

<终点>:按 Enter 键后,命令行默认最后一点为终点。

(3)实例操作演示

绘制如图 3-1 所示的矩形,其操作步骤如下:

图 3-1　矩形绘制

```
命令:Line
线的起始点:                    //单击 A 点,如图 3-1 所示
单击 B 点                      //水平取第二点
单击 C 点                      //向下取第三点
单击 D 点                      //向左取第四点
输入 C                         //D 点与最初起点 A 连线形成闭合
```

绘制如图 3-2 所示的凹四边形,其操作步骤如下:

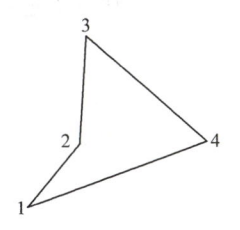

图 3-2　凹四边形绘制

```
命令:Line
线的起始点:100,50                              //输入绝对直角坐标:100,50,确定第 1 点
角度(A)/长度(L)/指定下一点:A                   //输入 A,以角度和长度来确定第 2 点
线的角度:50                                    //输入角度值 50
线的长度:15                                    //输入长度值 15
角度(A)/长度(L)/跟踪(F)/撤销(U)/指定下一点:@1,20
输入相对直角坐标:@[X],[Y]                      //输入相对直角坐标:@1,20,确定第 3 点
```

| 角度(A)/长度(L)/跟踪(F)/撤销(U)/指定下一点:@30<-40 |
| 输入相对极坐标:@[距离]<[角度]　　//输入相对极坐标:@30<-40,确定第4点 |
| 角度(A)/长度(L)/跟踪(F)/闭合(C)/撤销(U)/指定下一点:C |
| 　　　　　　　　　　　　　　　　　　//输入C,闭合二维线段 |

绘制如图3-3所示的六边形,其操作步骤如下:

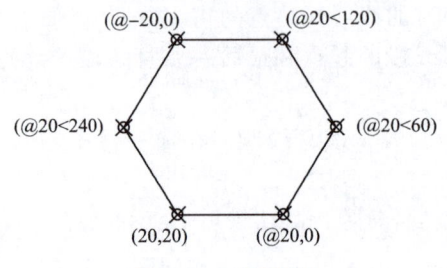

图3-3　六边形绘制

命令:Line	
指定第一点:20,20	//以坐标方式输入左下点
指定下一点:@20,0	//以相对坐标方式输入右下点
指定下一点:@20<60	//以极坐标方式输入最右点
指定下一点:@20<120	//以极坐标方式输入右上点
指定下一点:@-20,0	//以相对坐标方式输入左上点
指定下一点:@20<240	//以极坐标方式输入最左点
指定下一点:C	//闭合二维线段

(4)操作注意事项

①由直线组成的图形,每条线段都是独立对象,可对每条直线段进行单独编辑。

②在结束 Line 命令后,再次执行 Line 命令,根据命令行提示,直接按 Enter 键,则以上次最后绘制的线段或圆弧的终点作为当前线段的起点。

③在命令行提示下输入三维点的坐标,则可以绘制三维直线段。

3.1.2　绘　圆

(1)命令格式

命令行:Circle(C)

菜单:"绘图"→"圆(C)"

工具栏:"绘图"→"圆"

(2)命令选项含义及操作

①执行 Circle 命令,系统提示:"两点(2P)/三点(3P)/ 相切-相切-半径(T)/弧线(A)/多次(M)/<圆中心(C)>:",当直接输入一个点的坐标后,系统继续提示:"输入圆的直径 D 或半径 R"。以上各选项含义说明如下:

两点(2P):通过指定圆直径上的两个点绘制圆。

三点(3P):通过指定圆周上的三个点来绘制圆。

T(切点、切点、半径):通过指定相切的两个对象和半径来绘制圆。

弧线(A):将选定的弧线转化为圆,使得弧线补充为封闭的圆。

多次(M):选择"多次"选项,将连续绘制多个相同设置的圆。

②切点、切点、半径(T)

下拉菜单:"绘图"→"圆"→"相切、相切、半径(T)"

工具栏:"绘图"→"圆"

命令行:C→T

这种方式适用于需要画两个实体的公切圆的情况。该方式要求确定与公切圆相切的两个实体和公切圆的半径。具体操作如下:

- 单击"绘图"→"圆"→"相切、相切、半径"菜单命令。
- 当命令行出现"选取第一切点:"提示符时,输入第一个切点。
- 当命令行出现"选取第二切点:"提示符时,输入第二个切点。
- 当命令行出现"圆半径:"提示符时,输入公切圆的半径。

如图 3-4 所示的圆就是用相切、相切、半径方式来绘制的,其命令清单如下:

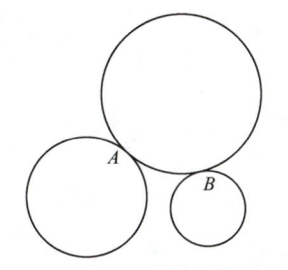

图 3-4 相切、相切、半径方式画圆

```
命令:Circle
两点(2P)/三点(3P)/相切-相切-半径(T)/弧线(A)/多次(M)/<圆中心(C)>:T
                                      //以相切-相切-半径方式画公切圆
选取第一切点:                          //选择第一个实体 A 点
选取第二切点:                          //选择第二个实体 B 点
圆半径:输入公切圆的半径
```

上面所做切点是大概位置,在公切圆画出前,显然不能精确定位,但可大致定位。图 3-4 画的是两圆的外公切圆,如果要画出上述两圆的内公切圆,半径应足够大才能包进去。另外,切点位置偏向两边,也就是两切点 C、D 均向外偏移,A、B 点是外公切圆切点,如图 3-5 所示。

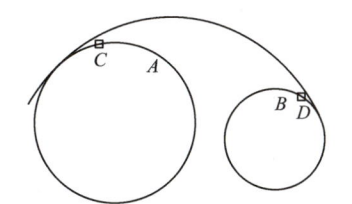

图 3-5 相切、相切、半径方式画内公切圆

切点也只是一个大约的位置,如图 3-5 所示,虽然单击所选的切点在 C、D,但真正的切点位置并不一定在 C、D 点,一般在其附近,另外就是内公切圆的半径要足够大。当

然，也可以做成一个是内切，一个是外切，比如图 3-6 中，当把 D 点选在小圆的左下方时，则可做成与小圆外切。

实际上，也可以从下拉菜单的"绘图"→"圆"→"相切、相切、相切（T）"来做，当提示第三个切点时，点一次后提示选择点处没有发现切点，再点击就是以此点作为第三个切点了，也可以讲是以第三个切点来确定公切圆的大小。

③相切、相切、相切（A）

下拉菜单："绘图"→"圆"→"相切、相切、相切（A）"

当需要画三个实体的公切圆时可以采用这种方式。该方式要求制图人员确定与公切圆相切的三个实体，具体操作如下：

- 单击"绘图"→"圆"→"相切、相切、相切"菜单命令。
- 当命令行出现"圆上第一点，捕捉到 切点"时，输入第一个切点。
- 当命令行出现"圆上第二点，捕捉到 切点"时，输入第二个切点。
- 当命令行出现"圆上第三点，捕捉到 切点"时，输入第三个切点。

如图 3-6 所示的圆就是用相切、相切、相切方式来绘制的。

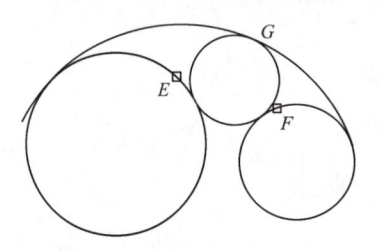

图 3-6 相切、相切、相切方式画圆

命令清单如下：

- 单击"绘图"→"圆"→"相切、相切、相切（A）"菜单命令。
- 圆上第一切点：输入第一个切点 E。
- 圆上第二切点：输入第二个切点 F。
- 圆上第三切点：输入第三个切点 G。

通过以上三切点方式绘制圆，也可推广到其他应用场合，比如绘制某个三角形的内公切圆，只要依次选取该三角形的三边，就可以绘制出该三角形的内公切圆。如图 3-6 所示。

要注意的是，有时做出的圆看起来不圆滑，有人说根本就没有相切，这其实只是一个显示问题。使用 Viewres 命令，将数字调大，则可以使画出的圆更光滑。

（3）实例操作演示

下面通过如图 3-7 所示的实例说明以上四种创建圆对象的操作方法，其操作步骤如下：

命令：Circle
两点(2P)/三点(3P)/相切-相切-半径(T)/弧线(A)/多次(M)/<圆中心(C)>:2P
　　　　　　　　　　　　//输入 2P，指定圆直径上的两个点绘制圆
直径上第一点：　　　　　//拾取端点 1
直径上第二点：　　　　　//拾取端点 2

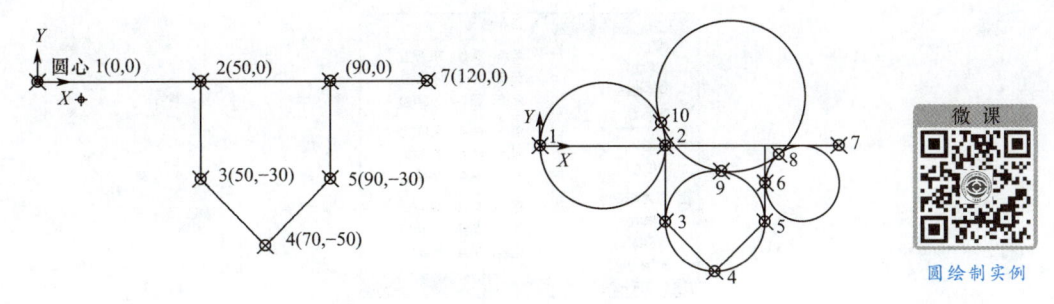

图 3-7 圆绘制实例

再次按 Enter 键,执行 Circle 命令,看到"两点(2P)/三点(3P)/相切-相切-半径(T)/弧线(A)/多次(M)/<圆中心(C)>:"提示后,在命令行里输入:"3P",按下 Enter 键,指定圆上第一点为3,第二点为4,第三点为5,以三点方式完成圆对象的创建。

重复执行 Circle 命令,看到"两点(2P)/三点(3P)/相切-相切-半径(T)/弧线(A)/多次(M)/<圆中心(C)>:"提示后,在命令行里输入:"T",按下 Enter 键,拾取第一切点为6,第二切点为7,看到"指定圆半径:"提示后,输入:"15",按下 Enter 键,结束第三个圆对象绘制。

在"绘图"下拉菜单里,找到"圆"→"相切-相切-相切"命令,单击此命令后,可以在命令行看到"圆上第一点:_tan 到"提示后,拾取切点8,依次拾取切点9和10,第四个圆对象绘制完毕。

(4)操作注意事项

①如果放大圆对象或者放大相切处的切点,有时看起来不圆滑或者没有相切,这其实只是一个显示问题,只需在命令行输入 Regen(RE),按下 Enter 键,圆对象即可变为光滑。也可以把 Viewres 的数值调大,画出的圆就更加光滑了。

②绘图命令中嵌套着撤销命令"Undo",如果画错了不必立即结束当前绘图命令,重新再画,可以在命令行里输入"U",按下 Enter 键,撤销上一步操作。

3.1.3 圆 弧

(1)命令格式

命令行:Arc(A)

菜单:"绘图"→"圆弧(A)"

工具栏:"绘图"→"圆弧"

创建圆弧的方法有多种,有指定三点画弧,还可以指定弧的起点、圆心和端点来画弧,或是指定弧的起点、圆心和角度画弧,另外也可以指定圆弧的角度、半径、方向和弦长等方法来画弧。如图 3-8 所示。

(2)命令选项含义

执行 Arc 命令后,系统提示"圆心(C)/<弧线起点>:",输入弧线起点后,系统继续提示"角度(A)/圆心(C)/方向(D)/终点(E)/半径(R)/<第二点>:",然后可以指定第二点,也可以选择选项中的某项进行操作。圆弧命令的各选项含义说明如下。

①三点:指定圆弧的起点、终点以及圆弧上任意一点。

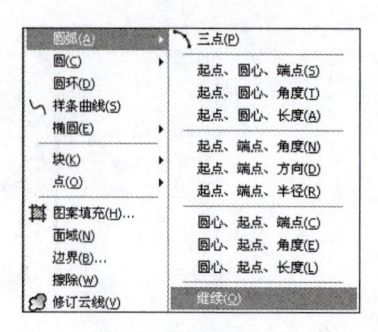

图 3-8　画圆弧的方式

②起点：指定圆弧的起点。
③终点：指定圆弧的终点。
④圆心：指定圆弧的圆心。
⑤方向：指定和圆弧起点相切的方向。
⑥长度：指定圆弧的弦长。
⑦角度：指定圆弧包含的角度。默认情况下，顺时针为负，逆时针为正。
⑧半径：指定圆弧的半径。

(3) 实例操作演示

①三点画弧，如图 3-9 所示。其操作步骤如下：

图 3-9　三点画弧

三点画弧

```
命令：Arc
回车利用最后点/圆心(C)/跟踪(F)/<弧线起点>：
                            //指定第 1 点
角度(A)/圆心(C)/方向(D)/终点(E)/半径(R)/<第二点>：
                            //指定第 2 点
终点：                       //指定第 3 点
```

②指定中心点绘制圆弧，有以下三种方式创建所需圆弧对象，如图 3-10 所示。

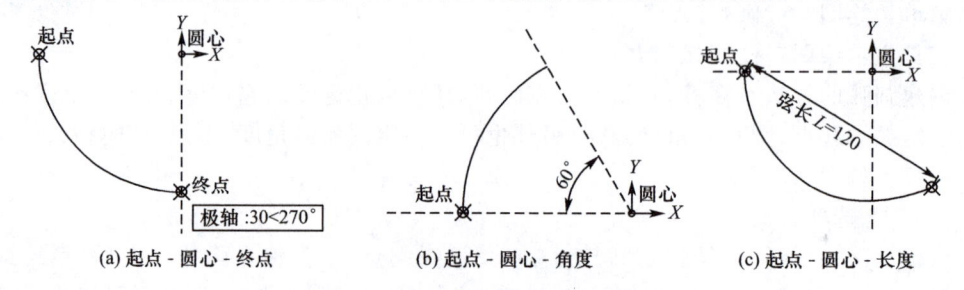

(a) 起点-圆心-终点　　(b) 起点-圆心-角度　　(c) 起点-圆心-长度

图 3-10　三种创建所需圆弧对象的方式

以起点-圆心-长度为例，绘制圆弧，其操作步骤如下：

命令:Arc
回车利用最后点/圆心(C)/跟踪(F)/<弧线起点>:
         //指定圆弧的起点
角度(A)/圆心(C)/方向(D)/终点(E)/半径(R)/<第二点>:C
         //输入 C
圆心(C):   //指定圆弧的圆心
角度(A)/弦长(L)/<终点>:L //输入 L
弦长(L):120   //输入 120

③先绘制直线 AB,然后用"继续"方式绘制 BCD 弧,结果如图 3-11 所示。

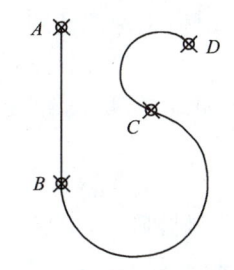

图 3-11 用"继续"方式绘制圆弧

命令:L
指定第一点:50,50   //直线 AB 的起点
角度(A)/长度(L)/<终点>:@0,-30 //直线 AB 的终点
角度(A)/长度(L)/闭合(C)/撤销(U)/<终点>:
         //按 Enter 键结束直线绘制
命令:A   //画圆弧
回车利用最后点/圆心(C)/跟踪(F)/<弧线起点>:回车利用直线终点为起点,单击 C 点即画出大弧。
命令:A   //画圆弧
回车利用最后点/圆心(C)/跟踪(F)/<弧线起点>:回车指定圆弧的端点为起点,单击 D 点即画出小弧。

(4)操作注意事项

①圆弧的角度与半径值均有正、负之分。默认情况下 CAD 2022 在逆时针方向上绘制出较小的圆弧,如果输入负数半径值,则绘制出较大的圆弧。当半径为正值时,顺时针方向绘制圆弧;若为负值时,则沿逆时针方向绘制圆弧。当角度为正值时,沿逆时针方向绘制圆弧;当角度为负值时,则沿顺时针方向绘制圆弧。

②当绘制的圆弧在屏幕上显示成多段折断线时,可用 Viewres 和 Regen 命令控制。

3.1.4 椭圆和椭圆弧

(1)命令格式
命令行:Ellipse(EL)
菜单:"绘图"→"椭圆(E)"
工具栏:"绘图"→"椭圆"

椭圆

椭圆对象包括圆心、长轴和短轴。椭圆是一种特殊的圆,它的中心到圆周上的距离是变化的,而部分椭圆就是椭圆弧。

(2)命令选项含义

执行 Ellipse 命令后,系统将提示:"弧(A)/中心(C)/<椭圆轴的第一端点>:",可以指定一点或选择一个选项。当指定一点后,系统提示指定第二点,这样两点决定椭圆的一个轴;然后系统提示输入其他轴的距离,这时可以输入长度值或指定第三点,系统由第一点和第三点之间的距离决定椭圆另一轴的长度。椭圆命令的各选项含义说明如下:

①中心(C):通过指定中心点来创建椭圆对象。
②弧(A):绘制椭圆弧。
③旋转(R):用长短轴线之间的比例,来确定椭圆的短轴。
④参数(P):以矢量参数方程式来计算椭圆弧的端点角度。
⑤包含(I):指所创建的椭圆弧从起始角度开始的包含角度值。

(3)实例操作演示

①椭圆绘制

图 3-12(a)所示是以椭圆中心点为椭圆圆心,然后分别指定椭圆的长、短轴;图 3-12(b)所示是以椭圆轴的两个端点和另一轴的半轴长度来绘制椭圆。

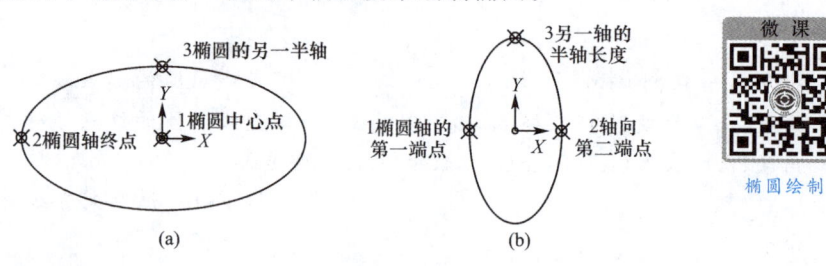

图 3-12 椭圆绘制

图 3-12(b)的椭圆绘制,其操作步骤如下:

命令:Ellipse
弧(A)/中心(C)/<椭圆轴的第一端点>:   //指定椭圆轴的第一端点
轴向第二端点: //指定椭圆轴的第二端点
旋转(R)/<其他轴>:   //指定另一轴的半轴长度

②绘制椭圆弧

椭圆弧的绘制,如图 3-13 所示,其操作步骤如下:

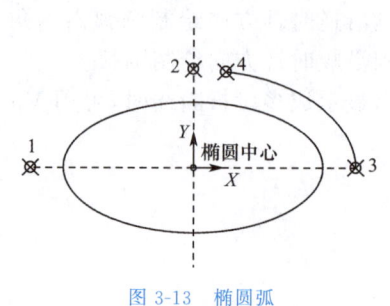

图 3-13 椭圆弧

模块三　CAD软件的操作与应用　79

命令:Ellipse	
弧(A)/中心(C)/＜椭圆轴的第一端点＞:A	//输入A,以椭圆弧方式绘制
中心(C)/＜椭圆轴的第一端点＞:C	//输入C,以坐标原点为椭圆中心
椭圆的中心:	//指定椭圆中心
轴的终点:	//指定第1点
旋转(R)/＜其他轴＞:	//指定第2点
参数(P)/＜弧的起始角度＞:	//指定第3点
参数(P)/包含(I)/＜终止角度＞:	//指定第4点

(4)操作注意事项

①Ellipse命令绘制的椭圆同圆一样,不能用Explode、Pedit等命令修改。

②通过系统变量Pellipse控制Ellipse命令创建圆对象,当Pellipse设置为关闭(OFF)时,即缺省值,绘制的椭圆是真的椭圆;当该变量设置为打开(ON)时,绘制的椭圆对象由多段线组成。

③"旋转(R)"选项可输入的角度值取值范围是0至89.4。若输入0,则绘制的为圆;输入值越大,椭圆的离心率就越大。

3.1.5　点

(1)命令格式

命令行:Ddptype

菜单:"绘图"→"点(O)"

工具栏:"绘图"→"点"

点不仅表示一个小的实体,而且也可作为绘图的参考标记。通过单击"格式"→"点样式"或在命令行输入Ddptype可以弹出"点样式"对话框,在该对话框中可以进行点的样式设置。如图3-14所示。

图3-14　"点样式"对话框

设置点样式的选项介绍如下:

①相对于屏幕设置大小:以屏幕尺寸的百分比设置点的显示大小。在进行缩放时,点的显示大小不随其他对象的变化而改变。

②按绝对单位设置大小:以指定的实际单位值来显示点。在进行缩放时,点的大小也将随其他对象的变化而变化。

(2)实例操作演示

①点标记

为等边三角形的三个顶点创建点标记,如图 3-15 所示,其操作步骤如下:

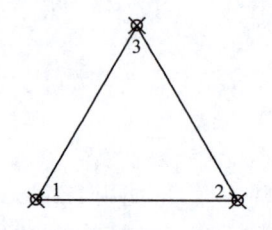

图 3-15　创建点标记符号显示

```
命令:Point
设置(S)/多次(M)/<点定位(L)>:M        //输入 M,以多点方式创建点标记
设置(S)/<点定位(L)>:                   //拾取端点 1
设置(S)/<点定位(L)>:                   //拾取端点 2
设置(S)/<点定位(L)>:                   //拾取端点 3
```

②分割对象:利用定数等分(Divide)命令,沿着直线或圆周方向均匀间隔一段距离排列点的实体或块。把圆对象,用块名为 star 的对象,分割为三等分,如图 3-16 所示。

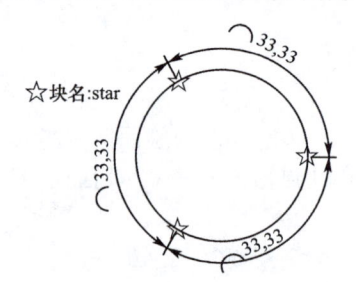

图 3-16　分割对象

```
命令:Divide
选取分割对象:                          //选取圆对象
块(B)/<分段数>:B                       //输入 B
插入块名称:star                        //输入图块名称
是否对齐块和对象?[是(Y)/否(N)]<Y>:N
                                       //输入 N
分段数:3                               //输入 3
```

如图 3-17 所示,用 Divide 命令将一条线条 10 等分,在图 3-17(a)分点处插入明显的点的记号;在图 3-17(b)分点处插入粗糙度图块。其具体操作如下:

```
命令:Divide
选取分割对象:单击线条,见图 3-17(a)    //选择等分对象
块(B)/<分段数>:10                      //输入等分数目 10
```

图 3-17 用 Divide 命令将一条线条 10 等分

```
命令:Divide
选取分割对象:单击线条,见图 3-17(b)        //选择等分对象
块(B)/<分段数>:b                        //输入 b,选择块选项
插入块名称:粗糙度                         //输入块名称
块与对象是否对齐?<是(Y)>:Y              //输入 Y 或按 Enter 键
分段数:10                               //输入等分数目 10
命令:                                   //结束命令
```

③测量对象:利用定距等分(Measure)命令,在实体上按测量的间距排列点实体或块。把周长为 100 的圆,用块名为 line 的对象,以 30 为分段长度,测量圆对象,如图 3-18 所示。

定距等分

测量对象

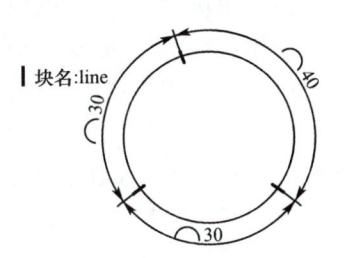

图 3-18 测量对象

```
命令:Measure
选取分割对象:                            //选取圆对象
块(B)/<分段长度(S)>:B                   //输入 B
?列出图中块/<插入块(B)>:line            //输入图块名称
是否对齐块和对象?[是(Y)/否(N)]<Y>:N
                                        //输入 N
分段长度(S):30                          //输入 30
```

用 Measure 命令在图 3-19 所示线条上绘制等距离点,每段距离为 40(图 3-19(a));再以每段距离为 40,在此线条上的等距离点处插入粗糙度图块(图 3-19(b))。其具体操作如下:

```
命令:Measure
选取量测对象:在点 A 处取线条,见图 3-19(a)
                                        //选择量测对象
块(B)/<分段长度>:40                     //输入分段长度 40
命令:Measure
选取量测对象:在点 B 处单击线条,见图 3-19(b)   //量测对象
```

块(B)/＜分段长度＞:b	//输入 b,选择块选项
插入块名称:粗糙度	//输入块名称
块与对象是否对齐？＜是(Y)＞:Y	//输入 Y
分段长度:40	//输入每段量测长度 40
命令:	//结束命令

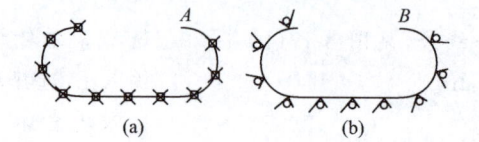

图 3-19　用 Measure 命令绘制等距离点

(3)操作注意事项

①可通过在屏幕上拾取点或者输入坐标值来指定所需的点(在三维空间内,也可指定 Z 坐标值来创建点)。

②创建好的参考点对象,可以使用节点(Node)对象捕捉来捕捉该点。

③用 Divide 或 Measure 命令插入图块时,先定义图块。

④Measure 命令与 Divide 命令不同点在于:Divide 命令是给定等分数目插入图块;Measure 命令是给定插入点之间的距离,再将点或图块等距地插入图中,直到余下部分不足一个间距为止。

⑤点标记并没把实体断开。Divide 生成的点对象可作为 Node 对象捕捉的捕捉点。

3.1.6　徒手画线

(1)命令格式

命令行:Sketch

徒手画线对于创建不规则边界或使用数字化仪追踪非常有用,可以使用 Sketch 命令徒手绘制图形、轮廓线及签名等。

Sketch 命令没有对应的菜单或工具按钮。因此要使用该命令,必须在命令行中输入 Sketch,按 Enter 键,即可启动徒手画线的命令,输入分段长度,屏幕上出现了一支铅笔,鼠标轨迹变为线条。

(2)操作步骤

执行此命令,并根据命令行提示指定分段长度后,将显示如下提示信息:

移动光标到上次手画线分段终点。

按回车结束/画笔(P)Down/停止(Q)/删除打开(D)/连接(C)/直接到光标(S)/写入图中(W)/(暂停...):

绘制草图时,定点设备就像画笔一样。单击定点设备将"画笔"放到屏幕上以进行绘图,再次单击将收起画笔并停止绘图。徒手画由许多条线段组成,每条线段都可以是独立的对象或多段线。可以设置线段的最小长度或增量,使用较小的线段可以提高精度,但会明显增加图形文件的大小,因此,要尽量少使用此工具。

3.1.7 圆　环

(1)命令格式

命令行:Donut(DO)

菜单:"绘图"→"圆环(D)"

Donut 命令用于在指定的位置绘制指定内、外直径的圆环或填充圆,圆环是由封闭的带宽度的多段线组成的实心填充圆或环。可用多种方法绘制圆环,缺省方法是给定圆环的内、外直径,然后给定它的圆心,通过给定不同的圆心点可以生成多个相同的圆环。

启动绘制圆环命令的最好方法是在命令行中输入"Donut"或"DO"并按 Enter 键。

若内直径为 0,则圆环为填充圆;若内直径和外直径相等,则圆环为普通圆。

(2)命令选项含义

执行 Donut 命令后,系统将提示:"两点(2P)/三点(3P)/半径-相切-相切(RTT)/<圆环体内径><10.0000>:",输入圆环内径后,系统继续提示:"圆环体外径 <15.0000>:",输入圆环外径后,系统继续提示:"圆环中心:",输入圆环中心后,圆环确定。圆环命令的各选项含义说明如下:

①两点(2P):通过指定圆环宽度和直径上两点的方法画圆环。

②三点(3P):通过指定圆环宽度及圆环上三点的方式画圆环。

③T(切点、切点、半径):通过与已知对象相切的方式画圆环。

④圆环内径:指圆环内圆直径。

⑤圆环外径:指圆环外圆直径。

(3)实例操作演示

以图 3-20(a)为例,绘制圆环,按如下步骤操作:

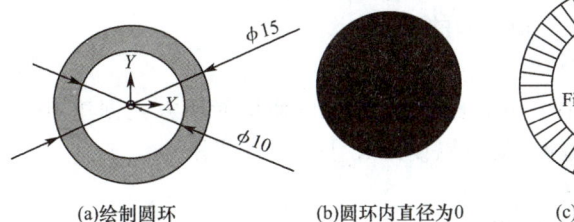

(a)绘制圆环　　(b)圆环内直径为0　　(c)关闭圆环填充　　(d)圆环内直径为0

图 3-20　圆环的绘制

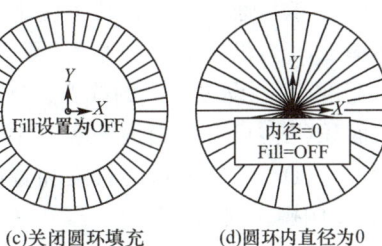

```
命令:Fill
Fillmode 已经打开:关闭(OFF)/切换(T)/<打开>:ON
                                    //输入 ON,打开填充设置
命令:Donut
两点(2P)/三点(3P)/半径-相切-相切(RTT)/<圆环体内径> <10.0000>:10
                                    //输入圆环内径为 10
圆环体外径 <15.0000>:15              //输入圆环外径为 15
圆环中心:0,0                         //指定圆环的中心为坐标原点
```

(4)操作注意事项

①圆环对象可以使用编辑多段线(Pedit)命令编辑。

②圆环对象可以使用分解(Explode)命令转化为圆弧对象。

③绘制时,只需指定圆环的内径和外径等参数,然后连续地选取圆心即可绘出多个圆环。

④可以通过以下操作来设定圆环缺省的内、外径:＜选择设置＞图纸设置,然后单击对象生成栏,选择需要的操作。

⑤用系统变量 Fillmode 或 Fill 命令改变填充方式后,都必须用"重画/重新生成"命令重生图样,才能改变显示。

3.1.8 矩　形

(1)命令格式

命令行:Rectangle(REC)

菜单:"绘图"→"矩形(G)"

工具栏:"绘图"→"矩形"

使用该命令,除了能绘制常规的矩形之外,还可以绘制倒角或圆角的矩形。

(2)命令选项含义

执行 Rectangle 命令后,系统将提示:"倒角(C)/标高(E)/圆角(F)/厚度(T)/宽度(W)/＜选取方形的第一点＞:"。矩形命令的各选项含义说明如下:

①倒角(C):设置矩形角的倒角距离。

②标高(E):确定矩形在三维空间内的基面高度。

③圆角(F):设置矩形角的圆角大小。

④旋转(R):通过输入旋转角度来选取另一对角点以确定显示方向。

⑤厚度(T):设置矩形的厚度,即 Z 轴方向的高度。

⑥宽度(W):设置矩形的线宽。

⑦面积(A):已知矩形面积和其中一边的长度值,就可以使用面积方式创建矩形。

⑧尺寸(D):已知矩形的长度和宽度,就可以使用尺寸方式创建矩形。

(3)实例操作演示

绘制如图 3-21 所示的矩形,其操作步骤如下:

```
命令:Rectangle
倒角(C)/标高(E)/圆角(F)/厚度(T)/宽度(W)/＜选取方形的第一点＞:C
                                    //输入 C,设置倒角参数
关闭(O)/缺省(D)/方形第一倒角距离(F)＜15.0000＞:15  //输入第一倒角距离为15
所有长方形第二倒角距离(S)＜20.0000＞:20   //输入第二倒角距离为20
倒角(C)/标高(E)/圆角(F)/厚度(T)/宽度(W)/＜选取方形的第一点＞:E
                                    //输入 E,设置标高值
缺省(D)/方形标高＜10.0000＞:10        //输入标高值为10
倒角(C)/标高(E)/圆角(F)/厚度(T)/宽度(W)/＜选取方形的第一点＞:T
```

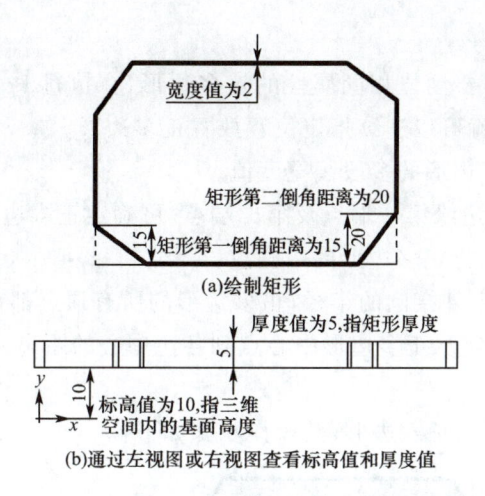

图 3-21 矩形的绘制

输入 T	//设置厚度值
缺省(D)/方形厚度＜5.0000＞:5	//输入厚度值为 5
倒角(C)/标高(E)/圆角(F)/厚度(T)/宽度(W)/＜选取方形的第一点＞:W	
	//输入 W,设置宽度值
多段线宽缺省值/方形宽度＜2.0000＞:2	//设置宽度值为 2
倒角(C)/标高(E)/圆角(F)/厚度(T)/宽度(W)/＜选取方形的第一点＞:	
	//拾取第一对角点
指定另一个角点或[面积(A)/尺寸(D)/旋转(R)]:	
	//拾取第二对角点

(4) 操作注意事项

① 矩形选项中,除了面积一项以外,都会将所做的设置保存为默认设置。

② 矩形的属性其实是多段线对象,也可通过分解(Explode)命令把多段线转化为多条直线段。

3.1.9 正多边形

(1) 命令格式

命令行:Polygon(POL)

菜单:"绘图"→"正多边形(Y)"

工具栏:"绘图"→"正多边形"

在 CAD 2022 中,绘制正多边形的命令是"Polygon"。它可以精确绘制 3~1024 条边的正多边形。

(2) 命令选项含义

执行 Polygon 命令后,系统提示"多个(M)/线宽(W)/＜边数＞＜4＞:",输入边数后,系统继续提示:"指定正多边形的中心点或[边(E)]:"。正多边形命令的各选项含义说明如下：

①多个(M)：如果需要创建相同属性的正多边形，在执行 Polygon 命令后，首先输入 M，输入所需参数值后，就可以连续指定位置放置正多边形。

②线宽(W)：指正多边形的多段线宽度值。

③边(E)：通过指定边缘第一端点及第二端点，可确定正多边形的边长和旋转角度。

④<多边形中心>：指定多边形的中心点。

⑤内接于圆(I)：指定外接圆的半径，正多边形的所有顶点都在此圆周上。

⑥外切于圆(C)：指定从正多边形中心点到各边中心的距离。

(3)实例操作演示

绘制如图 3-22 所示的正六边形，其操作步骤如下：

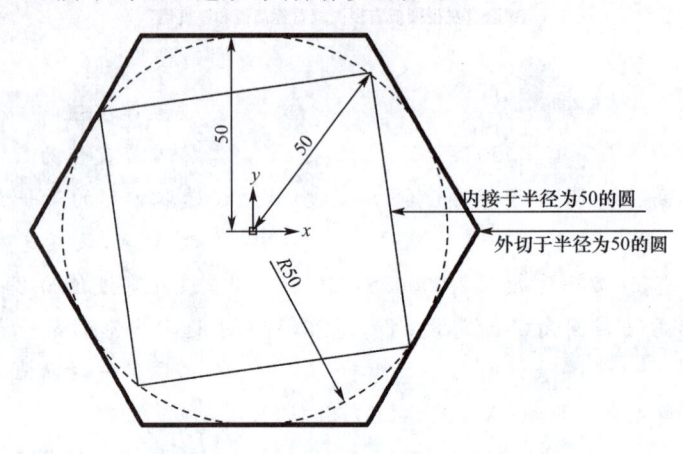

图 3-22　以外切于圆和内接于圆绘制六边形

```
命令：Polygon
多边形：多个(M)/线宽(W)/<边数><6>：W        //输入 W
多段线宽度<2.0000>：2                        //输入宽度值为 2
多边形：多个(M)/线宽(W)/<边数><6>：6        //输入多边形的边数为 6
指定正多边形的中心点或[边(E)]：0,0           //拾取坐标原点
输入选项[内接于圆(I)|外切于圆(C)]<I>：C     //输入 C
指定圆的半径：50                             //输入内切圆的半径为 50
命令：                                       //按下 Enter 键
Polygon                                      //重复执行 Polygon 命令
多边形：多个(M)/线宽(W)/<边数><6>：4        //输入多边形的边数为 4
指定正多边形的中心点或[边(E)]：0,0           //拾取坐标原点
输入选项[内接于圆(I)|外切于圆(C)]<I>：I     //输入 I
指定圆的半径：50                             //输入外接圆的半径为 50
```

(4)操作注意事项

用 Polygon 命令绘制的正多边形是一条多段线，因此可以用 Pedit 命令对其进行编辑。

3.1.10 多段线

(1) 命令格式

命令行：Pline(PL)

菜单："绘图"→"多段线(P)"

工具栏："绘图"→"多段线"

多段线由直线段或弧连接组成，作为单一对象使用，可以用于绘制直线箭头和弧形箭头。

(2) 命令选项含义

执行 Pline 命令后，系统提示"多段线起点："，输入起点，系统继续提示："弧(A)/距离(D)/半宽(H)/宽度(W)/<下一点>："，指定多段线第二点或选择方括号内的某一选项。多段线命令的各选项含义说明如下：

①弧(A)：指定弧的起点和终点绘制圆弧。

②角度(A)：指定圆弧从起点开始所包含的角度。

③中心(CE)：指定圆弧所在圆的圆心。

④方向(D)：从起点指定圆弧的方向。

⑤半宽(H)：指从带宽度的多段线线段的中心到其一边的宽度。

⑥线段(L)：退出"弧"模式，返回绘制多段线的主命令行，继续绘制线段。

⑦半径(R)：指定弧所在圆的半径。

⑧第二点(S)：指定圆弧上的点和圆弧的终点，以三个点来绘制圆弧。

⑨宽度(W)：指定多段线的宽度。

⑩闭合(C)：通过在上一条线段的终点和多段线的起点间绘制一条线段来封闭多段线。

⑪距离(D)：指定分段距离。

(3) 实例操作演示

绘制如图 3-23 所示的多段线图形，其操作步骤如下：

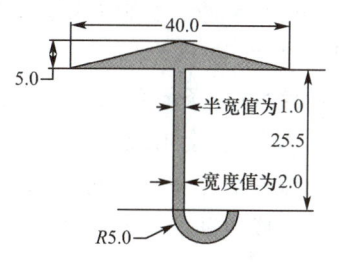

图 3-23 多段线绘制

命令：Pline

弧(A)/距离(D)/跟踪(F)/半宽(H)/宽度(W)/<下一点(N)>：W

//输入 W，设置宽度值

起始宽度<2.0000>:0	//输入起始宽度值为0
终止宽度<0.0000>:40	//输入终止宽度值为40
弧(A)/距离(D)/跟踪(F)/半宽(H)/宽度(W)/<下一点(N)>:D	//输入D,设置距离值
分段距离:5	//输入分段距离值为5
分段角度:270	//输入分段角度值为270
弧(A)/距离(D)/跟踪(F)/半宽(H)/宽度(W)/撤销(U)/<下一点(N)>:H	//输入H,设置半宽值
起始半宽<20.0000>:1	//输入起始半宽值为1
终止半宽<1.0000>:	//默认设置,按Enter键
弧(A)/距离(D)/跟踪(F)/半宽(H)/宽度(W)/撤销(U)/<下一点(N)>:D	//输入D,设置距离值
分段距离:25.5	//输入分段距离值为25.5
分段角度:270	//输入分段角度值为270
弧(A)/闭合(C)/距离(D)/跟踪(F)/半宽(H)/宽度(W)/撤销(U)/<下一点(N)>:A	//输入A,选择画弧方式
角度(A)/中心(CE)/闭合(CL)/方向(D)/半宽(H)/线段(L)/半径(R)/第二点(S)/宽度(W)/撤销(U)/<弧终点>:R	//输入R
半径:5	//输入半径值为5
角度(A)/<弧的终点>:	//指定圆弧的终点

(4)操作注意事项

①系统变量Fillmode控制圆环和其他多段线的填充显示,设置Fillmode为关闭(OFF),那么创建的多段线就为二维线框对象。

②在指定多段线的第三点之后,还将增加一个"Close(闭合)"选项,用于在当前位置到多段线起点之间绘制一条直线段以闭合多段线,并结束多段线命令。

③多段线由彼此首尾相连的、具有不同宽度的直线段或弧线组成,并作为单一对象使用。使用Rectangle、Polygon、Donut等命令绘制的矩形、正多边形和圆环等均属于多段线对象,可以双击修改其起始和终止线宽。

④多段线的宽度大于0时,要绘制一条闭合的多段线就必须输入闭合选项,才能使其完全封闭,否则,即使起点与终点重合,也会出现缺口。

⑤运用修改工具条的多段线编辑命令Pedit,可编辑整段多段线及其组成单元;运用分解命令Explode可以将多段线变成单独的线或圆弧。

3.1.11 迹 线

(1)命令格式

命令行:Trace

Trace命令主要用于绘制具有一定宽度的实体线。在命令行输入"Trace"即可执行迹线命令。

(2)命令选项含义

执行 Trace 命令后,系统提示:"迹线宽度＜1＞:",可在此提示下直接输入线宽值或用鼠标指定两点,两点之间的长度即为线宽。输入线宽后,系统提示指定迹线的起点和下一点,可以输入点的坐标或直接用鼠标在绘图区域拾取点。

(3)实例操作演示

运用迹线命令绘制一个边长为10,宽度为2的正方形,如图3-24所示。其操作步骤如下:

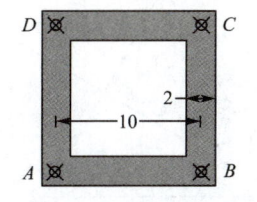

图3-24 迹线绘制正方形

```
命令:Trace
迹线宽度＜2.0000＞:2              //输入迹线宽度值2
迹线起点:                          //拾取点A
下一点:@10＜0                      //拾取点B
下一点:@10＜90                     //拾取点C
下一点:@10＜180                    //拾取点D
下一点:@11＜-90                    //拾取点A
回车
```

(4)操作注意事项

①Trace命令不能自动封闭图形,即没有闭合(Close)选项,也不能放弃(Undo)。

②系统变量 Tracewid 可以设置默认迹线的宽度值。

③Trace命令总要输入第三点才能绘出前两点之间的迹线,这是因为它在画第一线段时要计算两段迹线的斜接角度。

④当 Fill 模式为 ON 时,迹线被填充成实体,否则只显示轮廓。

3.1.12 射　线

(1)命令格式

命令行:Ray

菜单:"绘图"→"射线(R)"

射线是从一个指定点开始并且向一个方向无限延伸的直线。

(2)命令选项含义

执行 Ray 命令后,系统提示"等分(B)/水平(H)/竖直(V)/角度(A)/偏移(O)/＜射线起点＞:"，射线命令的各选项含义说明如下：

①等分(B)：垂直于已知对象或平分已知对象绘制等分射线。

②水平(H)：平行于当前 UCS 的 X 轴绘制水平射线。

③竖直(V)：平行于当前 UCS 的 Y 轴绘制垂直射线。

④角度(A)：指定角度绘制带有角度的射线。

⑤偏移(O)：以指定距离将选取的对象偏移并复制，使对象副本与原对象平行。

(3)实例操作演示

使用射线平分等边三角形的角，如图 3-25 所示，其操作步骤如下：

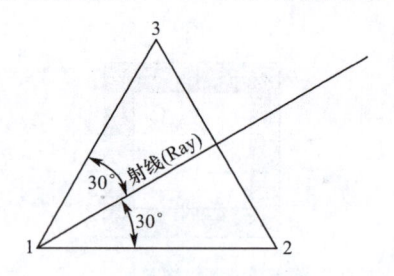

图 3-25　用射线平分等边三角形的角

命令：Ray	
射线：等分(B)/水平(H)/竖直(V)/角度(A)/偏移(O)/＜射线起点＞:B	//输入 B
对象(E)/＜顶点＞：	//拾取顶点 1
平分角起点：	//拾取顶点 2
平分角终点：	//拾取顶点 3
平分角终点：	//射线自动生成

(4)操作注意事项

射线是有起点、无终点的一种直线，不能将它们作为计算图形大小的一部分。

3.1.13　构造线

(1)命令格式

命令行：Xline(XL)

菜单："绘图"→"构造线(T)"

工具栏："绘图"→"构造线"

构造线是没有起点和终点的无穷延伸的直线。

(2)命令选项含义

执行 Xline 命令后，系统将提示："线：等分(B)/水平(H)/竖直(V)/角度(A)/偏移(O)/＜线上点＞:"。构造线命令的各选项含义说明如下：

①等分(B)：垂直于已知对象或平分已知对象绘制等分构造线。

②水平(H)：平行于当前 UCS 的 X 轴绘制水平构造线。

③竖直(V)：平行于当前 UCS 的 Y 轴绘制垂直构造线。

④角度(A):指定角度绘制带有角度的构造线。
⑤偏移(O):以指定距离将选取的对象偏移并复制,使对象副本与原对象平行。
(3)实例操作演示
通过对象捕捉节点(Node)方式来绘制构造线,其图形如图 3-26 所示。

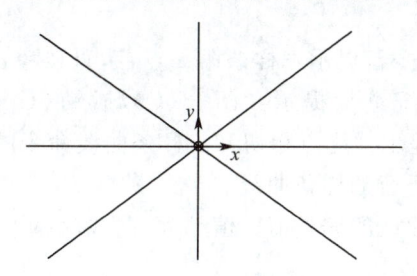

图 3-26 通过对象捕捉节点方式来绘制构造线

运用 Xline 命令绘制如图 3-27 所示的三角形的角平分线,其具体操作如下:

```
命令:Xline
线:等分(B)/水平(H)/竖直(V)/角度(A)/偏移(O)/<线上点>:B
                                        //绘制角平分线
对象(E)/<顶点>:                          //打开对象捕捉
对象(E)/<顶点>:鼠标捕捉顶点 C 如图 3-27 所示   //鼠标捕捉顶点 C
平分角起点:鼠标捕捉起点 B 如图 3-27 所示      //鼠标捕捉起点 B
平分角终点:鼠标捕捉终点 A 如图 3-27 所示      //鼠标捕捉终点 A
平分角终点:                              //按 Enter 键结束命令
```

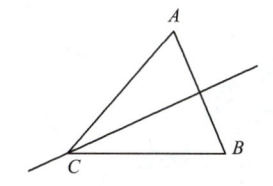

图 3-27 用 Xline 命令绘制三角形的角平分线

用 Xline 命令绘制三角形的角平分线

(4)操作注意事项

①构造线通常作为辅助作图线使用。在绘制机械或建筑的三面视图中,常用该命令绘制长对正、宽相等和高平齐的辅助作图线。

②构造线作为临时参考线用于辅助绘图,参照完毕后应记住将其删除,以免影响图形的实际效果。

③Xline 命令所绘制的构造线可以用 Trim、Rotate 等编辑命令进行编辑。

3.1.14 样条曲线

(1)命令格式
命令行:Spline(SPL)

样条曲线

菜单:"绘图"→"样条曲线(S)"

工具栏:"绘图"→"样条曲线"

样条曲线是由一组点定义的一条光滑曲线。可以用样条曲线生成一些地形图中的地形线,绘制盘形凸轮的轮廓曲线,作为局部剖面的分界线等。

(2)命令选项含义

执行 Spline 命令后,命令行提示:"样条第一点:",直接单击一点,系统继续提示:"第二点:",单击第二点后,系统继续提示:"闭合(C)/撤销(U)/拟合公差(F)/<下一点>:",选取起始切点,然后提示:"终点相切:"。样条曲线命令的各选项含义说明如下:

①闭合(C):生成一条闭合的样条曲线。

②拟合公差(F):输入曲线的偏差值。值越大,曲线就越平滑。

③起始切点:指定起始点切线。

④终点相切:指定终点切线。

(3)实例操作演示

用样条曲线绘制一个 S 图形,如图 3-28 所示。其操作步骤如下:

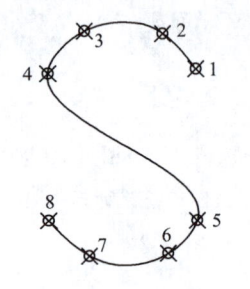

图 3-28 用样条曲线绘制 S 图形

```
命令:Spline
样条第一点:                                      //拾取第 1 点
样条第二点:                                      //拾取第 2 点
闭合(C)/撤销(U)/拟合公差(F)/<下一点>:              //拾取第 3 点
……                                            //拾取第 4、5、6、7 点
闭合(C)/撤销(U)/拟合公差(F)/<下一点>:              //拾取第 8 点
选取起始切点:                                    //单击鼠标右键
终点相切:                                        //单击鼠标右键
```

用 Spline 命令绘制如图 3-29 所示的流线型样条曲线,其具体操作步骤如下:

```
命令:Spline
样条第一点:单击点 A                              //指定样条曲线上的一点
样条第二点:单击点 B                              //指定样条曲线上的一点
闭合(C)/拟合公差(F)/<下一点>:单击点 C             //指定样条曲线上的一点
闭合(C)/拟合公差(F)/<下一点>:单击点 D             //指定样条曲线上的一点
闭合(C)/拟合公差(F)/<下一点>:单击点 E             //指定样条曲线上的一点
```

闭合(C)/拟合公差(F)/<下一点>：   //按 Enter 键
选取起始切点：单击点 F   //指定起点的切线方向 AF
终点相切：单击点 G   //指定终点的切线方向 EG
命令：   //结束命令

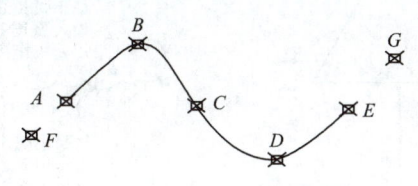

图 3-29 用 Spline 命令绘制流线型样条曲线

用 Spline 命令绘制流线型样条曲线

(4) 操作注意事项

①样条曲线也可以闭合，此时样条曲线的起点和终点在同一点，因此只需给定一条样条曲线切线。

②缺省情况下，样条曲线通过所有的控制点。通过指定拟合公差可调整样条曲线与指定点间的距离。

③用 Spline 命令可创建 True(真实)Spline 曲线，而用 Pedit 命令中的 Spline 选项只能得到近似的光滑多义线，即 Pline 曲线。

3.1.15 云 线

(1) 命令格式

命令行：Revcloud

菜单："绘图"→"修订云线(V)"

工具栏："绘图"→"修订云线"

云线

云线是由连续圆弧组成的多段线。用于在检查阶段提醒用户注意图形中圈起来的部分。

(2) 命令选项含义

执行 Revcloud 命令后，系统提示："指定起点或 [弧长(A)/对象(O)]<对象>："。云线命令的各选项含义说明如下：

①弧长(A)：该命令设置弧线长度，系统的缺省值为 0.5，可设成 10～20。

②对象(O)：输入 O 或按 Enter 键执行该选项，可选一个"云线"，系统再提示："反转方向？是(Y)/否(N)/<否(N)>："，输入 Y 对其进行反转方向操作，输入 N 则不反转方向。

(3) 实例操作演示

用云线绘制一棵树，将图 3-30(a)的图形转化为图 3-30(b)的图形，其操作步骤如下：

命令：Revcloud
最小弧长：0.200000 最大弧长：0.600000
指定起点或 [弧长(A)/对象(O)]<对象>：A   //输入 A
指定最小弧长<0.200000>：0.5   //输入最小弧长为 0.5

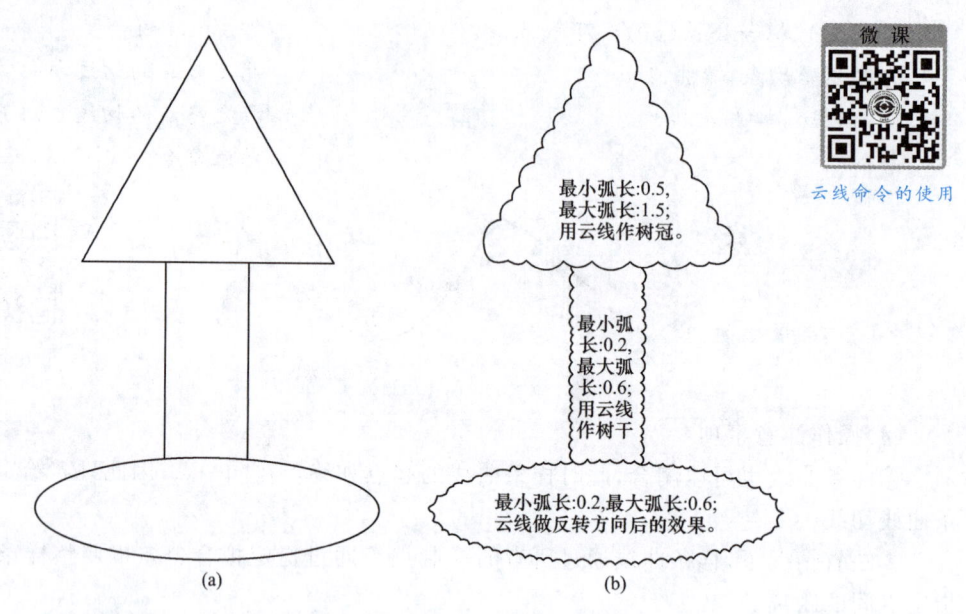

图 3-30　云线命令的使用

指定最大弧长＜0.600000＞:1.5	//输入最大弧长为 1.5
指定起点或［对象(O)］＜对象＞:	//选取图 3-30(a)中的三角形对象
修订云线完成	
命令:	//按 Enter 键
Revcloud	//再次执行 Revcloud 命令
最小弧长:0.500000 最大弧长:1.500000	
指定起点或［弧长(A)/对象(O)］＜对象＞:A	//输入 A
指定最小弧长＜0.500000＞:0.2	//输入最小弧长为 0.2
指定最大弧长＜1.500000＞:0.6	//输入最大弧长为 0.6
沿云线路径引导十字光标…	
修订云线完成	//绘制两条云线
命令:	//按 Enter 键
Revcloud	//再次执行 Revcloud 命令
最小弧长:0.200000 最大弧长:0.600000	
指定起点或［弧长(A)/对象(O)］＜对象＞:O	//输入 O
选择对象:	//选取图 3-30(a)中的椭圆对象
反转方向？是(Y)/否(N)/＜否(N)＞:Y	//输入 Y
修订云线完成	

(4) 操作注意事项

云线命令绘制的形体实际上是多段线,可以用多段线编辑命令(Pedit)来编辑。

3.1.16 折断线

(1)命令格式

命令行:Breakline

菜单:"ET 扩展工具"→"绘图工具"→"折断线"

此命令用于绘制折断线。

(2)命令选项含义

执行 Breakline 命令后,系统提示:"块=brkline.dwg,块尺寸=1.000,延伸距=1.250,指定折断线起点或[块(B)/尺寸(S)/延伸(E)]:"。折断线命令的各选项含义说明如下:

①块(B):为折断线符号指定块名<brkline.dwg>。

②尺寸(S):折断线符号尺寸。

③延伸(E):折断线延伸距离。

(3)实例操作演示

用 Breakline 命令绘制如图 3-31(b)所示的图形,其具体操作如下:

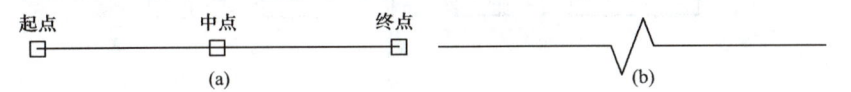

图 3-31　绘制折断线

```
命令:Breakline                                          //输入折断线命令
块=brkline.dwg,块尺寸=1.000,延伸距=1.250  //当前设置
指定折断线起点或[块(B)/尺寸(S)/延伸(E)]:S  //指定折断线符号的尺寸
折断线符号尺寸<1>:20                            //输入折断线符号尺寸大小为 20
指定折断线起点或[块(B)/尺寸(S)/延伸(E)]:E  //输入 E,选用延伸方式来绘制折
                                                              断线
折断线延伸距离<1.25>:2                          //指定折断线两端的延伸尺寸
指定折断线起点或[块(B)/尺寸(S)/延伸(E)]:点起点  //指定折断线的起点
指定折断线终点:点终点                           //指定折断线的终点
指定折断线符号的位置<中点(M)>:回车      //中点为折断线位置
```

3.2　区域填充与面域绘制

3.2.1　区域填充

1.创建图案填充

在进行图案填充时,使用对话框的方式进行操作会非常直观和方便。

微课

创建图案填充

(1)命令格式

命令行：Bhatch/Hatch(H)

菜单："绘图"→"图案填充(H)"

工具栏："绘图"→"图案填充"

图案填充命令能在指定的填充边界内填充一定样式的图案。图案填充命令通过对话框设置填充方式，包括填充图案的样式、比例、角度、填充边界等。

(2)实例操作演示

用 Bhatch 命令将图 3-32(a)填充成图 3-32(b)的效果，其操作步骤如下：

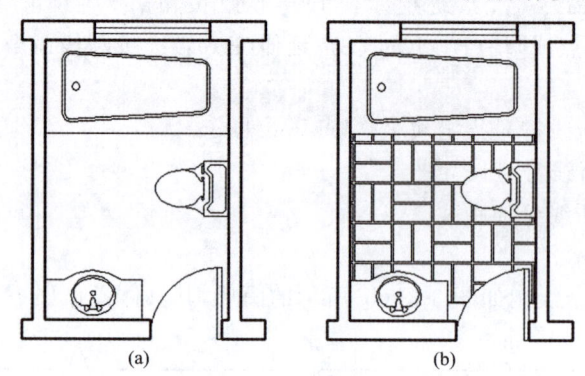

图 3-32　填充界面

①执行 Bhatch 命令。

②在"图案填充"选项卡的"类型和图案"项中，"类型"选择"预定义"，"图案"选择"HLNHER"。如图 3-33 所示。

③在"角度和比例"项中，把"角度"设为 0，把"比例"设为 1。

④勾选"动态预览"，可以实时预览填充效果。

⑤在"边界"项中，单击"添加：拾取点"按钮后，在要填充的卫生间内单击一点来选择填充区域，预览填充效果如图 3-34 所示。

⑥在图 3-34 中，比例为"1"时出现(a)情况，说明比例太小；重新设定比例为"10"，出现(b)情况，说明比例太大；不断地改变比例，当比例为"3"时，出现(c)情况，说明此比例合适。

⑦满意该效果后单击"确定"按钮执行填充，卫生间就会填充为如图 3-32(b)所示的效果。

(3)操作注意事项

①图案填充时，所选择的填充边界需要形成封闭的区域，否则 CAD 2022 会提示警告信息："你选择的区域无效"。若在"允许的间隙"栏中设置了定义边界对象与填充图案之间允许的最大间隙值，此时系统会提示"指定的填充边界未闭合"，问是否继续填充。

②填充图案是一个独立的图形对象，填充图案中所有的线都是关联的。

③若有需要，可以用 Explode 命令将填充图案分解成单独的线条，那么填充图案与原边界对象将不再具有关联性。

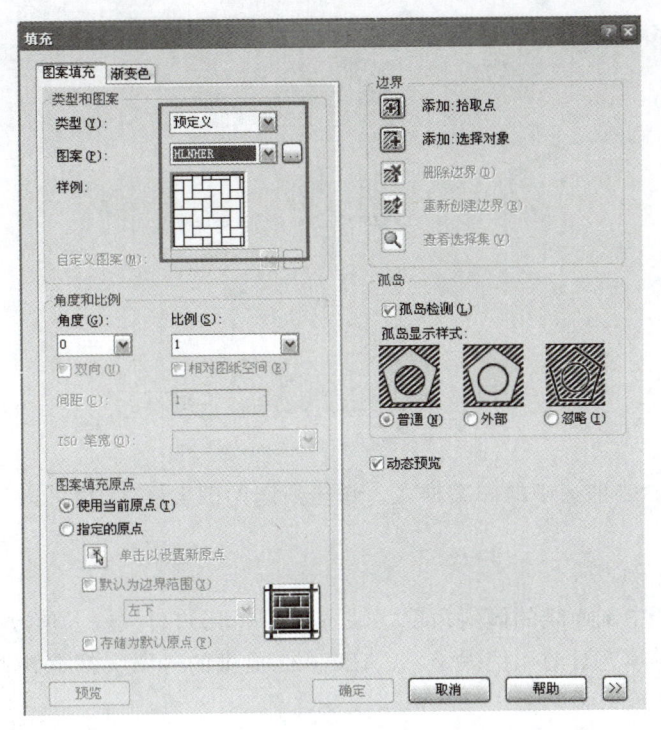

图 3-33　设置图案填充

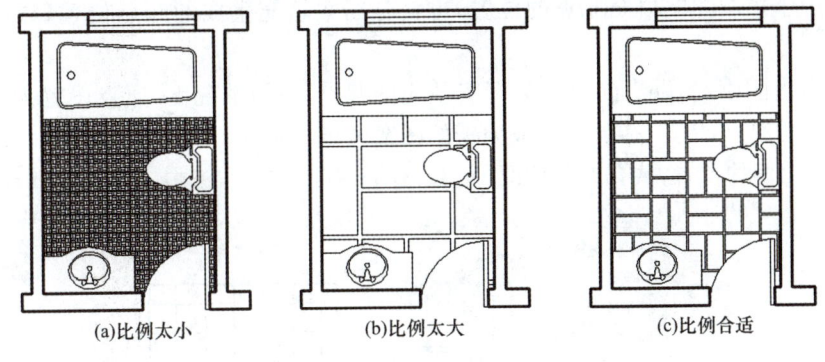

(a)比例太小　　(b)比例太大　　(c)比例合适

图 3-34　预览填充效果

2.设置图案填充

执行图案填充命令后,弹出"填充"对话框,各选项含义说明如下:

(1)类型和图案

①类型:有三种,单击下拉箭头可选择不同的方式,分别是预定义、用户定义、自定义,CAD 2022 默认选择预定义方式。

②图案:显示填充图案的文件名称,用来选择填充图案。可选择单击下拉箭头填充图案,也可单击列表右边的 按钮开启"填充图案选项板"对话框,如图 3-35 所示。自定义图案功能允许设计人员调用自行设计的图案类型,其下拉列表将显示最近使用的六个自定义图案。

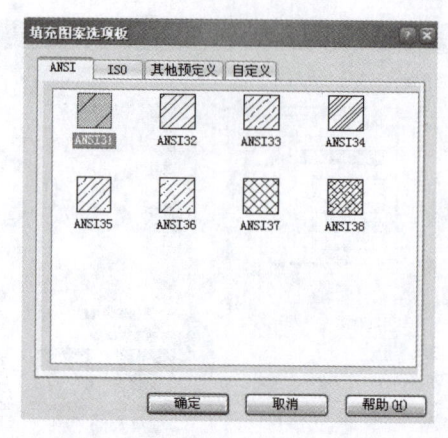

图 3-35 "填充图案选项板"对话框

③样例:显示当前选中的图案样式。单击所选的图案样式,也可以打开"填充图案选项板"对话框。

(2) 角度和比例

①角度:图样中剖面线的倾斜角度。缺省值是 0,用户可以输入值改变角度。

②比例:图样填充时的比例因子。CAD 2022 提供的各图案都有缺省的比例,如果此比例不合适(太密或太稀),可以输入值来改变比例。

(3) 图案填充原点

原点用于控制图案填充原点的位置,也就是图案填充生成的起点位置,如图 3-36(a)所示。

①使用当前原点:以当前原点为图案填充的起点,一般情况下,原点设置为(0,0)。

②指定的原点:指定一点,使其成为新的图案填充的原点。用户还可以进一步调整原点相对于边界范围的位置,共有五种情况:左下、右下、右上、左上、正中。如图 3-36(c)所示。

(a) "图案填充原点"面板　　(b) 指定原点前

左下　　右下　　右上　　左上　　正中

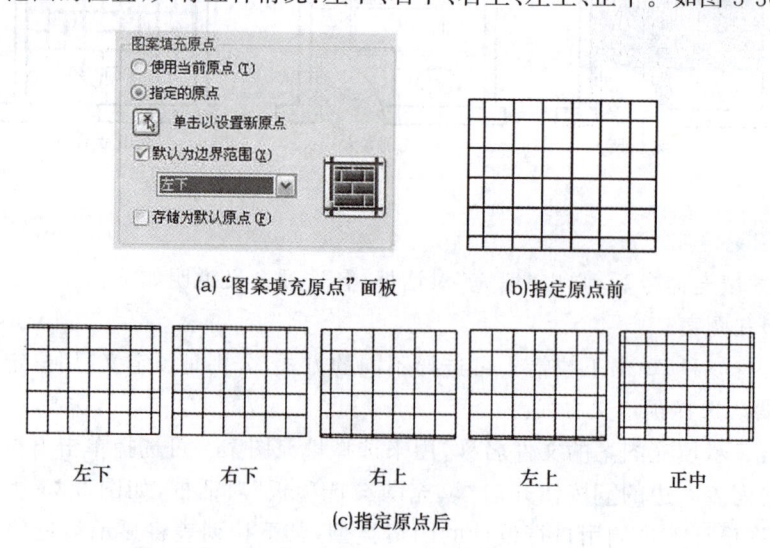

(c) 指定原点后

图 3-36　图案填充指定原点

③默认为边界范围:指定新原点为图案填充对象边界的矩形范围中的四个角点或中心点。

④存储为默认原点:把当前设置保存成默认的原点。

(4)边界

系统提供了两种指定图案边界的方法,分别是通过拾取点和选择对象来确定填充的边界。

①拾取点:单击需要填充的区域内的任意一点,系统会将包含该点的封闭区域填充。

②选择对象:用鼠标来选择要填充的对象,常用于多个或多重嵌套的图形。

③删除边界:将多余的对象排除在边界集外,使其不参与边界计算。如图 3-37 所示。

选定内部的一点　　　删除的对象　　　结果

图 3-37　删除边界

④重新创建边界:以填充图案自身补全其边界,采用编辑已有图案的方式,可将生成的边界类型定义为面域或多段线,如图 3-38 所示。

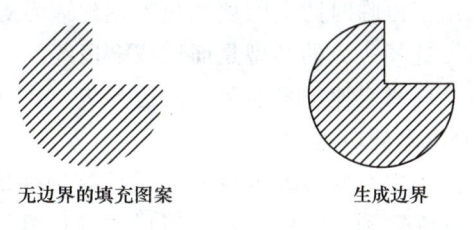

无边界的填充图案　　　生成边界

图 3-38　重新创建边界

⑤查看选择集:单击此按钮后,可在绘图区域亮显当前定义的边界集合。

(5)孤岛

①孤岛检测:用于控制是否进行孤岛检测,将最外层边界内的对象作为边界对象。

②普通:从外向内隔层画剖面线。

③外部:只将最外层画上剖面线。

④忽略:忽略边界内的孤岛,全图面画上剖面线。

(6)预览

①预览:可以在应用填充之前查看效果。

②动态预览:可以在不关闭"填充"对话框的情况下预览填充效果,以便制图人员动态地查看并及时修改填充图案。

"动态预览"和"预览"选项不能同时选中,只能选择其中一种。

(7)其他选项

在默认的情况下,"其他选项"栏是被隐藏起来的,当单击"其他选项"的按钮 >> 时,将其展开即可拉出如图 3-39 所示的对话框。

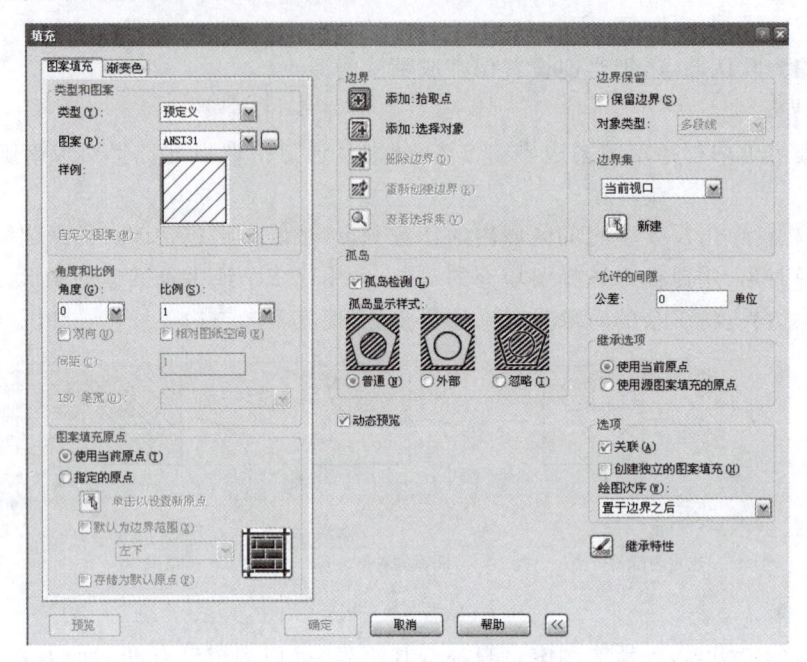

图 3-39 其他选项

①边界保留:此选项用于以临时图案的填充边界创建边界对象,并将它们添加到图形中,在"对象类型"列表内可选择边界的类型是面域或多段线。

②边界集:制图人员可以指定比屏幕显示小的边界集,在一些相对复杂的图形中进行长时间分析操作时可以使用此项功能。

③允许的间隙:一幅图形中有些边界区域并非是严格封闭的,接口处存在一定空隙,而且空隙往往比较小,不易观察到。这些空隙会造成边界计算异常,CAD 2022 针对这种情况设计了此选项,使制图人员在可控的范围内即使边界不封闭也能够完成填充操作。

④继承选项:当用户使用"继承特性"创建图案填充时,将以此选项的设置来控制图案填充原点的位置。"使用当前原点"项表示以当前的图案填充的原点为目标图案填充的原点;"使用源图案填充的原点"表示以复制的源图案填充的原点为目标图案填充的原点。

⑤关联:确定填充图案与填充边界的关系。若勾选此项,那么填充图案与填充边界保持着关联关系,当填充边界被缩放或移动时,填充图案也相应跟着变化,如图 3-40(a)所示。系统默认勾选"关联"选项。

如果把"关联"单选按钮中的钩去掉,那么填充图案与填充边界不再关联,也就是说填充图案不再跟着填充边界变化,如图 3-40(b)所示。

⑥创建独立的图案填充:对于有多个独立封闭边界的情况下,CAD 可以用两种方式创建填充,一种是将几处的图案定义为一个整体,另一种是将各处图案独立定义,如图 3-41 所示,通过显示对象夹点可以看出,在未选择此项时创建的填充图案是一个整体,而选择此项时创建的是三个填充图案。

图 3-40 填充图样与边界的关联

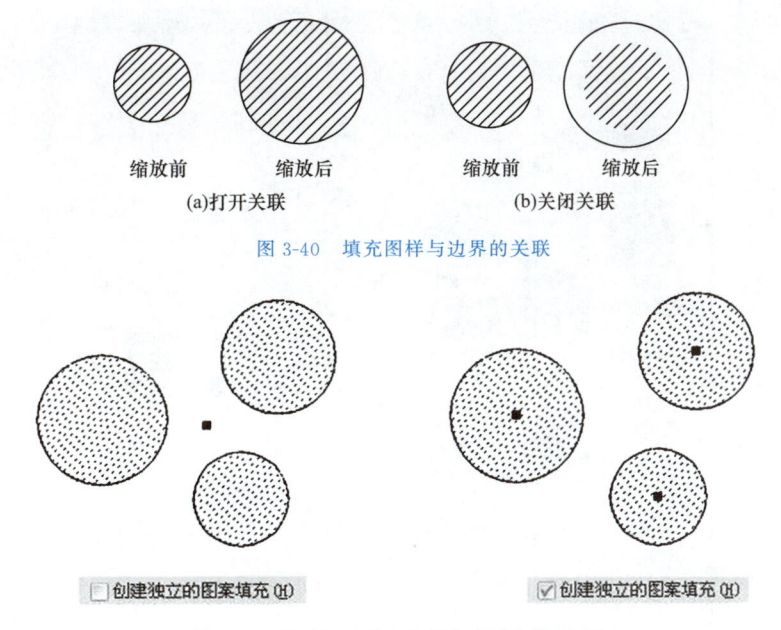

图 3-41 通过显示对象夹点查看图案是否独立

⑦绘图次序：当填充图案发生重叠时，用此项设置来控制图案的显示层次，如图 3-42 所示的四个示意图展现了指定设置的效果，当选择"不确定"时，则按照实际绘图顺序，后绘制的对象处于顶层。

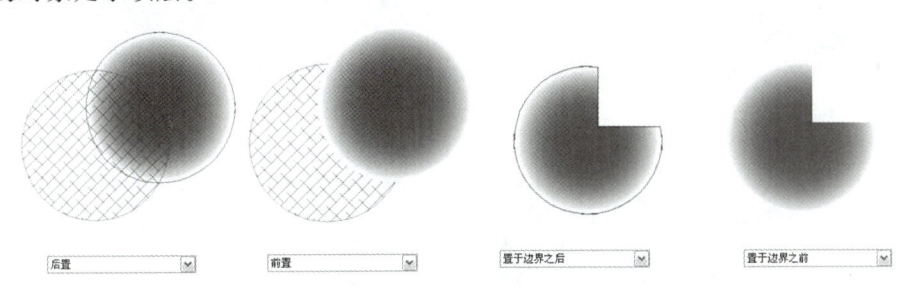

图 3-42 控制图案的显示层次

⑧继承特性：用于将源填充图案的特性匹配到目标图案上，并且可以在继承选项里指定继承的原点。

3.渐变色填充

系统同时支持单色渐变填充和双色渐变填充，渐变图案包括直线形渐变、圆柱形渐变、曲线渐变、球形渐变、半球形渐变及对应的反转形态渐变。

（1）命令格式

渐变色填充命令仍为 Bhatch/Hatch(H)。

渐变色填充的设置界面如图 3-43 所示，制图人员可以预览显示渐变颜色的组合效果，共有九种效果，左侧的示意图非常清楚地展现其效果。在"方向"栏内选择是否居中并调整角度，在示意图中选择一种渐变形态，即可完成渐变色填充设置。使用单色状态时还可以调节着色的渐浅变化。

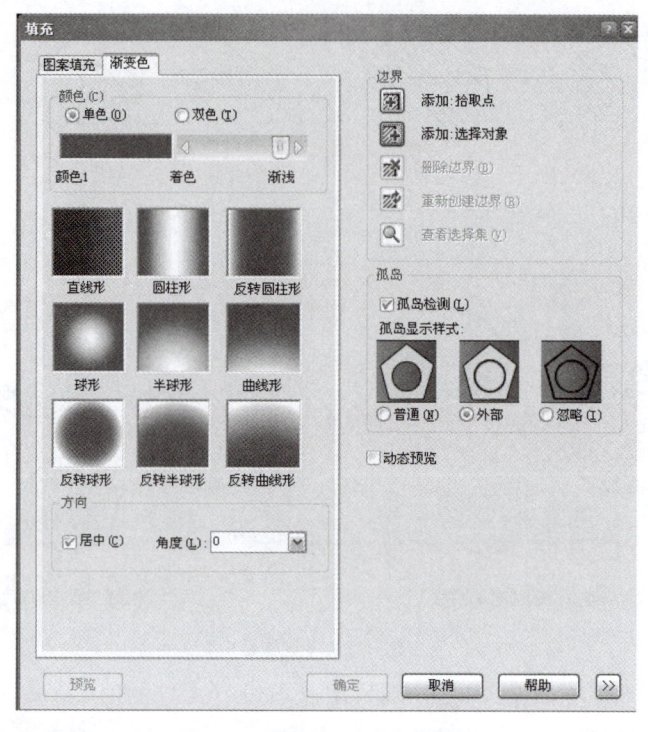

图 3-43 "渐变色"选项卡(单色)

渐变色填充提供了在同一种颜色不同灰度间或两种颜色之间平滑过渡的填充样式，设置界面如图 3-44 所示。

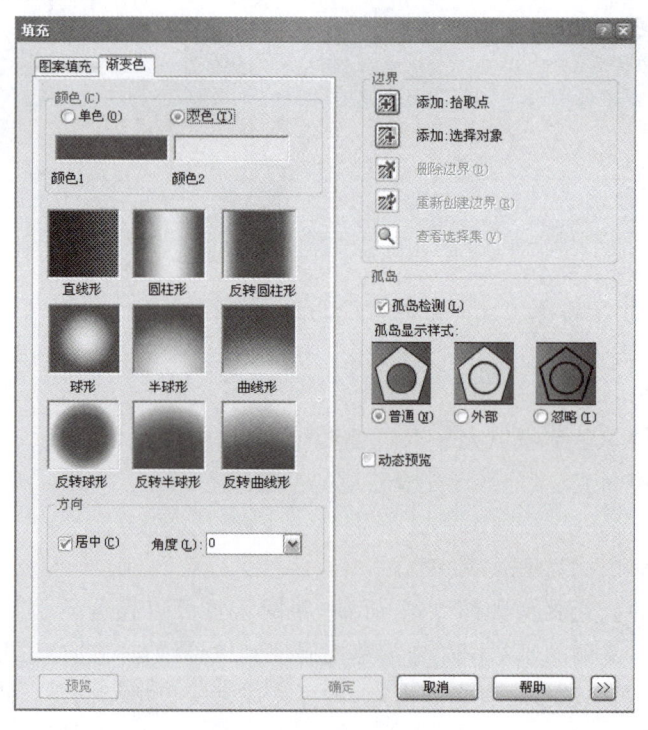

图 3-44 "渐变色"选项卡(双色)

不论单色还是双色,除了系统所默认的颜色外,制图人员也可以自己设置其他的颜色,只要单击"单色"下面所选的颜色,系统就会打开如图 3-45 所示的"选择颜色"对话框,制图人员可以在此挑选自己喜欢的颜色。

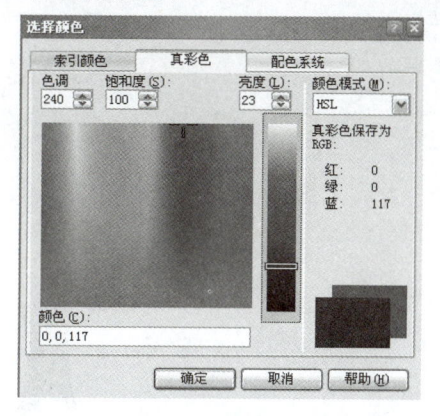

图 3-45 "选择颜色"对话框

(2)实例操作演示

渐变色单色填充操作步骤如下:

①在一个圆里画一个五边形,然后在五边形中再画一个圆,如图 3-46(a)所示。

②拷贝两个线框放到右边。

③打开"填充"对话框,切换到"渐变色"选项卡。如图 3-43 所示。

④对图(a)采用普通方式填充,选择"渐变色"选项卡,颜色"单色",方向"居中",角度为 0,"直线形"填充类型。

⑤在"边界"栏中,单击"添加:选择对象"图标,用鼠标拉出一个矩形,把图(a)全部选中。

⑥勾选"动态预览",单击"确定"按钮,得到图(a)的填充效果。

⑦用类似方法作图(b)和图(c)。图(b)选为"外部"孤岛显示方式,图(c)选择"忽略"孤岛显示方式,其余步骤相同,最后得到的效果如图 3-46(b)和(c)所示。

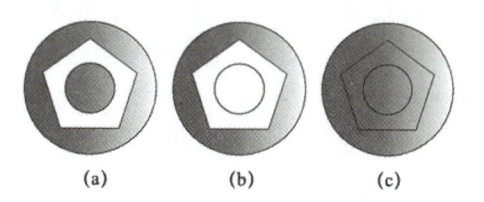

图 3-46 渐变色单色填充实例

渐变色双色填充操作步骤如下:

①绘制一棵树的轮廓,如图 3-47(a)所示。

②打开"填充"对话框,切换到"渐变色"选项卡。

③选择"双色",在"选择颜色"对话框中选择"索引颜色"选项卡,拾取绿和黄。

④选择"半球形",在树冠区域拾取点,勾选"动态预览"。预览后如果对结果满意就单击"确定"按钮。

⑤按 Enter 键重新打开"填充"对话框。选择"单色",在下面的"颜色 1"中选择棕色。

⑥选择"反转圆柱形",在树干区域拾取点,预览后如果对结果满意就单击"确定"按钮。

⑦填充之后的图形如图 3-47(b)所示。

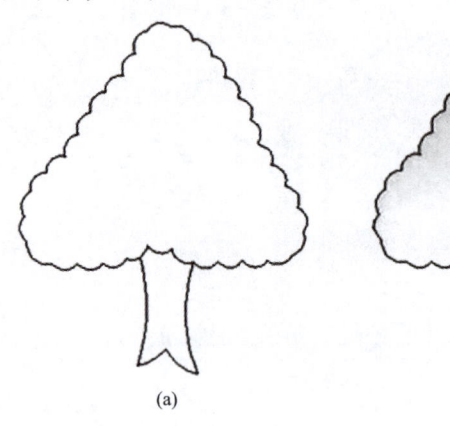

图 3-47　渐变色双色填充案例

另外,关于"方向"栏的各选项含义说明如下:

居中:控制渐变色是否对称。

角度:设置渐变色的填充角度。

4.二维填充

(1)命令格式

命令行:Solid(SO)

菜单:"绘图"→"曲面"→"二维填充(2)"

工具栏:"绘图"→"二维填充"

二维填充命令可以绘制矩形、三角形或四边形的有色填充区域。

(2)命令选项含义

执行 Solid 命令后,系统提示"矩形(R)/正方形(S)/三角形(T)/<平面第一点>:",输入 R 后,系统继续提示:"平面第一点:",输入第一点后,系统继续提示:"矩形另一点:",输入矩形另一点,系统继续提示:"平面的旋转角度 <0>:",输入平面的旋转角度后,矩形确定。二维填充命令的各选项含义说明如下:

①矩形(R):输入 R 后,绘制矩形。

②正方形(S):输入 S 后,绘制正方形。

③三角形(T):输入 T 后,绘制三角形。

(3)实例操作演示

运用 Solid 命令绘制如图 3-48 所示的图形,其具体操作如下:

命令:Solid

矩形(R)/正方形(S)/三角形(T)/<平面第一点>:　　　　//单击 A 点

平面第二点：	//单击 B 点
平面第三点：	//单击 C 点
平面第四点：	//单击 D 点
平面第三点：	//按 Enter 键完成命令

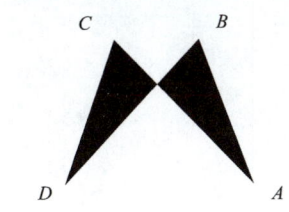

图 3-48　运用 Solid 命令绘制图形

(4) 操作注意事项

① 当系统变量 Fillmode 或 Fill 设置为 OFF 时，不填充区域；当系统变量 Fillmode 或 Fill 设置为 ON 时，填充区域。

② 输入点的顺序应按"左、右""左、右"……依次输入，否则会出现"遗漏"现象，如图 3-49 所示，当然，在某些场合也需要做出这样的图形。Solid 命令是按奇数点连接奇数点，偶数点连接偶数点的规则执行的。当提示平面第三点和平面第四点时，如果单击同一点，则两点合成为一个尖点，如图 3-49 所示。

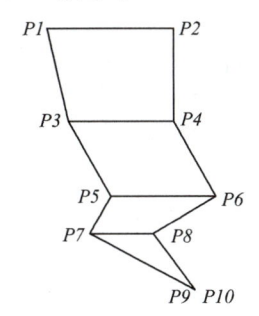

图 3-49　奇偶数分别在一边

3.2.2　面域绘制

面域是指内部可以含有孤岛的具体边界的平面，它不但包含边的信息，也包含边界内的面的信息。在 CAD 中，我们能够将圆、椭圆、封闭的二维多段线等封闭区域创建成面域。

面域质量特性

1. 创建面域

(1) 命令格式

命令行：Region(REG)

菜单："绘图"→"面域(N)"

工具栏："绘图"→"面域"

在 CAD 中，使用 Region 命令可以创建面域。

(2)实例操作演示

创建一个面域,其操作步骤如下:

命令:Region	
选择对象:	//选择要创建面域的对象
选择集当中的对象:X	//提示已选中 X 个对象
选择对象:	//按 Enter 键完成命令或继续选择对象
创建了 X 个面域	//提示已创建了 X 个面域

(3)操作注意事项

①面域通常以线框的形式来显示。

②自相交或端点不连接的对象不能转换成面域。

③可以将面域通过拉伸、旋转等操作绘制成三维实体对象。

2.面域的布尔运算

(1)面域的并集运算

①命令格式

命令行:Union(UNI)

菜单:"修改"→"实体编辑"→"并集(U)"

工具栏:"实体编辑"→"并集"

并集命令用于将两个或多个面域合并为一个单独的面域。

②实例操作演示

运用并集命令将图 3-50(a)中的两圆形面域合并成图 3-50(b)中的效果,其具体操作步骤如下:

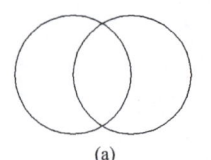

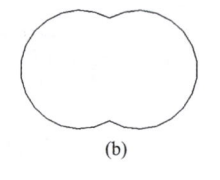

图 3-50 面域的并集运算

面域的并集运算

命令:Union	
选取连接的 ACIS 对象:	//点选左边的圆
选择集当中的对象:1	//提示已选中 1 个对象
选取连接的 ACIS 对象:	//再点选右边的圆
选择集当中的对象:2	//提示已选中 2 个对象
选取连接的 ACIS 对象:	//按 Enter 键完成命令或继续选择对象

③操作注意事项

对面域进行并集运算,如果面域并未相交,那么执行操作后外观上无变化,但实际上参与并集运算的面域已经合并为一个单独的面域。

(2)面域的差集运算

①命令格式

命令行：Subtract(SU)

菜单："修改"→"实体编辑"→"差集(S)"

工具栏："实体编辑"→"差集"

差集命令是指将从一个或多个面域中减去另一个或多个面域。

②实例操作演示

运用差集命令将图 3-51(a)中的两圆形面域合并成图 3-51(b)中的效果，其具体操作步骤如下：

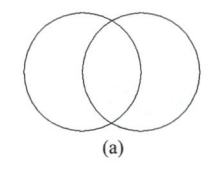

图 3-51　面域的差集运算

命令：Subtract	
选择从中减去的 ACIS 对象：	//点选左边的圆，按 Enter 键
选择集当中的对象：1	//提示已选中 1 个对象
选择从中减去的 ACIS 对象：	//再点选右边的圆
选择用来减的 ACIS 对象：	//按 Enter 键
选择集当中的对象：1	//提示已选中 1 个对象
选择用来减的 ACIS 对象：	//按 Enter 键完成命令

③操作注意事项

在面域进行差集运算时，参与运算的被减面域必须与减去的一个或多个面域相交，这样差集运算才有实际意义。

(3)面域的交集运算

①命令格式

命令行：Intersect(IN)

菜单："修改"→"实体编辑"→"交集(S)"

工具栏："实体编辑"→"交集"

交集命令是指将两个或多个相交面域的公共部分提取出来成为一个对象。

②实例操作演示

运用交集命令将图 3-52(a)中的两圆形面域合并成图 3-52(b)中的效果，具体操作步骤如下：

命令：Intersect	
选取被相交的 ACIS 对象：	//点选左边的圆
选择集当中的对象：1	//提示已选中 1 个对象

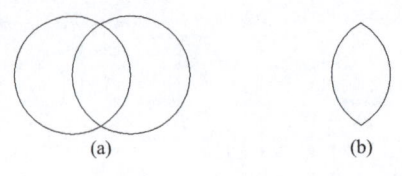

图 3-52　面域的交集运算

```
选取被相交的 ACIS 对象：              //再点选右边的圆
选择集当中的对象:2                    //提示已选中 2 个对象
选取被相交的 ACIS 对象：              //按 Enter 键完成命令或继续选择对象
```

③操作注意事项

若参与交集运算的面域没有相交,则进行交集运算后,所选的对象都将被删除。

3.3　文字绘制

3.3.1　文字样式的设置

(1)字体与文字样式

字体是由具有相同构造规律的字母或汉字组成的字库。例如:英文有 Roman、Romantic、Complex、Italic 等字体,汉字有宋体、黑体、楷体等字体。CAD 2022 提供了多种可供定义样式的字体,包括 Windows 系统 Fonts 目录下的 *.ttf 字体和 CAD 的 Fonts 目录下支持的大字体及西文的 *.shx 字体。

制图人员可以根据自己需要而定义具有字体、字符大小、倾斜角度、文本方向等特性的文字样式。在绘图中,所有的标注文本都具有其特定的文字样式,字符大小由字符高度和字符宽度决定。

(2)设置文字样式

①命令格式

命令行:Style/Ddstyle(ST)

菜单:"格式"→"文字样式"

Style 命令用于设置文字样式,包括字体、字符高度、字符宽度、倾斜角度、文本方向等参数的设置。

②命令选项含义

执行 Style 命令后,将出现"字体样式"对话框,如图 3-53 所示。

此对话框中的各选项含义说明如下:

当前样式名:该区域用于设定样式名称,制图人员可以从下拉列表中选择已定义的样式或单击"新建"按钮创建新的样式。

• 新建:用于定义一个新的文字样式。单击该按钮,在弹出的"新文字样式"对话框的"样式名称"文本框中输入要创建的新样式的名称,然后单击"确定"按钮。

图 3-53 "字体样式"对话框

• 重命名:用于更改图中已定义的某种样式的名称。在左边的下拉列表框中选取需更名的样式,再单击"重命名"按钮,在弹出的"重命名文字样式"对话框的"样式名称"文本框中输入新样式的名称,然后单击"确定"按钮即可。

• 删除:用于删除已定义的某个样式。在左边的下拉列表框中选取需要删除的样式,然后单击"删除"按钮,系统将会提示是否删除该样式,单击"确定"按钮,表示确定删除。单击"取消"按钮表示取消删除。

文本字体:该区域用于设置当前样式的字体、字体格式、字体高度。其内容如下:

• 字体名:该下拉列表框中列出了 Windows 系统的 TrueType(TTF)字体与 CAD 本身所带的字体。制图人员可在此选择一种需要的字体作为当前样式的字体。

• 字型:该下拉列表框中列出了字体的几种样式,比如常规、粗体、斜体等字体。制图人员可任选一种样式作为当前字型的字体样式。

• 大字体:选用该下拉列表框,制图人员可使用大字体定义字型。

"文本度量"栏各选项的含义如下:

• 文本高度:该文本框用于设置当前字型的字符高度。

• 宽度因子:该文本框用于设置字符的宽度因子,即字符宽度与高度之比。取值为 1 表示保持正常字符宽度,大于 1 表示加宽字符,小于 1 表示字符变窄。

• 倾斜角:该文本框用于设置文本的倾斜角度。输入值大于 0 时,字符向右倾斜;输入值小于 0 时,字符向左倾斜。

"文本生成"栏各选项的含义如下:

• 文本反向印刷:选择该复选框后,文本将反向显示。

• 文本颠倒印刷:选择该复选框后,文本将颠倒显示。

• 文本垂直印刷:选择该复选框后,文本将垂直显示。TrueType 字体不能设置为垂直书写方式。

文本预览:该区域用于预览当前字符的文本效果。

设置完样式后可以单击"应用"按钮将新的样式加入当前图形中。完成样式设置后,单击"确定"按钮,关闭"字体样式"对话框。

③实例操作演示

假如设置新样式为仿宋字体,其操作步骤如下:

命令:Style

单击"当前样式名"对话框的"新建"按钮	//系统弹出"新文字样式"对话框
在文本框中输入"仿宋",单击"确定"按钮	//设定新样式名为"仿宋"并回到主对话框
在"文本字体"栏中选"仿宋"	//设定新字体为"仿宋"
在"文本度量"栏中填写	//设定字体的高度、宽度、角度
单击"应用"按钮	//将新样式"仿宋"加入图形
单击"确定"按钮	//完成新样式设置,关闭对话框

④操作注意事项

• 所绘制的工程图形中所有的文本都有其对应的文字样式。系统缺省样式为 Standard 样式,需预先设定文本的样式,并将其指定为当前使用的样式,系统才能将文字按预先指定的文字样式输入。

• 更名(Rename)和删除(Delete)选项对 Standard 样式无效。图形中已使用的样式不能被删除。

• 对于每种文字样式而言,其字体及文本格式都是唯一的,即所有采用该样式的文本都具有统一的字体和文本格式。若想在一幅图形中使用不同的字体设置,则必须定义不同的文字样式。对于同一字体,可将其字符高度、宽度因子、倾斜角度等文本特征进行不同设置,从而定义成不同的字型。

• 可以运用 Change 命令或 Ddmodify 命令改变选定文本的字型、字体、字高、字宽、文本效果等的设置,也可选中要修改的文本后单击鼠标右键,在弹出的快捷菜单中选择属性设置,改变文本的相关参数。

3.3.2　单行文本标注

(1)命令格式

命令行:Text

菜单:"绘图"→"文字"→"单行文字"

工具栏:"文字"→"单行文字"

Text 可为图形标注一行或几行文本,每一行文本作为一个实体。该命令同时设置文本的当前样式、旋转角度(Rotate)、对齐方式(Justify)和字高(Resize)等。

(2)命令选项含义

执行 Text 命令后,系统提示"当前文字样式:"Standard"文字高度:2.5000","文字:对正(J)/样式(S)/<起点>:",选中起点,接着就会引导输入文字高度、旋转角度等参数。Text 命令的各选项含义说明如下:

①样式(S):此选项用于指定文字样式,即文字字符的外观。执行选项后,系统出现提示信息"? 列出有效的样式/<文字样式> <Standard>:",输入已定义的文字样式名

称或按 Enter 键选用当前的文字样式;也可输入"?",系统提示"输入要列出的文字样式＜＊＞:",按 Enter 键后,屏幕转为文本窗口列表显示图形定义的所有文字样式名、字体文件、高度、宽度比例、倾斜角度、生成方式等参数。

②拟合(F):标注文本在指定的文本基线的起点和终点之间保持字符高度不变,通过调整字符的宽度因子来匹配对齐。

③对齐(A):标注文本在用户的文本基线的起点和终点之间保持字符宽度因子不变,通过调整字符的高度来匹配对齐。

④中心(C):标注文本中点与指定点对齐。

⑤中间(M):标注文本的文本中心和高度中心与指定点对齐。

⑥右边(R):在图形中指定的点与文本基线的右端对齐。

⑦左上(TL):在图形中指定的点与标注文本顶部左端点对齐。

⑧中上(TC):在图形中指定的点与标注文本顶部中点对齐。

⑨右上(TR):在图形中指定的点与标注文本顶部右端点对齐。

⑩左中(ML):在图形中指定的点与标注文本左端中间点对齐。

⑪正中(MC):在图形中指定的点与标注文本中部中心点对齐。

⑫右中(MR):在图形中指定的点与标注文本右端中间点对齐。

⑬左下(BL):在图形中指定的点与标注文本底部左端点对齐。

⑭中下(BC):在图形中指定的点与标注文本底部中点对齐。

⑮右下(BR):在图形中指定的点与标注文本底部右端点对齐。

ML、MC、MR 三种对齐方式中所指的中点均是文本大写字母高度的中点,即文本基线到文本顶端距离的中点;M(Middle)所指的文本中点是文本的总高度(如 J 等字符的下沉部分)的中点,即文本底端到文本顶端距离的中点,如图 3-54 所示。如果文本中不含 J 等下沉字母,则文本底端线与文本基线重合,MC 与 Middle 位于相同位置。

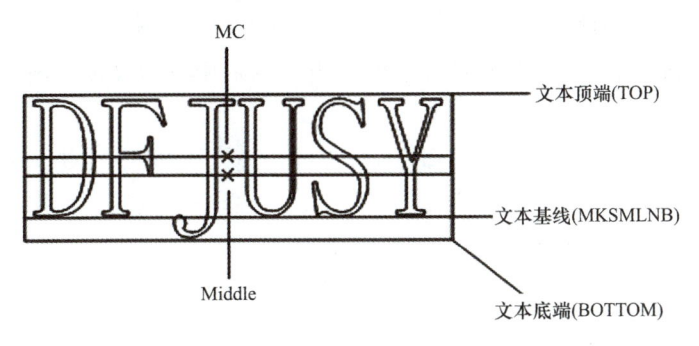

图 3-54 文本中点

(3)实例操作演示

运用 Text 命令在图 3-55 所示的图形中标注文本,中文采用仿宋字型,其操作步骤如下:

命令:Text
文字:对正(J)/样式(S)/＜起点＞:S //选择样式选项

图 3-55 用 Text 命令标注文本

```
? 列出有效的样式/<文字样式> <STYLE1>:仿宋
                              //设定当前字型为"仿宋"
文字:样式(S)/对齐(A)/拟合(F)/中心(C)/中间(M)/右边(R)/调整(J)/<起点>:J
                              //输入 J,选择调整选项
文字:样式(S)/对齐(A)/拟合(F)/中心(C)/中间(M)/右边(R)/左中(TL)/顶部中
心(TC)/右中(TR)/左中(ML)/中心(MC)/右中(MR)/左下(BL)/底部中心(BC)/右下
(BR)/<起点>:MC
                              //输入 MC,选择 MC(正中)对齐方式
文字中心点:
拾取文字中心点                  //设置文本中心点与拾取中心对齐
文字旋转角度<0>:0              //设置文字旋转角度为 0°
文字:"通信工程制图及实训"教材主要包括……  //输入标注文本
命令:                          //按 Enter 键结束文本输入
```

(4)操作注意事项

①在"? 列出有效的样式/<文字样式> <Standard>:"提示后输入"?",需列出清单的直接按 Enter 键,系统将在文本窗口中列出当前图形中已定义的所有字型名及其相关设置。

②在输入一段文本并退出 Text 命令后,若再次进入该命令(无论中间是否进行了其他命令操作)继续前面的文字标注工作,上一个 Text 命令中最后输入的文本将呈高亮显示,且字高、角度等文本特性将沿用上次的设定。

3.3.3 多行文本标注

(1)命令格式

命令行:Mtext(MT、T)

菜单:"绘图"→"文字"→"多行文字"

工具栏:"绘图"→"多行文字" **A**

Mtext 命令可在指定的文本边界框内输入文字内容,并将其视为一个实体。此文本

边界框定义了段落的宽度和段落在图形中的位置。

(2)命令选项含义

执行 Mtext 命令后,系统提示"当前文字样式:"Standard" 文字高度:23.8419""多行文字:字块第一点:",输入字块第一点后,系统继续提示"对齐方式(J)/旋转(R)/样式(S)/字高(H)/方向(D)/字宽(W)/＜字块对角点＞:",可以继续输入字块对角点或其他选项,并弹出"文本格式"工具栏,如图 3-56 所示。工具栏中部分按钮和符号的简单说明已标注在图中,其他主要选项的含义和功能说明如下:

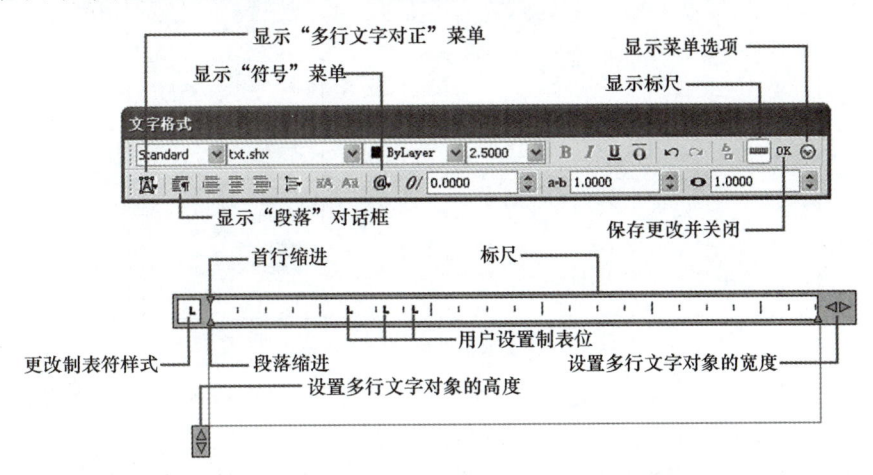

图 3-56 多行文字编辑

①样式:为多行文字对象选择文字样式。

②字体:制图人员可以从该下拉列表框中任选一种字体修改选定的文字或为新输入的文字指定字体。

③颜色:制图人员可以从颜色列表中为文字任意选择一种颜色,也可以指定 Bylayer 或 Byblock 的颜色,使之与所在图层或所在块相关联。或者在颜色列表中选择"其他颜色",开启"选择颜色"对话框,选择颜色列表中没有的颜色。

④字高:设置当前字体高度。可在下拉列表框中选取,也可直接输入。

⑤B/I/U/O:加黑/倾斜/加下划线/加上划线。四个开关按钮用于设置当前标注文本是否加黑、倾斜、加下划线、加上划线。

⑥撤销:该按钮用于撤销上一步操作。

⑦重做:该按钮用于重做上一步操作。

⑧堆叠:该按钮用于设置文本的重叠方式。只有在文本中含有"/""^""♯"三种分隔符号,且该文本被选定时,该按钮才被执行。

在文字输入窗口中单击鼠标右键,将弹出一个快捷菜单,如图 3-57 所示。利用它可以对多行文本进行更多的设置。该快捷菜单中的各命令含义说明如下:

①全部选择:选择"在位文字编辑器"的文本区域中包含的所有文字对象。

②选择性粘贴:粘贴时可以清除某些格式。制图人员可以根据需要,将粘贴的内容做出相应的格式清除,以达到其期望的结果。

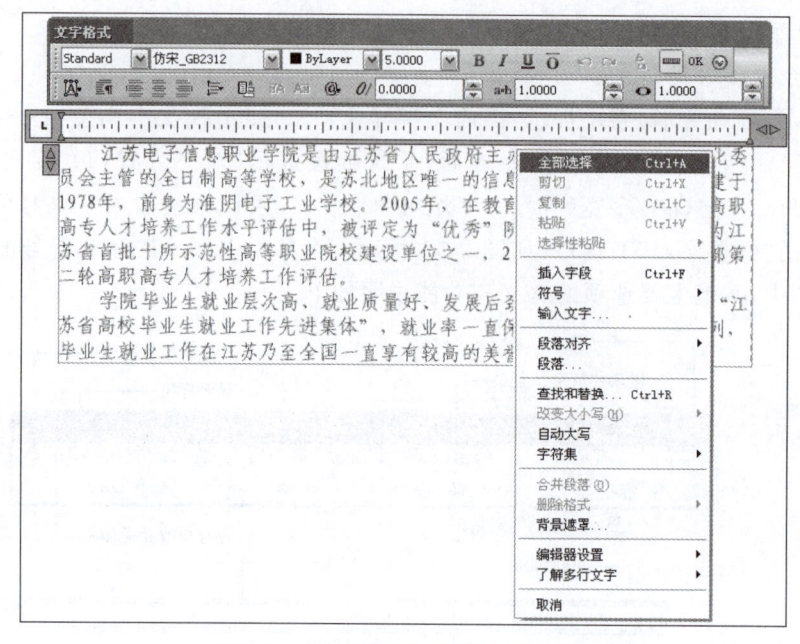

图 3-57 "文本格式"工具栏及右键菜单

③无字符格式粘贴：清除粘贴文本的字符格式，仅粘贴字符内容和段落格式，无字体颜色、字体大小、粗体、斜体、上下划线等格式。

④无段落格式粘贴：清除粘贴文本的段落格式，仅粘贴字符内容和字符格式，无制表位、对齐方式、段落行距、段落间距、左右缩进、悬挂等段落格式。

⑤无任何格式粘贴：粘贴进来的内容只包含可见文本，既无字符格式也无段落格式。

⑥符号：选择该命令中的子命令，可以在标注文字时输入一些特殊的字符，例如"?""°"等。

⑦输入文字：选择该命令，可以打开"选择文件"对话框，利用该对话框可以导入在其他文本编辑中创建的文字。

⑧段落对齐：设置多行文字对象的对齐方式。

⑨段落：设置段落的格式。

⑩查找和替换：在当前多行文字编辑器中的文字中搜索指定的文字字段并用新文字替换。但要注意的是，替换的只是文字内容，字符格式和文字特性不变。

⑪改变大小写：改变选定文字的大小写。可以选择"大写"或"小写"。

⑫自动大写：设置即将输入的文字全部为大写。该设置对已存在的文字没有影响。

⑬字符集：字符集中列出了平台所支持的各种语言版本。制图人员可根据实际需要，为选定的文字指定语言版本。

⑭合并段落：选择该命令，可以合并多个段落。

⑮删除格式：选择该命令，可以删除文字中应用的格式，例如加粗、倾斜等。

⑯背景遮罩：打开"背景遮罩"对话框，为多行文字对象设置不透明背景。

⑰堆叠/非堆叠：为选定的文字创建堆叠或取消包含堆叠字符文字的堆叠。此菜单项

只在选定可堆叠或已堆叠的文字时才显示。

⑱堆叠特性:打开"堆叠特性"对话框。编辑堆叠文字、堆叠类型、对齐方式和大小。此菜单项只在选定已堆叠的文字时才显示。

⑲编辑器设置:显示"文字格式"工具栏的选项列表。

⑳始终显示为 WYSIWYG(所见即所得):控制"在位文字编辑器"及其中文字的显示。

㉑显示工具栏:控制"文字格式"工具栏的显示。要恢复工具栏的显示,请在"在位文字编辑器"的文本区域中单击鼠标右键,并依次单击"编辑器设置"→"显示工具栏"。

㉒显示选项:控制"文字格式"工具栏下的"文字格式"选项栏的显示。选项栏的显示是基于"文字格式"工具栏的。

㉓显示标尺:控制标尺的显示。

㉔不透明背景:设置文本框背景为不透明,该背景色与界面视图中的背景色相近,用来遮挡编辑器背后的实体。默认情况下,编辑器是透明的。需要注意的是,仅选中"始终显示为 WYSIWYG"项时,此菜单项才会显示。

㉕弹出切换文字样式提示:当更改文字样式时,控制是否显示应用提示的对话框。

㉖弹出退出文字编辑提示:当退出"在位文字编辑器"时,控制是否显示保存提示的对话框。

㉗了解多行文字:显示"在位文字编辑器"的帮助菜单,包含多行文字的功能概述。

㉘取消:关闭"在位文字编辑器",取消多行文字的创建或修改。

(3)实例操作演示

在绘图区标注一段文本,显示结果如图 3-57 所示,其操作步骤如下:

命令:Mtext
多行文字:字块第一点:在屏幕上拾取一点/选择段落文本边界框的第一角点
对齐方式(J)/旋转(R)/样式(S)/字高(H)/方向(D)/字宽(W)/<字块对角点>:S
　　　　　　　　　　　　　　　　　　　　　　　　　//输入 S,重新设定样式
字型(或'?')<Standard>:仿宋　　　　//选择"仿宋"为当前样式
对齐方式(J)/旋转(R)/样式(S)/字高(H)/方向(D)/字宽(W)/<字块对角点>:拾取另一点

选择字块对角点,弹出对话框,输入图中所示的文字内容,单击"OK"按钮即可。

(4)操作注意事项

①Mtext 命令与 Text 命令有所不同,Mtext 命令输入的多行文本是一个实体,只能对其进行整体选择、编辑;Text 命令也可以输入多行文本,但每一行文本单独作为一个实体,可以分别对每一行进行选择、编辑。Mtext 命令标注的文本可以忽略字型的设置,只要制图人员在文本选项卡中选择了某种字体,那么不管当前的字型设置采用何种字体,标注文本都将采用预先选择的字体。

②制图人员若要修改已标注的 Mtext 文本,可在选中该文本后单击鼠标右键,在弹出的快捷菜单中选择"参数"项,即弹出"对象属性"对话框,在其中可以进行文本修改。

③在输入文本的过程中,可对单个或多个字符进行不同的字体、高度、加粗、倾斜、下划线、上划线等设置,这点与字处理软件相同。其操作方法是:按住并拖动鼠标左键,选中要编辑的文本,然后再设置相应选项。

3.3.4 特殊字符输入

(1)功能描述

在标注文本时,常常需要输入一些特殊字符,如上划线、下划线、直径、度数、公差符号和百分比符号等。多行文字可以用上、下划线按钮及右键菜单中的"符号"菜单来实现。针对单行文字(Text),CAD软件还提供了一些带两个百分号(％％)的控制代码来生成这些特殊符号。

(2)特殊字符说明

①常用特殊字符

常用特殊字符的代码及其含义说明如表3-1所示。

表3-1 常用特殊字符的代码及其含义

特殊字符	代码输入	说明
±	％％p	公差符号
―	％％o	上划线
―	％％u	下划线
％	％％％	百分比符号
Φ	％％c	直径符号
°	％％d	角度
	％％nnn	nnn 为 ASCII 码

②其他特殊字符

％％36　　　//＄
％％37　　　//％
％％38　　　//＆
％％39　　　//′单引号
％％40　　　//(左括号
％％41　　　//) 右括号
％％42　　　//＊乘号
％％43　　　//＋加号
％％44　　　//,逗号
％％45　　　//－减号
％％46　　　//。句号
％％47　　　/// 除号
％％48～57　//数字 0～9

％％58　　　　//：冒号
％％59　　　　//；分号
％％60　　　　//＜ 小于号
％％61　　　　//＝ 等于号
％％62　　　　//＞ 大于号
％％63　　　　//？问号
％％64　　　　//@
％％65～90　　//A～Z 大写的 26 个字母
％％91　　　　//[
％％92　　　　//\ 反斜杠
％％93　　　　//]
％％94　　　　//^
％％95　　　　//_
％％96　　　　//′ 单引号
％％97～122　 //a～z 小写的 26 个字母
％％123　　　 //{ 左大括号
％％124　　　 //|
％％125　　　 //} 右大括号
％％126　　　 //~

(3)实例操作演示

运用 Text 命令输入几行包含特殊字符的文本,如图 3-58 所示,其操作步骤如下:

±58　　　　　CAD　　　通信工程制图

90°　　　　　CAD　　　通信工程制图及实训

图 3-58　用 Text 命令输入包含特殊字符的文本

命令:Text
文字:对正(J)/样式(S)/＜起点＞:S　　　　//选择更改文字样式
? 列出有效的样式/＜文字样式＞ ＜仿宋＞:　//选用"仿宋"字型
文字:对正(J)/样式(S)/＜起点＞:　　　　　//在屏幕上拾取一点来确定文字起点
字高 ＜11.3152＞:10　　　　　　　　　　　//设置文字大小
文字旋转角度 ＜0＞:　　　　　　　　　　　//按 Enter 键接受默认不旋转
文字:％％p58　　　　　　　　　　　　　　 //输入文本

命令:Text
文字:对正(J)/样式(S)/<起点>：　　　　//确定文字起点
字高<10>：　　　　　　　　　　　　//按 Enter 键接受默认字高
文字旋转角度<0>：　　　　　　　　//按 Enter 键接受默认不旋转
文字:90%%d　　　　　　　　　　　//输入文本
同样的方法,在提示"文字:"后,分别输入：
%%oCAD%%o
%%o 通信工程制图%%o
%%uCAD%%u
%%u 通信工程制图及实训%%u

(4)操作注意事项

①若输入的"%%"后无控制字符(如 c、p、d 等)或数字,系统将视其为无定义,并删除"%%"及后面的所有字符;若只输入一个"%",则此"%"将作为一个字符标注于图形中。

②上、下划线类似于开关控制,输入一个%%o(%%u)开始上(下)划线,再次输入该代码则结束。若一行文本中只有一个划线代码,则自动将行尾作为划线结束处。

3.3.5　文本编辑

(1)命令格式

命令行:Ddedit(ED)

工具栏:"文字"→"编辑文字" A

Ddedit 命令可以编辑、修改标注文本的内容,如增减、替换 Text 文本中的字符,编辑 Mtext 文本或属性定义。

(2)实例操作演示

运用 Ddedit 命令将图 3-59 所示的 Text 命令标注的字加上"TD-SCDMA 移动基站工程一阶段设计图",其操作步骤如下：

命令:Ddedit
选取修改对象：　　//选取要编辑的文本

选取文本后,该单行文字自动进入编辑状态,单行文字在 CAD 2022 也支持"所见即所得",如图 3-59 所示。

图名：

图 3-59　编辑文字

微课
编辑文字

将鼠标位于字符串"图名："的右边,然后输入"TD-SCDMA 移动基站工程一阶段设计图",然后按 Enter 键或鼠标单击页面的其他地方,即可完成修改,如图 3-60 所示。

图名：TD-SCDMA移动基站工程一阶段设计图

图 3-60　输入文字

(3)操作注意事项

①制图人员可以双击一个要修改的文本实体,然后直接对标注文本进行修改。也可以在选择文本实体后单击鼠标右键,在弹出的快捷菜单中选择"编辑"。

②对于跨语种协同设计的图纸,图中的文字对象可以分别以多种语言同时显示,极大地方便了图纸在不同国家之间顺畅交互。

3.3.6 文本快显

(1)命令格式

命令行:Qtext

Qtext 命令可设置文本快速显示。当图形中存在大量复杂构造的文字时,这会降低 Zoom、Redraw 等命令的速度,Qtext 命令可采用外轮廓线框来表示一串字符,而对字符本身不予显示,这样就可以大大提高图形的重新生成速度。

(2)实例操作演示

将文本快显方式打开,然后重新显示图 3-61(a)所示的文本,运行结果如图 3-61(b)所示,其操作步骤如下:

图 3-61 文本快显方式

命令:Qtext
Qtextmode 已经关闭:打开(ON)/切换(T)/＜关闭＞:ON
　　　　　　　　　　　　　　　　　　//文本快显方式打开
命令:Regen　　　　　　　　　　　　　//图形重新生成

(3)操作注意事项

①绘图时,可用简体字型输入全部文本,待最后出图时,再用复杂的字体替换,这样可加快缩放(Zoom)、重画(Redraw)及重生成(Regen)的速度。

②在标注文本时可以采用 Qtext 命令来实现文本快显,在打印文件时应该将文本快显方式关掉,否则打印出的文本将是一些外轮廓线框。

3.3.7 调整文本

(1)命令格式

命令行:Textfit

菜单:"ET 扩展工具"→"文本工具"→"调整文本"

工具栏:"文本工具"→"调整文本"

Textfit 命令可使 Text 文本在字高不变的情况下,通过调整宽度,在指定的两点间自动匹配对齐。对于那些需要将文字限制在某个范围内的注释可采用该命令编辑。

(2)实例操作演示

运用 Textfit 命令将图 3-62(a)所示的文本移动并压缩至与椭圆匹配,运行结果如图 3-62(b)所示。其操作步骤如下:

命令:Textfit
请选择要编辑的文字:单击图 3-62(a)中的文本   //选取要编辑的文本
请输入文字长度或选择终点:鼠标单击或直接输入数字
运用平移命令完成操作

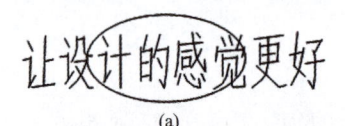

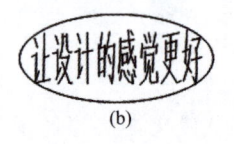

图 3-62 用 Textfit 命令调整文本使其与椭圆匹配

(3)操作注意事项

①文本的拉伸或压缩只能在水平方向进行。若指定对齐的两点不在同一水平线上,系统会自动测量两点间的距离,并以此距离在水平方向上进行自动匹配文本终点。

②Textfit 命令只对 Text 文本有效。

3.3.8 文本屏蔽

(1)命令格式

命令行:Textmask
菜单:"ET 扩展工具"→"文本工具"→"文本屏蔽"
工具栏:"文本工具"→"文本屏蔽"

Textmask 命令可在 Text 命令或 Mtext 命令标注的文本后面放置一个遮罩,该遮罩将遮挡其后面的实体,而位于遮罩前的文本将保留显示。采用遮罩时,在实体与文本重叠相交的地方,实体部分将被遮挡,从而使文本内容容易观察,使图纸看起来清楚而不杂乱。

(2)命令选项含义

执行 Textmask 命令后,系统提示"当前设置:偏移因子 = 0.500000,屏蔽类型 = Wipeout","选择要屏蔽的文本对象或 [屏蔽类型[M]/偏移因子[O]]:"。其各选项含义和功能说明如下:

①屏蔽类型:设置屏蔽方式,其选项如下。

- Wipeout:以 Wipeout(光栅图像)屏蔽选定的文本对象。
- 3dface:以 3dface 屏蔽选定的文本对象。
- Solid:用指定背景颜色的 2D Solid 屏蔽选定的文本对象。

②偏移因子:该选项用于设置矩形遮罩相对于标注文本向外的偏移距离。偏离距离通过输入文本高度的倍数来决定。

(3)实例操作演示

运用 Textmask 命令将图 3-63(a)中与"Textmask"重叠部分的图形屏蔽,如图 3-63(b)所示。其操作步骤如下:

图 3-63　图形被屏蔽

```
命令：Textmask
选择要屏蔽的文本对象或[屏蔽类型[M]/偏移因子[O]]：M
                                    //修改屏蔽类型
指定屏蔽使用的实体类型[Wipeout/3dface/Solid]<Wipeout>：S
                                    //选择 Solid 的屏蔽类型
弹出"选择颜色"对话框              //选择洋红颜色
选择要屏蔽的文本对象或[屏蔽类型[M]/偏移因子[O]]：单击图 3-63(a)的文本
                                    //选取要屏蔽的文本
```

(4)操作注意事项

①文本与其后的屏蔽共同构成一个整体,将一起被移动、复制或删除。用 Explode 命令可将带屏蔽的文本分解成文本和一个矩形框。

②带屏蔽的文本仍可用 Ddedit 命令进行文本编辑,文本编辑更新后仍保持原有屏蔽的形状和大小。

3.3.9　解除屏蔽

(1)命令格式

命令行：Textunmask

菜单："ET 扩展工具"→"文本工具"→"解除屏蔽"

Textunmask 命令与 Textmask 命令相反,它用于取消文本的屏蔽。

(2)操作实例演示

运用 Textunmask 将图 3-64(a)所示的文本屏蔽取消,如图 3-64(b)所示。其操作步骤如下：

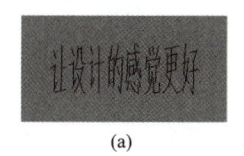

图 3-64　文本的屏蔽被取消

```
命令：Textunmask
选择要移除屏蔽的文本或多行文本对象    //提示选取要解除的文本
选择对象：窗选对象                    //用窗选方法选择对象
指定对角点：找到 1 个                 //系统提示选择的对象数
选择对象：                           //结束命令,结果如图 3-64(b)所示
```

3.3.10　对齐文本

命令行：Tjust

菜单："ET 扩展工具"→"文本工具"→"对齐方式"

Tjust 命令主要用于快速更改文字的对齐。执行 Tjust 命令后，系统提示"选择对象："，选中对象后，继续提示"[起点（S）/圆心（C）/中点（M）/右边（R）/左上（TL）/中上（TC）/右上（TR）/左中（ML）/正中（MC）/右中（MR）/左下（BL）/中下（BC）/右下（BR）]：<S>"，根据实际需求选择其中的选项进行修改。

3.3.11　旋转文本

(1) 命令格式

命令行：Torient

菜单："ET 扩展工具"→"文本工具"→"旋转文本"

Torient 命令主要用于快速旋转文字。执行 Torient 命令后，系统提示"选择对象："，选择对象后，继续提示"新的绝对旋转角度<最可读>："，输入绝对旋转角度即可。

(2) 操作实例演示

将图 3-65(a)所示的文字旋转成如图 3-65(b)所示的效果，旋转角度为 45°。其操作步骤如下：

```
命令：Torient
选择对象：点选文字                    //选择欲旋转的文本
选择集当中的对象：1                    //提示选中的对象数
新的绝对旋转角度<最可读>：45          //输入绝对旋转角度
1 个对象被修改.                        //按 Enter 键后结果如图 3-65(b)所示
```

TD-SCDMA 移动基站工程

(a)　　　　(b)

图 3-65　旋转文本效果

3.3.12　文本外框

(1) 命令格式

命令行：Tcircle

菜单："ET 扩展工具"→"文本工具"→"文本外框"

以圆、矩形或圆槽来快速画出文本外框（圈字图形）。

模块三　CAD软件的操作与应用　123

执行 Tcircle 命令后,系统提示"选择对象:",选择对象后,提示"输入偏移距离伸缩因子＜0.350000＞:",输入伸缩因子后,系统提示"选择包围文本的对象[圆(C)/圆槽(S)/矩形(R)]＜圆槽(S)＞:",选择其中的选项后,会提示"用固定或可变尺寸创建 circles[固定(C)/可变(V)]＜可变(V)＞",选择其中的选项即可完成。

(2)操作实例演示

如图 3-66(a)所示的文字,用圆、圆槽和矩形作为该文字的外框。其操作步骤如下:

```
命令:Tcircle
选择对象:点选文字                          //选择欲加外框的文本
选择集当中的对象:1                         //提示选中的对象数
输入偏移距离伸缩因子＜0.200000＞:0.2       //输入偏移距离伸缩因子
选择包围文本的对象[圆(C)/圆槽(S)/矩形(R)]＜圆槽(S)＞:C
                                          //选择包围文本的外框
用固定或可变尺寸创建 circles[固定(C)/可变(V)]＜可变(V)＞:
                                          //选择可变尺寸创建 circles,按 Enter
                                          键后的结果如图 3-66(b)所示

命令:Tcircle
选择对象:点选文字                          //选择欲加外框的文本
选择集当中的对象:1                         //提示选中的对象数
输入偏移距离伸缩因子＜0.200000＞:0.2       //输入偏移距离伸缩因子
选择包围文本的对象[圆(C)/圆槽(S)/矩形(R)]＜圆槽(S)＞:S
                                          //选择包围文本的外框
用固定或可变尺寸创建 Slots[固定(C)/可变(V)]＜可变(V)＞:
                                          //选择可变尺寸创建 Slots,按 Enter
                                          键后的结果如图 3-66(c)所示
同理,选矩形(R)项                          //结果如图 3-66(d)所示
```

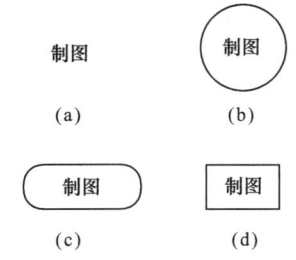

图 3-66　用圆、圆槽、矩形做文字外框

用圆、圆槽、矩形做文字外框

3.3.13　自动编号

(1)命令格式

命令行:Tcount

菜单:"ET 扩展工具"→"文本工具"→"自动编号"

选择几行文字后,为字前或字后自动加注指定增量值的数字。

(2)操作实例演示

如图 3-67 所示为选择的几行文字,执行 Tcount 命令,系统提示选择对象,确定选择对象的方式并指定起始编号和增量,如图 3-68 中的(1,1)或(1,2),然后选择在文本中放置编号的方式,图 3-68 所示为执行 Tcount 命令后的三种放置编号的方式。

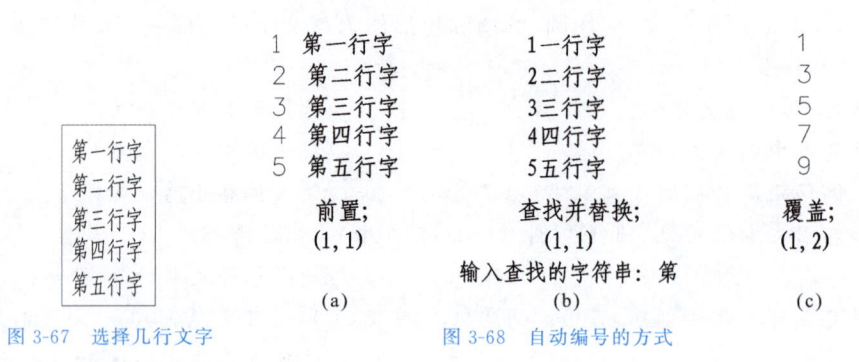

```
第一行字          1 第一行字        1一行字        1
第二行字          2 第二行字        2二行字        3
第三行字          3 第三行字        3三行字        5
第四行字          4 第四行字        4四行字        7
第五行字          5 第五行字        5五行字        9

                   前置;           查找并替换;      覆盖;
                   (1,1)           (1,1)           (1,2)
                                  输入查找的字符串:第
                    (a)             (b)             (c)
```

图 3-67 选择几行文字   图 3-68 自动编号的方式

3.3.14 文本形态

(1)命令格式

命令行:Tcase

菜单:"ET 扩展工具"→"文本工具"→"文本形态"

主要用于改变字的大小写。

(2)操作实例演示

执行 Tcase 命令,系统提示选择对象,确定对象后将出现如图 3-69 所示的"改变文本大小写"对话框。在该对话框中选择需要的选项,单击"确定"按钮,退出对话框结束命令,结果如图 3-70 所示。

图 3-69 "改变文本大小写"对话框

HOW ARE YOU!
⇩

How are you!   how are you!   HOW ARE YOU!   How Are You!   how are you!
大小写   小写   大写   标题   大小写切换

图 3-70 改变文本大小写的结果

3.3.15 弧形文字

(1)命令格式

命令行:Arctext

菜单:"ET 扩展工具"→"文本工具"→"弧形文本"

工具栏:"文本工具"→"弧形对齐文本"

主要是针对钟表、广告设计等行业而开发出的弧形文字功能。

(2)命令选项含义

执行 Arctext 命令后,系统提示"选择一个弧线或者弧形文字＜退出＞:",选中弧线后会自动弹出"弧形文字"对话框,如图 3-71 所示,其各选项说明如下:

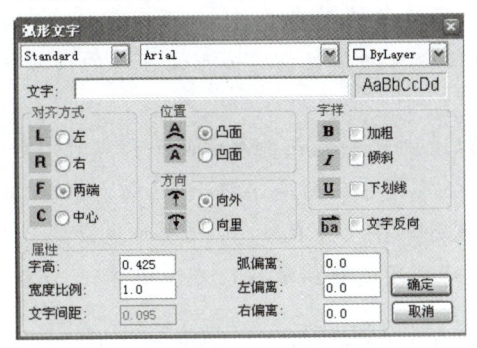

图 3-71 "弧形文字"对话框

①文字特性区:在对话框的第一行提供设置弧形文字的特性,包括文字样式、字体选择及文字颜色。单击文字样式右边的下拉列表,显示当前图的所有文字样式,可以直接选择,也可以直接选择字体及相应颜色。

②文字输入区:在这里可以输入想创建的文字内容。

③对齐方式:提供了"左""右""两端""中心"四种对齐方案,配合"位置""方向""偏离"的设置可以轻松指定弧形文字的位置。

④位置:指定文字显示在弧的凸面或凹面。

⑤方向:提供两种方向供选择,分别为"向里""向外"。

⑥字样:提供复选框的方式,可设置文字的"加粗""倾斜""下划线"及"文字反向"效果。

⑦属性:指定弧形文字的"字高""宽度比例""文字间距"等属性。

⑧偏离:指定文字偏离弧线、左端点或右端点的距离。

弧形文字操作实例

(3)操作实例演示

先执行 Arc 命令绘制一段弧线,再执行 Arctext 命令,系统提示选择对象,确定对象后将出现如图 3-71 所示的"弧形文字"对话框。按照要求输入文字内容,如图 3-72 所示。

所绘的弧形文字在后期编辑中有时还需要调整,可以通过"属性"栏来调整简单的属性,也可以通过弧形文字或相关联的弧线夹点来调整位置。

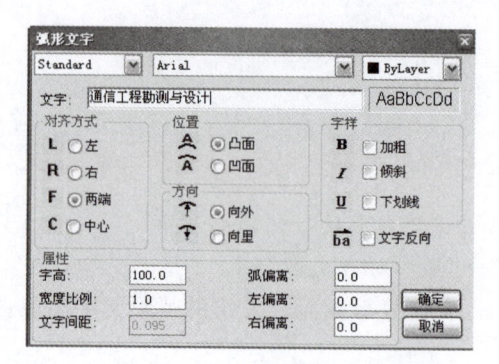

图 3-72　文字为两端对齐的弧形文字

① "属性"栏里的调整

CAD 为弧形文字创建了单独的对象类型,并可以直接在"属性"栏里修改属性。如:直接修改文本内容,CAD 便会自动根据创建弧形文字时的设置将其调整到最佳位置。

② 夹点调整

选择弧形文字后,可以看到三个夹点。左右两个夹点可以分别调整左右两端的边界,而中间的夹点则可以调整弧形文字的曲率半径。如:向左调整右端点,曲率半径变化。

此外,弧形文字与弧线之间存在关联性,可以直接拖动弧线两端夹点来进行调整,弧形文字将自动根据创建时的属性调整到最佳位置。图 3-73 为原来的弧形文字,调整后的弧形文字如图 3-74 所示。

图 3-73　原来的弧形文字

图 3-74　调整后的弧形文字

(4) 操作注意事项

"属性""偏离"与"对齐方式"存在着互相制约的关系。如:当对齐方式为"两端"时,弧形文字可自动根据当前弧线长度来调整文字间距,故此时"文字间距"选项是不可设置的。

3.4 图块、属性块及外部参照

3.4.1 图块的制作与使用

图块是将多个实体组合成一个整体,并给这个整体命名保存,在以后的图形编辑中这个整体就被视为一个实体。一个图块包括可见的实体,如线、圆弧、圆以及可见或不可见的属性数据。图块作为图形的一部分储存。例如,在通信工程图纸绘制的过程中,经常会遇到基站设备、杆路、管道等相同的设施,制图人员为了提高绘图效率,可以预先将这些设施创建为某个图块保存起来,在以后的图形绘制过程可以随时调用,只需将这些图块以不同的比例插入工程图形中即可。图块能帮我们更好地组织工作,快速创建与修改图形,减少图形文件的大小。使用图块的好处在于,制图人员可以创建一个自己经常使用的图形库,然后以图块的形式插入一个图形,而不是从空白开始重画该图形。

创建图块并保存,根据制图需要在不同地方插入一个或多个图块,系统插入的仅仅是一个图块定义的多个引用,这样会大大减小图形文件的大小。同时只要修改图块的定义,图形中所有的图块引用体都会自动更新。

若图块中的实体是画在 0 层,且"颜色"与"线型"两个属性是定义为"随层",插入后它会被赋予插入层的颜色与线型属性。相反,如果图块中的实体在定义前是画在非 0 层,且"颜色"与"线型"两个属性不是"随层"的话,插入后它保留原先的颜色与线型属性。

当新定义的图块中包括别的图块,这种情况称为嵌套,当想将小的元素链接到更大的集合,且在图形中插入该集合时,嵌套是很有用的。

图块分为内部块和外部块两类,下面介绍运用 Block 命令和 Wblock 命令定义内部块和外部块的操作。

1. 内部块定义

(1)命令格式

命令行:Block(B)

菜单:"绘图"→"块(K)"→"创建(M)"

工具栏:"绘图"→"创建块"

创建块一般是在 CAD 2022 的绘图工具栏中,选取"创建块",系统弹出如图 3-75 所示的对话框。

用 Block 命令定义的图块只能在定义图块的图形中调用,而不能在其他图形中调用,因此用 Block 命令定义的图块被称为内部块。

(2)命令选项含义

执行 Block 命令后,打开"块定义"对话框定义图块,如图 3-75 所示。该对话框各选项含义说明如下:

图 3-75 "块定义"对话框

①名称:此框用于输入图块名称,下拉列表框中还列出了图形中已经定义过的图块名。

②预览:在制图人员选取组成块的对象后,在"名称"下拉列表框的后面将显示所选择的组成块的对象的预览图形。

③基点:该区域用于指定图块的插入基点。制图人员可以通过"拾取点"按钮或输入坐标值确定图块的插入基点。

④拾取点:单击该按钮,"块定义"对话框暂时消失,此时需使用鼠标在图形屏幕上拾取所需点作为图块的插入基点。拾取基点结束后,返回到"块定义"对话框,X、Y、Z 文本框中将显示该基点的 X、Y、Z 坐标值。

⑤X、Y、Z:在该区域的 X、Y、Z 文本框中分别输入所需基点的相应坐标值,以确定图块插入基点的位置。

⑥对象:该区域用于确定图块的组成实体。其中各选项说明如下:

- 选择对象:单击该按钮,"块定义"对话框暂时消失,此时需在图形屏幕上用任一目标选取方式选取块的组成实体,实体选取结束后,系统自动返回"块定义"对话框。

- 快速选择:开启"快速选择"对话框,通过过滤条件构造对象,将最终的结果作为所选择的对象。

- 保留:选择此单选按钮后,所选取的实体生成块后仍保持原状,即在图形中以原来的独立实体形式保留。

- 转换为块:选择此单选按钮后,所选取的实体生成块后在原图形中也转变成块,即在原图形中所选实体将具有整体性,不能用普通命令对其组成目标进行编辑。

- 删除:选择此单选按钮后,所选取的实体生成块后将在图形中消失。

(3)实例操作演示

运用 Block 命令将如图 3-76 所示的指北针图形定义为内部块。其操作步骤如下:

```
命令:Block
在块定义对话框中输入块的名称:指北针        //输入新块名称,如图 3-77 所示
指定基点:点指北针的左下角                  //先单击"拾取点"按钮,再指定
选取写块对象:点指北针的右下角              //指定窗口右下角点(框选)
另一角点:点指北针的左上角                  //指定窗口左上角点(框选)
选择集当中的对象:11                       //提示已选中对象数
选取写块对象:                             //按 Enter 键完成定义内部块操作
```

图 3-76 指北针

图 3-77 定义为内部块

(4)操作注意事项

①为了使图块在插入当前图形中时能够准确定位,CAD 给图块指定了一个插入基点,以它作为参考点将图块插入图形中的指定位置,同时,若图块在插入时需旋转角度,该基点将作为旋转轴心。

②当用 Erase 命令删除了图形中插入的图块后,其块定义依然存在,因为它储存在图形文件内部,即使它没有被图形调用,它仍然占用磁盘空间,并且随时可以在图形中调用。可用 Purge 命令中的"块"选项清除图形文件中无用的、多余的块定义以减小文件的字节。

③在使用图块的多级嵌套操作时,嵌套块不能与其内部嵌套的图块同名。

2. 写块

(1)命令格式

命令行:Wblock

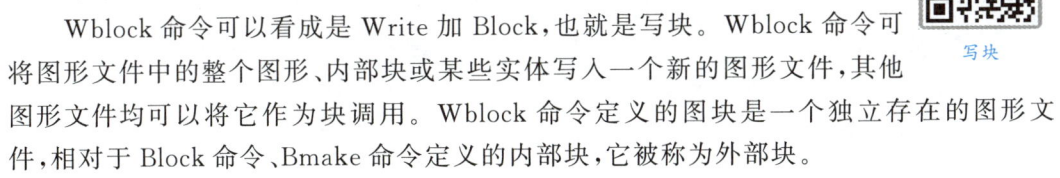

Wblock 命令可以看成是 Write 加 Block,也就是写块。Wblock 命令可将图形文件中的整个图形、内部块或某些实体写入一个新的图形文件,其他图形文件均可以将它作为块调用。Wblock 命令定义的图块是一个独立存在的图形文件,相对于 Block 命令、Bmake 命令定义的内部块,它被称为外部块。

(2)命令选项含义

执行 Wblock 命令后,系统弹出如图 3-78 所示的"写块"对话框。其主要选项说明如下:

①源:该区域用于定义写入外部块的源实体。它包括如下内容:

• 块:该单选按钮将内部块写入外部块文件,可在其后的文本框中输入块名,或者在下拉列表框中选择需要写入文件的内部图块的名称。

• 预览:在选取写块的对象后,将显示所选择写块的对象的预览图形。

• 整个图形:该单选按钮将整个图形写入外部块文件。该方式生成的外部块的插入基点为坐标原点(0,0,0)。

图 3-78 "写块"对话框

- 对象:该单选按钮将选取的实体写入外部块文件。

②基点:该区域用于指定图块插入基点,该区域只在以源实体为对象时有效。

③对象:该区域用于指定组成外部块的实体,以及生成块后源实体是保留、删除还是转换成图块。该区域只在以源实体为对象时有效。

④目标:该区域用于指定外部块文件的文件名、储存位置以及采用的单位制式。它包括如下的内容:

文件名和路径:用于输入新建外部块的文件名及外部块文件在磁盘上的储存位置和路径。单击文本框后的 ▼ 按钮,弹出下拉列表框,其中列出几个路径供制图人员选择。还可单击右边的 ▭ 按钮,弹出"浏览文件夹"对话框,提供更多的路径供选择。

(3)实例操作演示

运用 Wblock 命令将图 3-76 所示的指北针定义为外部块(写块)。其操作步骤如下:

命令:Wblock	//执行 Wblock 命令,弹出"写块"对话框
选取"源"栏中的整个图形选框	//将写入外部块的源指定为整个图形
单击"选择对象"图标,选取指北针图形	//指定对象
在"目标"栏中输入"指北针 Block"	//确定外部块名称
单击确定按钮:	//完成定义外部块操作

(4)操作注意事项

①用 Wblock 命令定义的外部块其实是一个 dwg 图形文件。当 Wblock 命令将图形文件中的整个图形定义成外部块并将其写入一个新文件时,它自动删除文件中未用的层定义、块定义、线型定义等,相当于用 Purge 命令的 All 选项清理文件后,再将其复制为一个新文件,与原文件相比,大大减少了文件的字节数。

②所有的 dwg 图形文件均可作为外部块插入其他的图形文件中,不同的是,用 Wblock 命令定义的外部块文件的插入基点是由制图人员设定好的,而用 New 命令创建的图形文件,在插入其他图形中时将坐标原点(0,0,0)作为其插入基点。

3.插入图块

在图形中调用已定义好的图块,可以提高绘图的效率。调用图块的命令包括 Insert(单图块插入)、Divide(等分插入图块)、Measure(等距插入图块),下面主要介绍 Insert 命令的使用方法。

(1)命令格式

命令行:Insert/Ddinsert

菜单:"插入"→"块(B)"

工具栏:"绘图"→"插入块"

可以在当前图形中插入图块或别的图形。插入的图块是作为一个单个实体,而插入的图形是作为一个图块。若改变原始图形,它对当前图形无影响。

当插入图块或图形的时候,必须定义插入点、比例、旋转角度。插入点是定义图块时的引用点。当把图形当作图块插入时,程序将定义的插入点作为图块的插入点。

(2)命令选项含义

执行 Insert 命令后,系统弹出如图 3-79 所示的对话框,其主要选项说明如下:

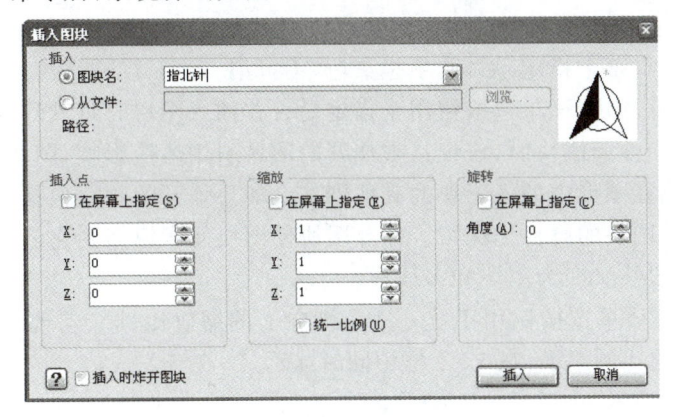

图 3-79 "插入图块"对话框

①图块名:在该下拉列表框中选择欲插入的内部块名。如果没有内部块,则是空白。

②从文件:此项用来选取要插入的外部块。单击"从文件"单选按钮,单击后面的"浏览"按钮,系统显示如图 3-80 所示的"插入块"对话框,选择要插入的外部图块文件路径及名称,单击"打开"按钮。再回到图 3-79 所示的对话框,单击"插入"按钮,此时命令行提示指定插入点,输入插入比例、块的旋转角度。结束命令后,图形就插入插入点指定的位置。

③预览:显示要插入的指定块的预览。

④插入点(X,Y,Z):此三项文本框用于输入坐标值以确定在图形中的插入点。当选"在屏幕上指定"后,此三项呈灰色,不可用。

⑤缩放(X,Y,Z):此三项文本框用于预先输入图块在 X 轴、Y 轴、Z 轴方向上缩放的比例因子。这三个比例因子可相同,也可不同。当选用"在屏幕上指定"后,此三项呈灰色,不可用。缺省值为 1。

图 3-80　选择要插入的图形

⑥在屏幕上指定：勾选此单选按钮，用于在插入时对图块定位，即在命令行中定位图块的插入点，X、Y、Z 的比例因子和旋转角度；不勾选此单选按钮，则需输入插入点的坐标，X、Y、Z 的比例因子和旋转角度。

⑦角度（R）：图块在插入图形中时可任意改变其角度，在这里文本框指定图块的旋转角度。当勾选"在屏幕上指定"后，此项呈灰色，不可用。

⑧插入时炸开图块：该单选按钮用于指定是否在插入图块时将其炸开，使它恢复到元素的原始状态。当炸开图块时，仅仅是被炸开的图块引用体受影响，图块的原始定义仍保存在图形中，仍能在图形中插入图块的其他副本。如果炸开的图块包括属性，则属性会丢失，但原始定义的图块的属性仍保留。炸开图块使图块元素返回到它们的下一级状态，图块中的图块或多段线又变为图块和多段线。

⑨统一比例：该单选按钮用于统一三个轴向上的缩放比例。勾选此项，Y、Z 框呈灰色，在 X 框输入的比例因子，在 Y、Z 框中同时显示。

（3）实例操作演示

运用 Insert 命令在新建的 CAD 工作区中插入如图 3-76 所示的"指北针"图块。其操作步骤如下：

命令：Insert	//执行 Insert 命令，弹出"插入图块"对话框
在插入栏中选择"指北针"块	//插入"指北针"块
在三栏中均选择在屏幕上指定	//确定定位图块方式
单击对话框的"插入"按钮	//对话框消失，提示指定插入点
块的插入点或[多个块(M)/比例因子(S)/X/Y/Z/旋转角度(R)]：在房间中拾取一点	//指定图块插入点
X 比例因子<1.000000>：	//按 Enter 键选默认值，确定插入比例
Y 比例因子< 等于 X 比例(1.000000)>：	//按 Enter 键选默认值，确定插入比例
块的旋转角度<0>：90	//设置插入图块的旋转角度
命令：	//结束插入命令，结果如图 3-76 所示

(4)操作注意事项

①外部块插入当前图形后,其块定义也同时储存在图形内部并生成同名的内部块,以后可在该图形中随时调用,而无须重新指定外部块文件的路径。

②外部块插入当前图形后,其内包含的所有块定义(外部嵌套块)也同时带入当前图形中,并生成同名的内部块,以后可在该图形中随时调用。

③图块在插入时如果选择了"插入时炸开图块",则插入后图块自动分解成单个的实体,其特性如层、颜色、线型等也将恢复为生成块之前实体所具有的特性。

④若插入的是内部块,则直接输入块名即可;若插入的是外部块,则需要给出块文件的路径。

4. 复制嵌套图元

(1)命令格式

命令行:Ncopy

菜单:"ET 扩展工具"→"图块工具(B)"→"复制嵌套图元(C)"

Ncopy 命令可以将图块或 Xref 引用中嵌套的实体进行有选择的复制。制图人员可以一次性选取图块的一个或多个组成实体进行复制,复制生成的多个实体不再具有整体性。

(2)实例操作演示

运用 Ncopy 命令,将上述指北针的阴影三角形复制出来,其操作步骤如下:

命令:Ncopy
选择要复制的嵌套对象:　　　　　//选择图块中的阴影三角形部分,按 Enter 键
指定基点或位移,或者[重复(M)]://输入基点或位移即完成阴影三角形复制操作,
　　　　　　　　　　　　　　　　//如图 3-81 所示

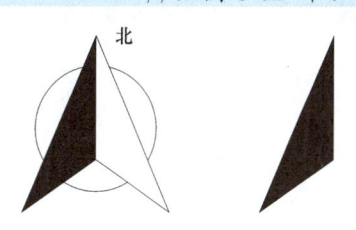

图 3-81　Ncopy 命令应用实例

(3)操作注意事项

①Ncopy 命令同 Copy 命令一样可以复制非图块实体,如点、线、圆等基体的实体。

②Ncopy 命令与 Copy 命令的操作方式相同,不同的是 Copy 命令对块进行整体性复制,复制生成的图形仍是一个块;而 Ncopy 命令可以选择图块的某些部分进行分解复制,原有的块保持整体性,复制生成的实体是被分解的单一实体。

③Ncopy 命令在选择实体时不能使用 w、c、wp、cp、f 等多实体选择方式。

5. 用块图元修剪

(1) 命令格式

命令行：Btrim

菜单："ET 扩展工具"→"图块工具(B)"→"用块图元修剪(T)"

Btrim 命令是对 Trim 命令的补充，Btrim 命令可以将块中的某个组成实体定义为剪切边界。

(2) 实例操作演示

如图 3-82(a) 所示为一个沙发图块加圆形垫子，现将图中的圆形以图块中的沙发前沿为边界进行修剪。结果如图 3-82(b) 所示。其操作步骤如下：

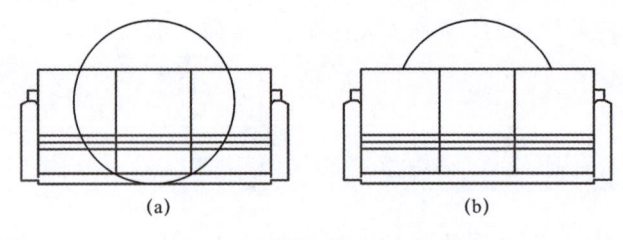

图 3-82　图块为边界进行修剪

命令：Btrim	
选择剪切边界：选取图块中的沙发前沿	//选取图块中的前沿作为修剪边
选择剪切边界：	//按 Enter 键结束边界选取
选择要修剪的对象或[投影(P)/边缘模式(E)]： 选取圆形	//选取需要修剪的实体
选择要修剪的对象或[投影(P)/边缘模式(E)]	//按 Enter 键结束修剪操作如 //图 3-82(b) 所示

(3) 操作注意事项

① 当选择块作为修剪边界时，块显示为分解状态，选中的是组成块的单个实体。被修剪实体只能是非图块实体。

② Btrim 命令选取修剪边界时，不能用 w、c、wp、f 等多实体选择方法，只能使用单实体选择方式，这点与 Trim 命令不同。

6. 延伸至块图元

(1) 命令格式

命令行：Bextend

菜单："ET 扩展工具"→"图块工具(B)"→"延伸至块图元(N)"

(2) 实例操作演示

将图 3-83(a) 所示的沙发图块右边的圆弧线延伸至图块上，结果如图 3-83(b) 所示。其操作步骤如下：

命令：Bextend	
选择延伸边界：选取图 3-83(a) 中的右边沿	//选取延伸边界
选择延伸边界：	//按 Enter 键结束边界目标选择

(a)   (b)

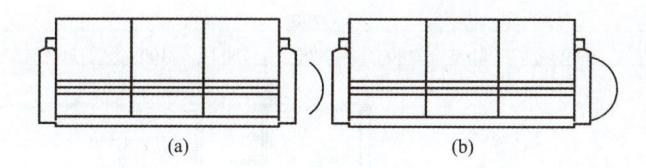

图 3-83　延伸至块图元结果

选择要延伸的对象或[投影(P)/边缘模式(E)]:选取图块右边的圆弧线
//选取需延伸的目标
选择要延伸的对象或[投影(P)/边缘模式(E)]:　　//按 Enter 键完成延伸操作

（3）操作注意事项

①当选择块作为延伸边界时,块显示为分解状态,选中的是组成块的单个实体。这点与 Btrim 命令一致。选择的延伸目标必须是非图块实体。

②对于非图块延伸边界,Bextend 命令的功能与 Extend 命令是相同的。

③Bextend 命令选取延伸边界时,不能用 w、c、wp、f 等多实体选择方式,只能使用单实体选择方式。这点与 Extend 命令不同。

7.替换图块

（1）命令格式

命令行:Blockreplace

菜单:"ET 扩展工具"→"图块工具(B)"→"替换图块(R)"

用于将一个图块替换为另一图块。

（2）实例操作演示

运用 Blockreplace 将 C 型住宅平面图中的树景替换,如图 3-84 所示。

打开"C 型平面图.dwg"文件,执行 Blockreplace 命令后,系统弹出如图 3-85 所示的"选择块"对话框;选中树景 2 后,系统接着弹出对话框来选择另一个块用于替换,如图 3-86 所示,也就是选择用于替换旧块的新块;选中树景 3 后单击"确定"按钮,即完成图块替换命令。

3.4.2　属性块的定义与使用

一个零件、符号除自身的几何形状外,还包含很多参数和文字说明信息(如规格、型号、技术说明等)。系统将图块所含的附加信息称为属性,如规格属性、型号属性。而具体的信息内容则称为属性值。比如在通信工程图纸中,室内分布系统工程图的耦合器、功分器和天线包含了许多参数。属性可为固定值或变量值。插入包含属性的图块时,程序会新增固定值与图块到图面中,并提示要提供变量值;同时可提取属性信息到独立文件,并将该信息用于空白表格程序或数据库,以产生零件清单或材料价目表;还可使用属性信息来追踪特定图块插入图面的次数。属性可为可见或隐藏,隐藏属性既不显示,也不出图,但该信息储存于图面中,并在被提取时写入文件。属性是图块的附属物,它必须依赖于图块而存在,没有图块就没有属性。

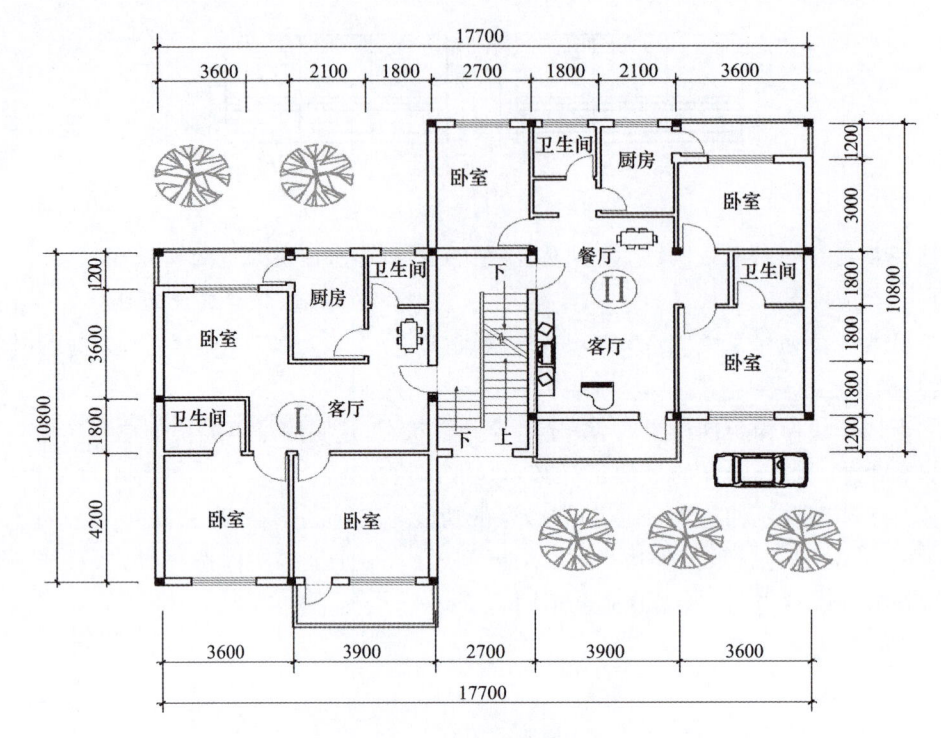

图 3-84　C 型住宅平面图

图 3-85　选择要被替换的块

1.属性的定义

(1)命令格式

命令行:Attdef/Ddattdef

菜单:"绘图"→"块(K)"→"定义属性(D)"

工具栏:"绘图"→"属性"

Attdef 命令用于定义属性。

(2)实例操作演示

执行 Attdef 命令后,系统弹出如图 3-87 所示的对话框,其主要内容为:标记、提示、缺省文本,还包括插入坐标、属性标志、文本等。

模块三　CAD软件的操作与应用　　137

图 3-86　选择用于替换旧块的新块

图 3-87　"定义属性"对话框

属性的定义

用 Attdef 命令为图 3-88(a) 所示的沙发定义品牌和型号两个属性(其中型号为不可见属性),然后将其定义成一个属性块并插入当前图形中。其操作步骤如下:

(a)　　　　　　　　　　　(b)

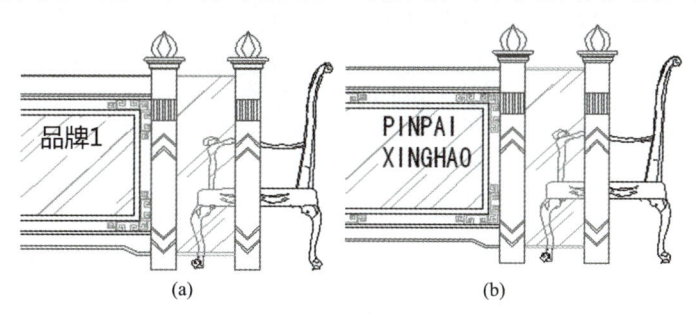

图 3-88　定义成一个属性块并插入图形中

命令:Attdef	//执行 Attdef 命令,弹出"定义属性"对话框
在"标记"文本框中输入"PINPAI"	//输入属性名称
在"提示"文本框中输入"请输入家具品牌"	//指定插入属性块时将提示的内容
在"属性标志位"中选择验证模式	//设置输入属性值时对该值进行核对
单击"选择"按钮拾取属性的插入点	//指定品牌属性的插入点,如图 3-88(b)所示

在"文字样式"框中选择已定义的字体 HT　　　//将属性文本的字体设为黑体
单击"定义"或"定义并退出"按钮　　　　　　//完成品牌属性的定义

命令：Attdef　　　　　　　　　　　　　　　//定义型号属性
在"标记"文本框中输入"XINGHAO"　　　　　//输入属性名称
在"提示"文本框中输入"请输入家具型号"　　//指定插入属性块时将提示的内容
在"属性标志位"中选择隐藏和验证模式　　　//设属性不可见并对属性值进行核对
单击"选择"按钮拾取属性的插入点　　　　　//指定型号属性的插入点，如图 3-88(b)
　　　　　　　　　　　　　　　　　　　　　//所示
在"文字样式"框中选择已定义的字体 HT　　　//将属性文本的字体设为黑体
单击"定义"或"定义并编辑"按钮　　　　　　//完成型号属性定义，如图 3-88(b)所示

命令：Block　　　　　　　　　　　　　　　//执行 Block 命令，定义带属性的家具
　　　　　　　　　　　　　　　　　　　　　//图块

新块名称，或？列出存在的块：jiaju　　　　　//为属性块取名
新块插入点：在绘图区内拾取新块插入点　　　//将块插入基点指定为家具左下角点
选取写块对象：　　　　　　　　　　　　　　//指定包含两个属性在内的家具实体
另一角点：指定家具实体的另一角点　　　　　//选取组成属性块的实体
选择集当中的对象：855　　　　　　　　　　//提示已选中的对象数
选取写块对象：　　　　　　　　　　　　　　//按 Enter 键结束块定义命令

命令：Insert
在弹出的插入图块对话框中选择插入 jiaju 图块并单击"插入"按钮
　　　　　　　　　　　　　　　　　　　　　//输入或选择插入块的块名
块的插入点或[多个块(M)/比例因子(S)/X/Y/Z/旋转角度(R)]：
在图中拾取一点　　　　　　　　　　　　　　//指定图块插入点
X 比例因子<1.000000>：　　　　　　　　　　//按 Enter 键选默认值，确定插入比例
Y 比例因子<等于 X 比例(1.000000)>：　　　　//按 Enter 键选默认值，确定插入比例
块的旋转角度<0>：　　　　　　　　　　　　//设置插入图块的旋转角度
请输入家具品牌 <值>：品牌 1　　　　　　　//输入品牌属性值
请输入家具型号 <值>：H9034　　　　　　　//输入型号属性值
检查属性值　　　　　　　　　　　　　　　　//检查输入的属性值
请输入家具品牌 <品牌 1>：
请输入家具型号 <H9034>：　　　　　　　　//输入正确，直接按 Enter 键结束命令

(3)操作注意事项

①属性在未定义成图块前，其属性标志只是文本文字，可用编辑文本的命令对其进行修改、编辑。只有当属性连同图形被定义成块后，属性才能按指定的值插入图形中。当一

个图形符号具有多个属性时,要先将这些属性分别定义好后再将它们一起定义成块。

②属性块与普通块的调用命令是一样的,只是调用属性块时提示要多一些。

③当插入的属性块被 Explode 命令分解后,其属性值将丢失而恢复成属性标志。因此用 Explode 命令对属性块进行分解时要特别谨慎。

2. 制作属性块

(1)命令格式

命令行:Block(B)

菜单:"绘图"→"块(K)"→"创建(M)"

工具栏:"绘图"→"创建块"

制作图块就是将图形中的一个或几个实体组合成一个整体,并定名保存,以后将其作为一个实体在图形中随时调用和编辑。同样的,制作属性块就是将定义好的属性连同相关图形一起,用 Block 命令或 Bmake 命令定义成块(生成带属性的块),在以后的绘图过程中可随时调用,其调用方式跟一般的图块相同。

(2)实例操作演示

运用 Block 命令将图 3-89 所示的已定义好品牌和型号两个属性(其中型号为不可见属性)的家具制作成一个属性块,块名为 jiaju,其操作步骤如下:

命令:Block	//执行 Block 命令,定义带属性的家具
	//图块
在块定义对话框中输入块的名称:jiaju	//为属性块取名
新块插入点:在绘图区内拾取新块插入点	//将块的插入基点指定为家具左下角
选取写块对象:指定包含两个属性在内的左上角 A	
另一角点:指定家具实体的另一角点 B	//选取组成属性块的实体
选择集当中的对象:855	
选取写块对象:	//提示已选中的对象数,按 Enter 键结束

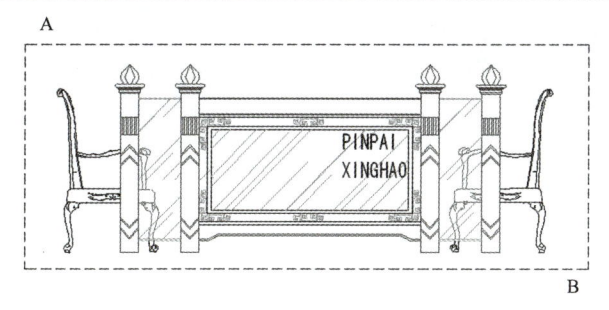

图 3-89 已定义好品牌和型号两个属性

3. 插入属性块

(1)命令格式

命令行:Insert(I)

菜单:"插入"→"块(B)"

工具栏:"绘图"→"插入块"

插入属性块和插入图块的操作方法是一样的,插入的属性块是一个单个实体。插入带属性的图块,必须定义插入点、比例、旋转角度。插入点是定义图块时的引用点,当把图形当作属性块插入时,程序把该插入点作为属性块的插入点。属性块与普通块的调用命令是一样的,只是调用属性块时提示要多一些。

(2)实例操作演示

将上一小标题制作的 jiaju 属性块插入图 3-90 所示的房间中。其操作步骤如下:

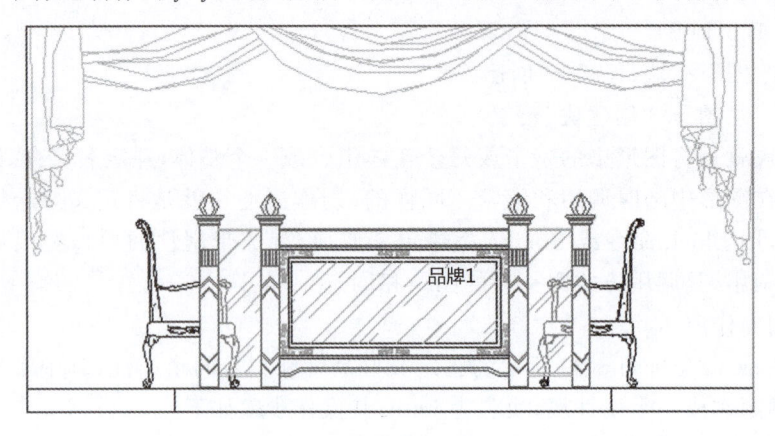

图 3-90　将属性块插入房间中

命令:Insert
在弹出的"插入图块"对话框中选择插入 jiaju 图块并单击"插入"按钮
　　　　　　　　　　　　　　　　　　　//输入或选择插入块的块名
多个块/<块的插入点>:在绘图区拾取插入基点　//指定图块的插入基点
角(C)/XYZ/X 比例因子<1.000000>:　　　//按 Enter 键选默认值,确定插入比例
Y 比例因子<等于 X 比例(1.000000)>:　　//按 Enter 键选默认值,确定插入比例
块的旋转角度:0　　　　　　　　　　　　　//设置插入图块的旋转角度
请输入家具品牌 <值>:品牌1　　　　　　　//输入品牌属性值
请输入家具型号 <值>:H9034　　　　　　　//输入型号属性值
检查属性值
请输入家具品牌 <品牌1>:　　　　　　　　//检查输入的属性值
请输入家具型号 <H9034>:　　　　　　　　//输入正确,直接按 Enter 键结束命令

4.改变属性定义

(1)命令格式

命令行:Ddedit

菜单:"修改"→"对象(O)"→"编辑(E)"

当制图人员将属性定义好后,有时可能需要更改属性名、提示内容或缺省文本,这时可用 Ddedit 命令加以修改。Ddedit 命令只对未定义成块的或已分解的属性块的属性起编辑作用,对已做成属性快的属性只能修改其属性值。

(2)命令选项含义

执行 Ddedit 命令后,系统提示选择修改对象,当拾取某一属性名后,系统将弹出如

图 3-91 所示的对话框。

图 3-91 "编辑属性定义"对话框

①标记:在该文本框中输入要修改的名称。
②提示:在该文本框中输入要修改的提示内容。
③默认:在该文本框中输入要修改的缺省文本。

完成一个属性的修改后,单击"确定"按钮退出对话框,系统再次提示:"选择修改对象",选择下一个属性进行编辑,直至按 Enter 键结束命令。

5.编辑图块属性

(1)命令格式

命令行:Ddatte(ATE)

Ddatte 命令用于修改图形中已插入的属性块的属性值,但 Ddatte 命令不能修改常量属性值。

(2)实例操作演示

执行 Ddatte 命令后,系统提示:"选取块参照:",选取要修改属性值的图块,用户按提示选取后,系统将弹出如图 3-92 所示的"编辑图块属性"对话框。在"标记"下选取图块属性的名称,在"数值"文本框中显示相应的属性值,修改"数值"文本框中的内容即可更改相应属性的属性值。

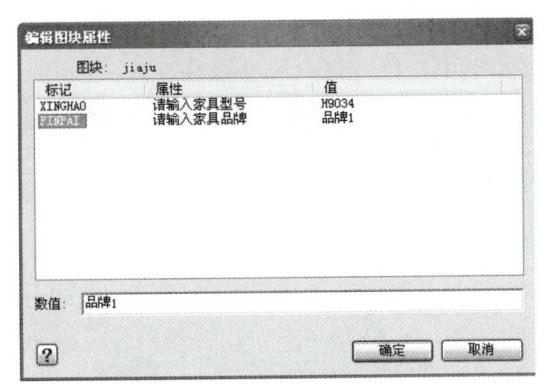

图 3-92 "编辑图块属性"对话框

用 Ddatte 命令将家具品牌属性的属性值由"品牌1"改为"品牌2",绘制结果如图 3-93(b)所示。其操作步骤如下:

```
命令:Ddatte
选取块参照:拾取图 3-93(a)的属性块    //选择修改图 3-93(a)属性块的属值,弹
                                    //出如图 3-92 所示的"编辑图块属性"对
                                    //话框
```

在"标记"下选"PINPAI",在"数值"文本框中将"品牌 1"改为"品牌 2"
单击"确定"按钮结束命令,结果如图 3-93(b)所示

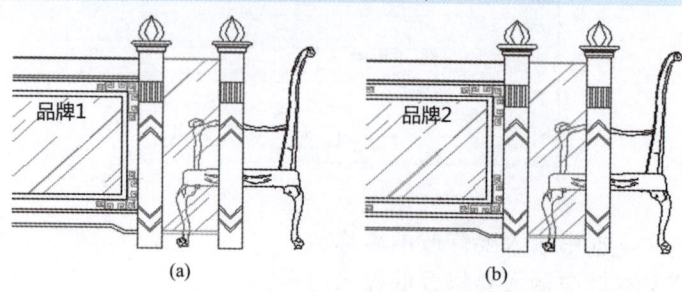

图 3-93　将家具品牌属性的属性值由"品牌 1"改为"品牌 2"结果

6. 编辑属性

(1)命令格式

命令行:Attedit

菜单:"修改"→"对象(O)"→"属性(A)"→"单个(S)"/"全局(G)"

Attedit 命令可对图形中所有的属性块进行全局性的编辑。它可以一次性对多个属性块进行编辑,对每个属性块也可以进行多方面的编辑,它可修改属性值、属性位置、属性文本高度、角度、字体、图层、颜色等。

(2)实例操作演示

执行 Attedit 命令后,系统提示:"选取块参照",激活"增强属性编辑器"对话框,如图 3-94 所示。

该对话框有三个选项卡,分别介绍如下:

①"属性"选项卡

该选项卡显示了所选择"块引用"中的各属性的标记、提示和它对应的属性值。单击某一属性,就可在"值"文本框中直接对它的值进行修改。

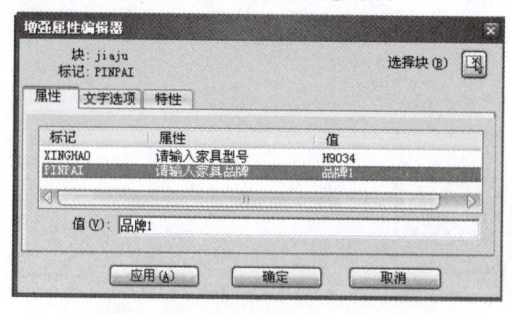

图 3-94　"增强属性编辑器"对话框

②"文字选项"选项卡(如图 3-95(a)所示)

可在该选项卡直接修改属性文字的样式、对齐方式、高度、文字行角度等项目。各项的含义与设置文字样式命令 Style 的对应项相同。

③"特性"选项卡(如图 3-95(b)所示)

可在该选项卡的文本框中直接修改属性文字的所在图层、颜色、线型、线宽和打印样式等特性。

(a)"文字选项"选项卡

(b)"特性"选项卡

图 3-95 "文字选项"及"特性"选项卡

"应用"按钮用于在保持对话框打开的情况下确认已做的修改。

对话框中的"选择块"按钮用于继续选择要编辑的块引用。

（3）操作注意事项

属性不同于块中的文字，这一点能够明显地看出来。块中的文字是块的主体，当块是一个整体的时候，是不能对其中的文字对象进行单独编辑的。而属性虽然是块的组成部分，但在某种程度上又独立于块，所以可以单独进行编辑。

7.分解属性为文字

（1）命令格式

命令行：Burst

菜单："ET 扩展工具"→"图块工具(B)"→"分解属性为文字(P)"

将属性值炸成文字，而不是分解回属性选项卡。

（2）实例操作演示

将图 3-96(a)所示的属性块分解为文字，结果如图 3-96(c)所示。其步骤如图 3-96(b)所示。

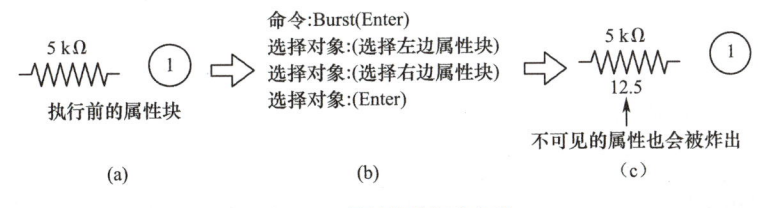

5 kΩ ① 执行前的属性块

命令:Burst(Enter)
选择对象:(选择左边属性块)
选择对象:(选择右边属性块)
选择对象:(Enter)

5 kΩ ① 12.5 不可见的属性也会被炸出

(a)　　　　　　　(b)　　　　　　　(c)

图 3-96 属性块分解为文字

(3)操作注意事项

Burst 命令和 Explode 命令的功能相似,但是 Explode 命令会将属性值分解回属性选项卡,而属性值被 Burst 命令分解后却仍是文字属性值。

8.导出/导入属性值

(1)命令格式

命令行：Attout/Attin

菜单："ET 扩展工具"→"图块工具(B)"→"导出属性值(A)"/"导入属性值(I)"

(2)命令选项含义

导出属性值：用来输出属性块的属性值内容到一个文本文件中。它主要用来将资料输出,并在修改后再利用导入属性值功能输入回来。

导入属性值：用来将资料从一个文本文件输入属性块中。

3.4.3 外部参照

1.普通外部参照

(1)命令格式

命令行：Xref

菜单："插入"→"外部参照管理器(R)"

工具栏："插入"→"外部参照"

CAD 2022 能够把整个其他图形作为外部参照插入到当前图形中。虽然外部图形能插入当前图形中,但当前图形对外部参照的文件只有一个链接点。因为虽然外部参照中的实体显示在当前图形中,但实体本身并没有加入当前图形中。因而,链接外部参照并不意味着增加文件量的大小。外部参照提供了把整个文件作为图块插入时无法提供的性能。当把整个文件作为图块插入时,实体虽然保存在图形中,但原始图形的任何改变都不会在当前图形中反映。不同的是,当链接一个外部参照时,原始图形的任何改变都会在当前图形中反映。每次打开包含外部参照的文件时,改变都会自动更新。如果知道外部参照已修改,可以在画图的任何时候重新加载外部参照。从分图汇成总图时,外部参照是非常有用的。外部参照帮助减少文件量,并确保总是工作在图形的最新状态。

(2)操作步骤

执行 Xref 命令后,系统弹出如图 3-97 所示的对话框。在"外部参照管理器"中可以查看到当前图形中所有外部参照的状态和关系,并且可以在管理器中完成附着、拆离、重载、卸载、绑定、修改路径等操作。

①查看当前图形的外部参照状况操作

以列表形式查看。单击左上角的"列表图"按钮,当前图形中的所有外部参照以列表的形式显示在列表框中,每一个外部参照的名称、加载状态、大小、参照类型、参照日期和保存路径列在同一行状态条上。

以树状结构形式查看。单击左上角右侧的"树状图"按钮,当前图形中的外部参照将以树状结构列表显示,从而可以看到外部参照之间的嵌套层次。

图 3-97 "外部参照管理器"对话框

②改变参照名操作

默认列表名是用参照图形的文件名。选择该名称后就可以重命名。该操作不会改变参照图形本来的文件名。

③附着新的外部参照操作

单击"附着"按钮，将激活"外部参照"对话框，可以增加新的外部参照。

④删除外部参照操作

在列表框中选择不再需要的外部参照，然后单击"拆离"按钮。

⑤更新外部参照操作

在列表框中选择要更新的外部参照，然后单击"重载"按钮，CAD 2022 会读入该参照文件的最新版本。

⑥暂时关闭外部参照操作

在列表框中选择某外部参照，然后单击"卸载"按钮，就可暂时不在屏幕上显示该外部参照并使它不参与重生成，以便改善系统运行性能。但是该外部参照仍存在于主图形文件中，需要显示时可以重新选择它，然后单击"重载"按钮。

⑦永久转换外部参照到当前图形中操作

这种操作称为"绑定"。选择该外部参照，然后单击"绑定"按钮，激活"绑定"外部参照的对话框，有下列两种绑定类型供选择。

"绑定"：将所选外部参照变成当前图形的一个块，并重新命名它的从属符号，原来的"|"符号被"＄n＄"代替，中间的 n 是一个表示索引号的数字。例如"Draw|Layer1"变成"Draw＄n＄Layer1"。以后就可以和图中其他命名对象一样处理它们。

"插入"：用插入的方法把外部参照固定到当前图形，并且它的从属符号剥去外部参照图形名，变成普通的命名符号加入当前图形中，如"Draw|Layer1"变成"Layer1"。如果当前图形内部有同名的符号，该从属符号就变为采用内部符号的特性（如颜色等）。因此如不能确定有无同名的符号时，选择"绑定"类型为宜。

被绑定的外部参照的图形及与它关联的从属符号（如块、文字样式、尺寸标注样式、层、线型表等）都变成了当前图形的一部分，它们不可能再自动更新为新版本。

⑧改变外部参照文件的路径操作

- 在列表框中选择某外部参照。
- 在"发现外部参照于"的文本框中输入包含路径的新文件名。
- 单击"保存路径"按钮保存路径,以后 CAD 2022 就会按此搜索该文件。
- 单击"确定"按钮结束操作。

另外,也可以单击"浏览"按钮,打开"选取覆盖文件"对话框,从中选择其他路径或文件。

(3)操作注意事项

①在一个设计项目中,多个设计人员可通过外部参照进行并行设计。即将其他设计人员设计的图形放置在本地的图形上,合并多个设计人员的工作,从而使整个设计组所做的设计保持同步。

②确保显示参照图形的最新版本。当打开图形时,系统会自动重新装载每个外部参照。

2.附着外部参照

(1)命令格式

命令行:Xattach

菜单:"插入"→"外部参照(X)"

执行该命令,首先激活"选取附加文件"对话框,如图 3-98 所示。在该对话框中选择参照文件之后,单击"打开"按钮,将关闭该对话框并激活"外部参照"对话框,如图 3-99 所示。

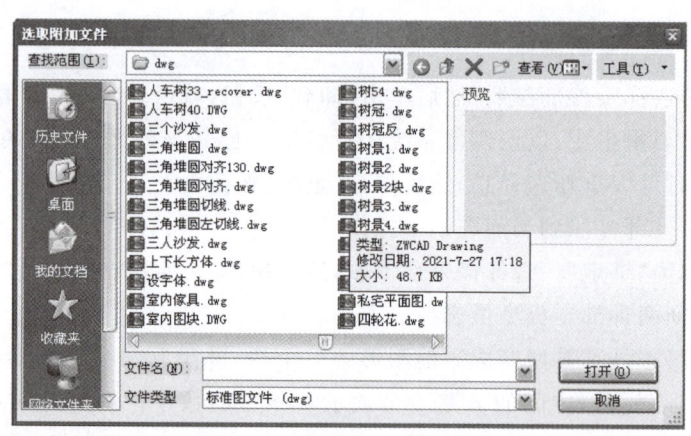

图 3-98 "选取附加文件"对话框

(2)操作步骤

引入外部参照的操作步骤如下:

①确定外部参照文件。在"名称"中列出选好的文件名。如果想再选别的文件作参照文件,可以单击"浏览"按钮,再打开"选取附加文件"对话框。

②指定参照类型:附加型和覆盖型选择其中之一。

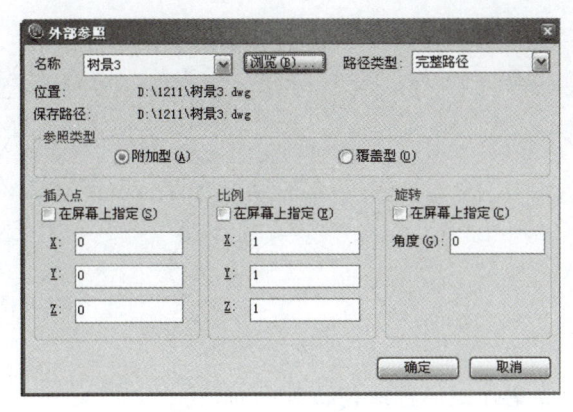

图 3-99 "外部参照"对话框

③设定"插入点""比例"和"旋转"等参数,可用"在屏幕上指定"或直接在文本框中输入的方式来设定。

④单击"确定"按钮,完成操作。

3.5 图形编辑

3.5.1 选择对象

在图形编辑前,首先要选择需要进行编辑的图形对象,然后再对其进行编辑加工。CAD 会将所选择的对象虚线显示,这些所选择的对象称为选择集。选择集可以包含单个对象,也可以包含更复杂的多个对象。

(1)命令选项含义

在命令行提示要选择对象时,输入"?",将显示如下提示信息:

全部(ALL)/增添(A)/除去(R)/前次(P)/上次(L)/窗口(W)/相交(C)/外部(O)/多边形窗口(WP)/相交多边形(CP)/外部多边形(OP)/圆形窗口(WC)/相交圆形(CC)/外部圆形(OC)/方形(B)/点(PO)/围栏(F)/自动(AU)/多次(M)/单个(S)/特性(PRO)/对话框(D)/撤销(U):

以上各项提示的含义和功能举例如图 3-100～图 3-106 所示,具体说明如下:

①全部(ALL):选取当前图形中的所有对象。

②增添(A):新增一个或一个以上的对象到选择集中。

③除去(R):从选择集中删除一个或一个以上的对象。

④前次(P):选取包含在上个选择集当中的对象。

⑤上次(L):选取在图形中最新创建的对象。

⑥窗口(W):选取完全包含在矩形选取窗口中的对象。

⑦相交(C):选取与矩形选取窗口相交或包含在矩形选取窗口内的所有对象。

选择全部　　　　　　　　　　　　　　　　　　　　　　　　　　窗口选择

图 3-100　全部（ALL）　　　　图 3-101　增添（A）　　　　图 3-102　窗口（W）

⑧外部（O）：选取完全在矩形选取窗口外的对象。
⑨多边形窗口（WP）：选取完全在多边形选取窗口中的对象。
⑩相交多边形（CP）：选取多边形选取窗口所包含或与之相交的对象。

相交选择方式　　　　　　多边形窗口选择　　　　　　相交多边形选择

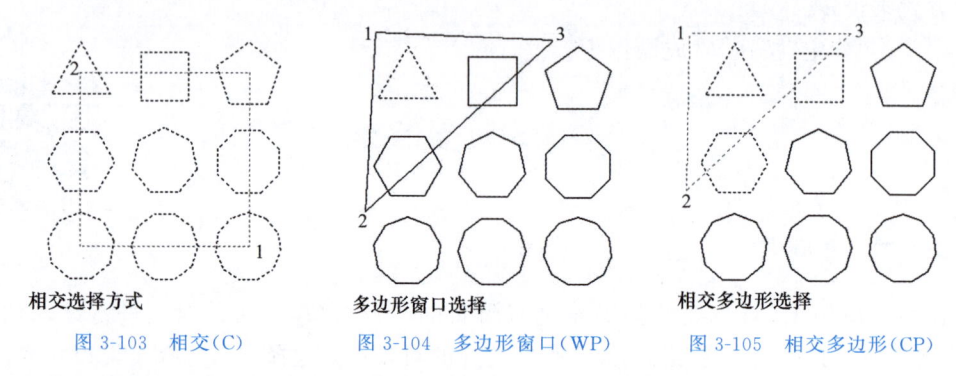

图 3-103　相交（C）　　　图 3-104　多边形窗口（WP）　　图 3-105　相交多边形（CP）

⑪外部多边形（OP）：选取完全在多边形选取窗口外的对象。
⑫圆形窗口（WC）：选取完全在圆形选取窗口中的对象。
⑬相交圆形（CC）：选取圆形选取窗口所包含或与之相交的对象。
⑭外部圆形（OC）：选取完全在圆形选取窗口之外的对象。
⑮方形（B）：选择指定方形选取窗内的所有对象。
⑯点（PO）：选取任何围绕着所选点的封闭对象。
⑰围栏（F）：选取与方形选择框相交的所有对象。

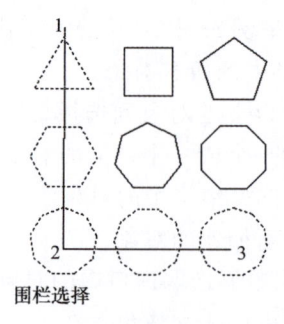

围栏选择

图 3-106　围栏（F）

⑱自动（AU）：自动选择模式,制图人员指向一个对象即可选择该对象。若指向对象

内部或外部的空白区,将形成框选方法定义的选择框的第一个角点。

⑲多次(M):选择多个对象并亮显选取的对象。

⑳单个(S):选择"单个"选项后,只能选择一个对象,若要继续选择其他对象,需要重新执行选择命令。

㉑特性(PRO):根据特性选择相同特性的对象。

㉒对话框(D):开启"绘图设置"对话框的"坐标输入"选项卡,可在其中设置选择方式等。

㉓撤销(U):取消最近添加到选择集当中的对象。

(2)操作注意事项

可以自动地使用一些选择方法,无须显示提示框。如可以单击鼠标左键选择对象,或者单击两点确定方形选择框来选择对象。

(3)夹点含义及使用

选取对象时,对象上有小方块高亮显示,这些位于对象关键点的小方块就称为夹点。夹点的位置视所选对象的类型而定。如图 3-107 所示,夹点会显示在直线的端点与中点,圆的四分点与圆心,弧的端点、中点与圆心。

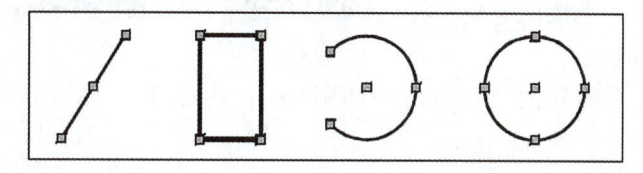

图 3-107 夹点位置图例

使用夹点来编辑对象时,要先选取对象以显示夹点,再点选夹点来使用。所选的夹点视所修改对象的类型与其所采用的编辑方式而定。例如,要移动直线对象,要拖动直线中点处的夹点;要拉伸直线,要拖动直线端点处的夹点。图形对象的夹点特征如表 3-2 所示。

表 3-2　　图形对象的夹点特征

对象类型	夹点特征
直线	两个端点和中点
多段线	直线段的两个端点、圆弧段的中点和两个端点
构造线	控制点以及线上的邻近两点
射线	起点以及线上的一点
多线	控制线上的两个端点
圆弧	两个端点、圆心和中点
圆	四个象限点和圆心
椭圆	四个顶点和中心点
椭圆弧	端点、中点和中心点
填充	形心点
文字	插入点

(续表)

对象类型	夹点特征
线性标注、对齐标注	尺寸线和尺寸界限的端点,尺寸文字的中心点
角度标注	尺寸线的端点和指定尺寸标注弧的端点,支持文字的中心点
半径标注、直径标注	半径或直径标注的端点,支持文字的中心点
坐标标注	标注点,引出线的端点和尺寸文字的中心点

3.5.2 基本编辑命令

1.删除

(1)命令格式

命令行：Erase(E)

菜单："修改"→"删除(E)"

工具栏："修改"→"删除"

删除图形文件中选取的对象。

(2)实例操作演示

运用 Erase 命令删除图 3-108(a)中的圆形,结果如图 3-108(b)所示。其操作步骤如下：

(a)　　　(b)

图 3-108　用 Erase 命令删除图形

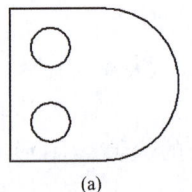

命令：Erase(E)
选取删除对象：点选圆   //选取删除对象
选择集当中的对象：1   //提示已选择的对象数
选取删除对象：点选另一个圆   //选取删除对象
选择集当中的对象：2   //提示已选择的对象数
选取删除对象   //按 Enter 键删除对象

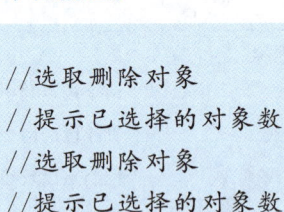

(3)操作注意事项

使用 Oops 命令,可以恢复最后一次使用 Erase 命令删除的对象。若要连续向前恢复被删除的对象,则需要使用取消命令 Undo。

2.移动

(1)命令格式

命令行：Move(M)

菜单:"修改"→"移动(V)"
工具栏:"修改"→"移动" ✥
将选取的对象以指定的距离从原来的位置移动到新的位置。
(2)命令选项含义
执行 Move 命令后,系统会提示"选择移动对象:",选择对象后,继续提示"指定基点或[位移(D)]<位移>:",接着选择某一选项即完成被选对象的移动。该命令各项提示的含义和功能说明如下:
①基点:指定移动对象的开始点,对象的移动距离和方向均以该点为基准。
②位移(D):指定移动距离和方向的 X、Y、Z 值。
(3)实例操作演示
运用 Move 命令将图 3-109(a)中上面的三个圆向上移动一定的距离,如图 3-109(b)所示。其操作步骤如下:

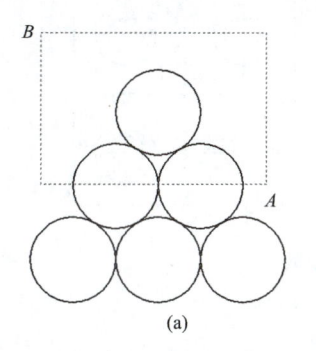

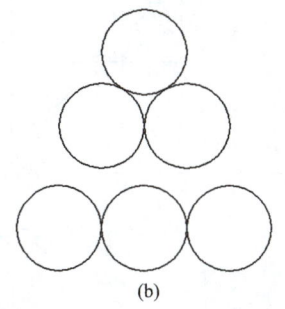

图 3-109 用 Move 命令进行移动

命令:Move	
选择移动对象:点选点 A	//指定窗选对象的第一点
另一角点:点选点 B	//指定窗选对象的第二点
选择集当中的对象:3	//提示已选择的对象数
选取移动对象:	//按 Enter 键结束对象选择
指定基点或[位移(D)]<位移>:	//指定移动的基点
指定第二个点或<使用第一个点作为位移>:	//垂直向上指定另一点

(4)操作注意事项
绘图时可以借助目标捕捉功能来确定移动的位置,还有移动对象时最好将"极轴"打开,这样可以清楚地看到移动的距离及方位。

3.旋转
(1)命令格式
命令行:Rotate(R)
菜单:"修改"→"旋转(R)"
工具栏:"修改"→"旋转" ↻
通过指定的点来旋转选取的对象。

(2) 命令选项含义

执行 Rotate 命令后,系统提示"选择对象",选择对象后,继续提示"指定基点:",指定基点,提示"指定旋转角度或 [复制(C)/参照(R)] <0>:"。该命令各项提示的含义和功能说明如下:

① 旋转角度:指定对象绕指定的点旋转的角度。旋转轴通过指定的基点,并且平行于当前用户坐标系的 Z 轴。

② 复制(C):在旋转对象的同时创建对象的旋转副本。

③ 参照(R):将对象从指定的角度旋转到新的绝对角度。

(3) 实例操作演示

运用 Rotate 命令将图 3-110(a)中正方形内的两个螺栓复制旋转 90°,使得正方形的每个角都有一个螺栓,如图 3-110(c)所示。其操作步骤如下:

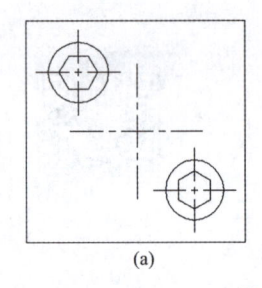

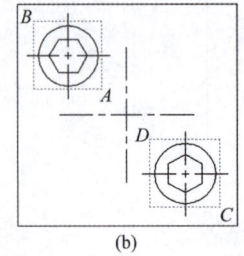

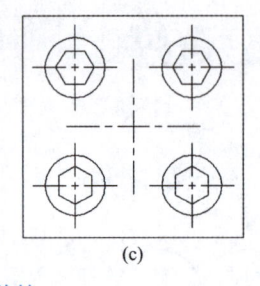

图 3-110 用 Rotate 命令进行旋转

用 Rotate 命令进行旋转

```
命令:Rotate
选择对象:点选点 A                          //指定窗选对象的第一点
另一角点:点选点 B                          //指定窗选对象的第二点
选择集当中的对象:2                         //提示已选择的对象数
选择对象:点选点 C                          //指定窗选对象的第一点
另一角点:点选点 D                          //指定窗选对象的第二点
选择集当中的对象:4                         //提示已选择的对象数
选择对象:                                //按 Enter 键结束对象选择
UCS 当前正角方向:ANGDIR=逆时针 ANGBASE=0
指定基点:点选正方形中心点                   //指定旋转点
指定旋转角度或 [复制(C)/参照(R)] <0>:C     //选择复制旋转
旋转一组选定对象。
指定旋转角度或 [复制(C)/参照(R)] <0>:90    //指定旋转 90°
```

(4) 操作注意事项

对象相对于基点的旋转角度有正负之分,正角度表示沿逆时针旋转,负角度表示沿顺时针旋转。

4. 复制

(1) 命令格式

命令行:Copy(CP)

复制

菜单:"修改"→"复制选择(Y)"
工具栏:"修改"→"复制对象"

将指定的对象复制到指定的位置上。

(2)命令选项含义

Copy 命令的各项提示的含义和功能说明如下:

①基点:通过基点和放置点来定义一个矢量,指示复制的对象移动的距离和方向。

②位移(D):通过输入一个三维数值或指定一个点来指定对象副本在当前 X、Y、Z 轴的方向和位置。

③模式(O):控制复制的模式为单个或多个,确定是否自动重复该命令。

(3)实例操作演示

运用 Copy 命令复制图 3-111(a)中床上的枕头。其操作步骤如下:

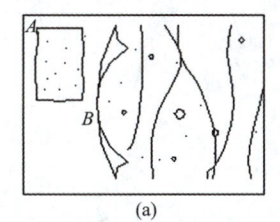

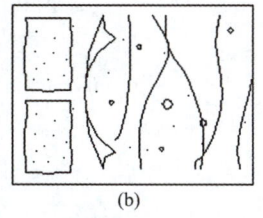

图 3-111 用 Copy 命令进行复制

```
命令:Copy
选择复制对象:点选点 A                        //指定窗选对象的第一点
另一角点:点选点 B                           //指定窗选对象的第二点
选择集当中的对象:1                          //提示已选择的对象数
选择复制对象:                              //按 Enter 键结束对象选择
当前设置:复制模式=多个
指定基点或 [位移(D)/模式(O)]<位移>:
点选一点                                  //指定复制基点
指定第二个点或 <使用第一个点作为位移>:
点选另外一点                              //指定位移点
指定第二个点或 [退出(E)/放弃(U)]<退出>:  //按 Enter 键结束命令
```

(4)操作注意事项

①Copy 命令支持对简单的单一对象(集)的复制,诸如直线/圆/圆弧/多段线/样条曲线和单行文字等,同时也支持对复杂对象(集)的复制,诸如关联填充、块/多重插入块、多行文字、外部参照、组对象等。

②使用 Copy 命令只能在一个图形文件中进行多次复制,如果要在图形之间进行复制,应采用 Copyclip 命令,它先将复制对象复制到 Windows 的剪贴板上,然后在另一个图形文件中用 Pasteclip 命令将剪贴板上的内容粘贴到图形中。

5.镜像

(1)命令格式

命令行：Mirror(MI)

菜单："修改"→"镜像(I)"

工具栏："修改"→"镜像"

以一条线段为基准线，创建对象的反射副本。

(2)实例操作演示

运用 Mirror 命令使图 3-112(a)变成图 3-112(b)所示。其操作步骤如下：

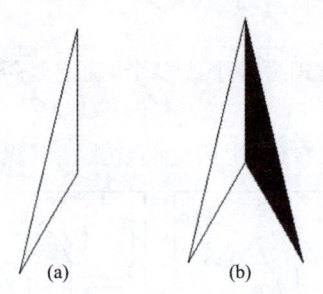

图 3-112　用 Mirror 命令镜像图形

命令：Mirror	
选择对象：点选点 A	//指定窗选对象的第一点
另一角点：点选点 B	//指定窗选对象的第二点
选择集当中的对象：4	//提示已选择的对象数
选择对象：	//按 Enter 键结束对象选择
指定镜面线的第一点：点选点 C	//指定镜像线的第一点
指定镜面线的第二点：点选点 D	//指定镜像线的第二点
要删除原对象吗？[是(Y)/否(N)]〈N〉：N	//按 Enter 键结束命令

(3)操作注意事项

若选取的对象为文本，可配合系统变量 Mirrtext 来创建镜像文字。当 Mirrtext 设置为开(1)时，文字对象将同其他对象一样被镜像处理；当 Mirrtext 设置为关(0)时，创建的镜像文字对象方向不作改变。

6.阵列

(1)命令格式

命令行：Array(AR)

菜单："修改"→"阵列(A)"

工具栏："修改"→"阵列"

复制选定对象的副本，并按指定的方式排列。除了可以对单个对象进行阵列的操作，还可以对多个对象进行阵列的操作，在执行该命令时，系统会将多个对象视为一个整体对象来对待。

(2)命令选项含义

①矩形阵列(R)：复制选定的对象后，为其指定行数和列数来创建矩形阵列。如

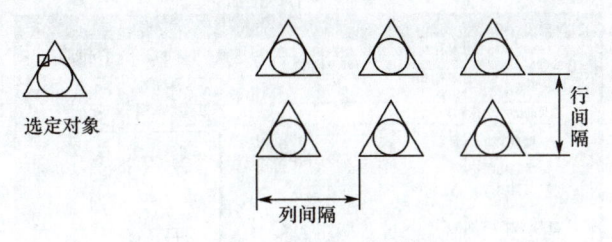

图 3-113 所示。

图 3-113 矩形阵列示意

②环形阵列(P)：系统将以指定的圆心或基准点来复制选定的对象，创建环形阵列。如图 3-114 所示。

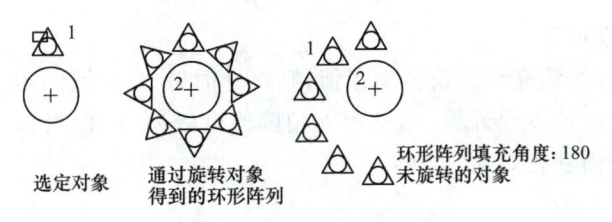

图 3-114 环形阵列示意

(3)实例操作演示

将图 3-115(a)用 Array 命令进行阵列复制，得到 3-115(b)所示的图形。其操作步骤如下：

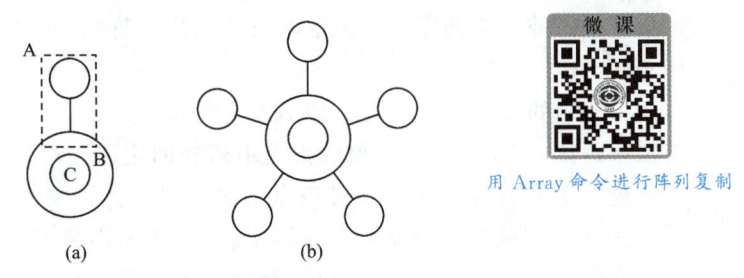

图 3-115 用 Array 命令进行阵列复制

命令：Array	//执行 Array 命令,打开图 3-116 所示的对 //话框
指定阵列中心点：点选点 C	//指定环形阵列的中心
项目总数：5	//指定阵列项数
填充角度：360	//指定阵列角度
"选择对象"	//选择对象
选取阵列对象：点选点 A	//指定窗选对象的第一点
另一角点：点选点 B	//指定窗选对象的第二点
选择集当中的对象：2	//提示已选择的对象数
选取阵列对象：	//按 Enter 键结束对象选择
单击"确定"按钮	//结束命令

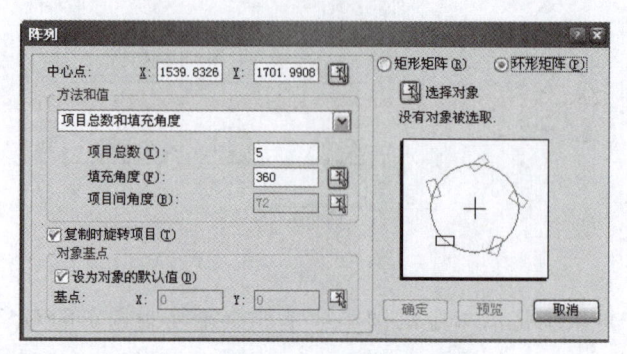

图 3-116 "阵列"对话框

(4)操作注意事项

创建环形阵列时,填充角度值若为正值,则以逆时针方向旋转;若为负值,则以顺时针方向旋转。填充角度值不允许为 0,选项间角度值可以为 0,但当选项间角度值为 0 时,将看不到阵列的任何变化效果。

7.偏移

(1)命令格式

命令行:Offset(O)

菜单:"修改"→"偏移(S)"

工具栏:"修改"→"偏移"

偏移

以指定的点或指定的距离将选取的对象偏移并复制,使对象副本与原对象平行。

(2)命令选项含义

Offset 命令的各项提示的含义和功能说明如下:

①偏移距离:在距离选取对象的指定距离处创建选取对象的副本。

②通过(T):以指定点创建通过该点的偏移副本。

③拖拽(D):以拖拽的方式指定偏移距离,创建偏移副本。

④删除(E):在创建偏移副本之后,删除或保留原对象。

⑤图层(L):控制偏移副本是创建在当前图层上还是原对象所在的图层上。

(3)实例操作演示

运用 Offset 命令偏移一组同心圆如图 3-117(b)所示。其操作步骤如下:

用 Offset 命令偏移对象

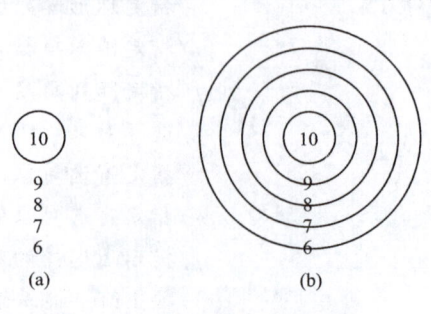

图 3-117 用 Offset 命令偏移对象

命令：Offset
指定偏移距离或 [通过(T)/拖拽(D)/删除(E)/图层(L)] <通过>：2
            //输入 2，指定偏移距离
选择要偏移的对象，或[退出(E)/放弃(U)]<退出>：
选择圆形   //选择要偏移的对象
指定要偏移的那一侧上的点，或 [退出(E)/多个(M)/放弃(U)] <退出>：M
            //输入 M，选择多次偏移
指定要偏移的那一侧上的点，或 [退出(E)/放弃(U)] <下一个对象>：
选取圆外一点   //偏移出第一个圆
指定要偏移的那一侧上的点，或 [退出(E)/放弃(U)] <下一个对象>：
选取圆外一点   //偏移出第二个圆
指定要偏移的那一侧上的点，或 [退出(E)/放弃(U)] <下一个对象>：
选取圆外一点   //偏移出第三个圆
指定要偏移的那一侧上的点，或 [退出(E)/放弃(U)] <下一个对象>：
选取圆外一点   //偏移出第四个圆
指定要偏移的那一侧上的点，或 [退出(E)/放弃(U)] <下一个对象>：
回车   //结束命令

(4)操作注意事项

偏移命令是一个单对象编辑命令，在使用过程中，只能以直接拾取的方式选择对象。

8.缩放

(1)命令格式

命令行：Scale(SC)

菜单："修改"→"缩放(L)"

工具栏："修改"→"缩放"

以一定比例放大或缩小选取的对象。

(2)命令选项含义

Scale 命令的各项提示的含义和功能说明如下：

①比例因子：以指定的比例值放大或缩小选取的对象。当输入的比例值大于 1 时，则放大对象；若为 0 和 1 之间的小数，则缩小对象。若指定的距离小于原对象大小时，缩小对象；指定的距离大于原对象大小，则放大对象。

②复制(C)：在缩放对象时，创建缩放对象的副本。

③参照(R)：按参照长度和指定的新长度缩放所选对象。

(3)实例操作演示

运用 Scale 命令将图 3-118(a)的五角星放大。其操作步骤如下：

命令：Scale
选择对象：点选图形左上角   //指定窗选对象的第一点
另一角点：点选图形右下角点   //指定窗选对象的第二点
选择集当中的对象：10   //提示已选择的对象数

图 3-118 用 Scale 命令放大图形

选择对象：	//按 Enter 键结束对象选择
指定基点：点选五角星中心点	//指定缩放基点
指定比例因子或 [复制(C)/参照(R)]<1.0000>：3	//指定缩放比例

(4) 操作注意事项

Scale 命令与 Zoom 命令有区别,前者可改变实体的尺寸大小,后者只是缩放显示实体,并不改变实体的尺寸大小。

9. 打断

(1) 命令格式

命令行：Break(BR)

菜单："修改"→"打断(K)"

工具栏："修改"→"打断"

将选取的对象在两点之间打断。

(2) 命令选项含义

Break 命令的各项提示的含义和功能说明如下：

①第一切断点(F)：在选取的对象上指定要切断的起点。

②第二切断点(S)：在选取的对象上指定要切断的第二点。若制图人员在命令行输入 Break 命令后,在第一条命令提示中选择了 S(第二切断点),则系统将以选取对象时指定的点为默认的第一切断点。

(3) 实例操作演示

运用 Break 命令删除图 3-119(a)所示的圆的一部分,如图 3-119(b)所示。其操作步骤如下：

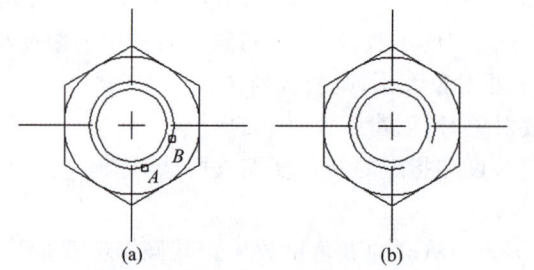

图 3-119 用 Break 命令删除图形

命令：Break	
选取切断对象：点选点 A	//指定要切断的第一点
第一切断点(F)/同第一点(@)<第二切断点>：点选点 B	//指定要切断的第二点

(4)操作注意事项

①系统在使用 Break 命令切断被选取的对象时,一般是切断两个切断点之间的部分。当其中一个切断点不在选定的对象上时,系统将选择离此点最近的对象上的一点为切断点。

②若选取的两个切断点在同一个位置,可将对象切开,但不删除某个部分。除了可以指定同一点,还可以在选择第二切断点时,在命令行提示下输入@字符,这样可以达到同样的效果。但这样的操作不适合圆,要切断圆,必须选择两个不同的切断点。

③在切断圆或多边形等封闭区域对象时,系统默认以逆时针方向切断两个切断点之间的部分。

10. 合并

(1)命令格式

命令行:Join

菜单:"修改"→"合并(J)"

工具栏:"修改"→"合并"

将对象合并以形成一个完整的对象。

(2)实例操作演示

用 Join 命令连接图 3-120(a)所示的两段直线,结果如图 3-120(b)所示。其操作步骤如下:

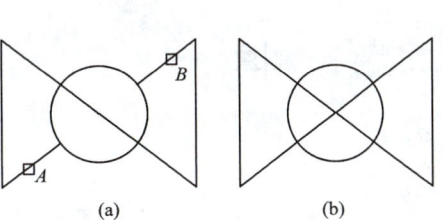

图 3-120 用 Join 命令连接图形

命令:Join

选择连接的圆弧、直线、开放多段线、椭圆弧,或者开放样条曲线:点选 A 直线　　　　　　　　　　　　　　　　　　//指定要连接的图形

选择要连接的线:点选 B 直线　　　　　　　//指定要连接的图形

选择集当中的对象:1　　　　　　　　　　　//提示已选择的对象数

选择要连接的线:　　　　　　　　　　　　　//按 Enter 键结束对象选择

已将 1 条直线合并到源

(3)操作注意事项

①圆弧:选取要连接的弧。要连接的弧必须都为同一圆的一部分。

②直线:要连接的直线必须处于同一直线上,它们之间可以有间隙。

③开放多段线:被连接的对象可以是直线、开放多段线或圆弧,对象之间不能有间隙,并且必须位于与 UCS 的 XY 平面平行的同一平面上。

④椭圆弧:选择的椭圆弧必须位于同一椭圆上,它们之间可以有间隙。"闭合"选项可将源椭圆弧闭合成完整的椭圆。

⑤开放样条曲线:连接的样条曲线对象之间不能有间隙,且最后的对象是单个样条曲线。

11.倒角

(1)命令格式

命令行:Chamfer(CHA)

菜单:"修改"→"倒角(C)"

工具栏:"修改"→"倒角"

使用 Chamfer 命令可以给所指定的对象加倒角。

(2)命令选项含义

Chamfer 命令的各项提示的含义和功能说明如下:

①选取第一个对象:选择要进行倒角处理的对象的第一条边,或要倒角的三维实体边中的第一条边。

②设置(S):开启"绘图设置"对话框的"对象修改"选项卡,用户可在其中选择倒角的方法,并设置相应的倒角距离和角度。如图 3-121 所示。

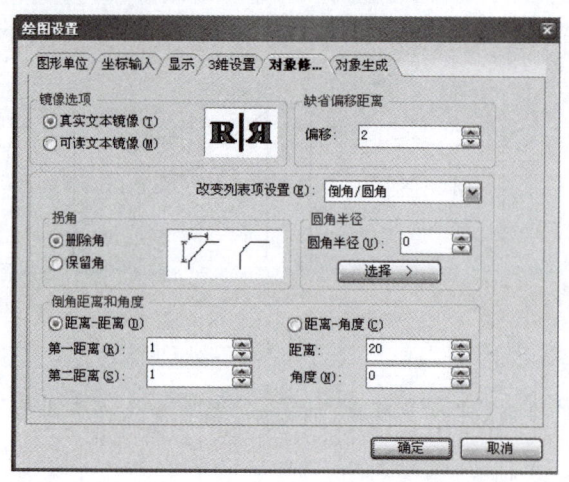

图 3-121 "对象修改"选项卡

③多段线(P):为整个二维多段线进行倒角处理。

④距离(D):创建倒角后,设置倒角到两个选定边的端点的距离。

⑤角度(A):指定第一条线的长度和第一条线与倒角后形成的线段之间的角度值。

⑥修剪(T):由用户自行选择是否对选定边进行修剪,直到倒角线的端点。

⑦方式(M):选择倒角方式。倒角处理的方式有两种,"距离-距离"和"距离-角度"。

⑧多个(U):可为多个两条线段的选择集进行倒角处理。

(3)实例操作演示

运用 Chamfer 命令将图 3-122(a)所示的螺栓前端进行倒角,结果如图 3-122(b)所示。其操作步骤如下:

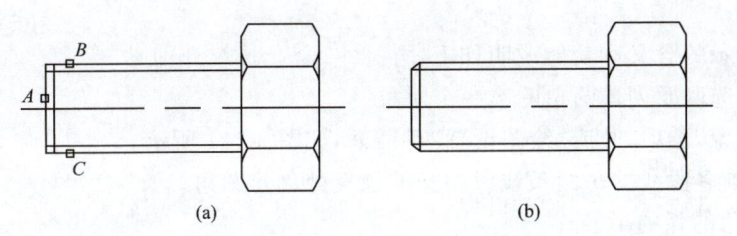

图 3-122　用 Chamfer 命令绘制图形

命令：Chamfer
倒角(距离 1=1.0000,距离 2=1.0000)：设置(S)/多段线(P)/距离(D)/角度(A)/修剪(T)/方式(M)/多个(U)/<选取第一个对象>：D
　　　　　　　　　　　　　　　　　　　　　//输入 D,选择倒角距离
第一个对象的倒角距离 <1.0000>：1　　　　//设置倒角距离
第二个对象的倒角距离 <1.0000>：　　　　//按 Enter 键接受默认距离
倒角(距离 1=1.0000,距离 2=1.0000)：设置(S)/多段线(P)/距离(D)/角度(A)/修剪(T)/方式(M)/多个(U)/<选取第一个对象>：U
　　　　　　　　　　　　　　　　　　　　　//输入 U,选择多次倒角
倒角(距离 1=1.0000,距离 2=1.0000)：设置(S)/多段线(P)/距离(D)/角度(A)/修剪(T)/方式(M)/多个(U)/<选取第一个对象>：
点选 A 直线　　　　　　　　　　　　　　//选取第一个倒角对象
选取第二个对象：　　　　　　　　　　　//点选 B 直线
倒角(距离 1=1.0000,距离 2=1.0000)：设置(S)/多段线(P)/距离(D)/角度(A)/修剪(T)/方式(M)/多个(U)/<选取第一个对象>：
点选 A 直线　　　　　　　　　　　　　　//再选取第一个倒角对象
选取第二个对象：　　　　　　　　　　　//点选 C 直线
倒角(距离 1=1.0000,距离 2=1.0000)：设置(S)/多段线(P)/距离(D)/角度(A)/修剪(T)/方式(M)/多个(U)/<选取第一个对象>：
回车　　　　　　　　　　　　　　　　　//结束命令

(4)操作注意事项
①若要做倒角处理的对象没有相交,系统会自动修剪或延伸到可以做倒角的情况。
②若为两个倒角距离指定的值均为 0,选择的两个对象将自动延伸至相交。
③选择"放弃"按钮时,使用倒角命令为多个选择集进行的倒角处理将全部被取消。

12.圆角

(1)命令格式
命令行：Fillet(F)
菜单："修改"→"圆角(F)"
工具栏："修改"→"圆角"

为两段圆弧、圆、椭圆弧、直线、多段线、射线、样条曲线或构造线以及三维实体创建以指定半径的圆弧形成的圆角。

(2)命令选项含义

Fillet 命令的各项提示的含义和功能说明如下：

①选取第一个对象：选取要创建圆角的第一个对象。

②设置(S)：选择"设置"选项，开启"绘图设置"对话框，如图 3-121 所示。

③多段线(P)：在二维多段线的每两条线段相交的顶点处创建圆角。

④半径(R)：设置圆角的弧的半径。

⑤修剪(T)：在选定边后，若两条边不相交，选择此选项确定是否修剪选定的边使其延伸到圆角弧的端点。

⑥多个(U)：为多个对象创建圆角。

(3)实例操作演示

运用 Fillet 命令为图 3-123(a)所示的槽钢创建圆角，结果如图 3-123(b)所示。其操作步骤如下：

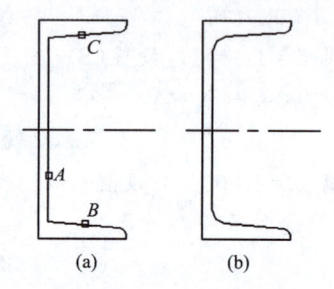

图 3-123 用 Fillet 命令绘制图形

```
命令：Fillet
圆角(F)(半径=0)：设置(S)/多段线(P)/半径(R)/修剪(T)/
多个(U)/<选取第一个对象>：R              //输入 R,选择圆角半径
圆角半径 <0>：10.5                        //设置圆角半径
圆角(F)(半径=10.5)：设置(S)/多段线(P)/半径(R)/修剪(T)/
多个(U)/<选取第一个对象>：U              //输入 U,选择多次倒角
圆角(F)(半径=10.5)：设置(S)/多段线(P)/半径(R)/修剪(T)/
多个(U)/<选取第一个对象>：
点选 A 直线                               //选取第一个倒角对象
选取第二个对象：                          //点选 B 直线
圆角(F)(半径=10.5)：设置(S)/多段线(P)/半径(R)/修剪(T)/
多个(U)/<选取第一个对象>：
点选 A 直线                               //再选取第一个倒角对象
选取第二个对象：                          //点选 C 直线
圆角(F)(半径=10.5)：设置(S)/多段线(P)/半径(R)/修剪(T)/
多个(U)/<选取第一个对象>：
回车                                      //结束命令
```

(4)操作注意事项

①若选定的对象为直线、圆弧或多段线,系统将自动延伸这些直线或圆弧直到它们相交,然后再创建圆角。

②若选取的两个对象不在同一图层,系统将在当前图层创建圆角线。同时,圆角的颜色、线宽和线型的设置也在当前图层中进行。

③若选取的对象是包含弧线段的单个多段线。创建圆角后,新多段线的所有特性(例如图层、颜色和线型)将继承所选的第一个多段线的特性。

④若选取的对象是关联填充(其边界通过直线线段定义),创建圆角后,该填充的关联性不再存在。若该填充的边界以多段线来定义,将保留其关联性。

⑤若选取的对象为一条直线和一条圆弧或一个圆,可能会有多个圆角的存在,系统将默认选择最靠近选中点的端点来创建圆角。

13.修剪

(1)命令格式

命令行:Trim(TR)

菜单:"修改"→"修剪(T)"

工具栏:"修改"→"修剪"

清理所选对象超出指定边界的部分。

(2)命令选项含义

Trim 命令的各项提示的含义和功能说明如下:

①要修剪的对象:指定要修剪的对象。

②边缘模式(E):修剪对象的假想边界或与之在三维空间中相交的对象。

③围栏(F):指定围栏点,将多个对象修剪成单一对象。

④窗交(C):通过指定两个对角点来确定一个矩形窗口,选择在该窗口内部或与该窗口相交的对象。

⑤投影(P):指定在修剪对象时使用的投影模式。

⑥删除(R):在执行修剪命令的过程中将选定的对象从图形中删除。

⑦撤销(U):撤销使用修剪命令最近对对象进行的修剪操作。

(3)实例操作演示

运用 Trim 命令将图 3-124(a)所示的五角星内的直线剪掉,结果如图 3-124(b)所示。其操作步骤如下:

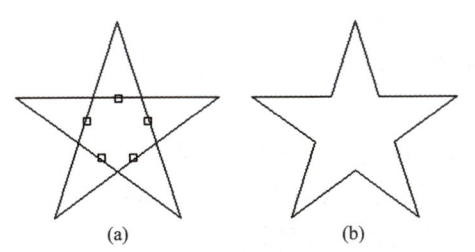

图 3-124 用 Trim 命令将直线部分剪掉

命令:Trim
选取切割对象作修剪<回车全选>:　　　　　//按 Enter 键全选对象
用全部对象作修剪边界.　　　　　　　　　//提示选择对象的数量
选择要修剪的实体,或按住 Shift 键选择要延伸的实体,或［边缘模式(E)/围栏(F)/窗交(C)/投影(P)/删除(R)］:
　　点选图形内一直线　　　　　　　　　//指定要删除的一个对象
选择要修剪的实体,或按住 Shift 键选择要延伸的实体,或［边缘模式(E)/围栏(F)/窗交(C)/投影(P)/删除(R)/撤销(U)］:
　　点选图形内一直线　　　　　　　　　//指定要删除的一个对象
选择要修剪的实体,或按住 Shift 键选择要延伸的实体,或［边缘模式(E)/围栏(F)/窗交(C)/投影(P)/删除(R)/撤销(U)］:
　　点选图形内一直线　　　　　　　　　//指定要删除的一个对象
选择要修剪的实体,或按住 Shift 键选择要延伸的实体,或［边缘模式(E)/围栏(F)/窗交(C)/投影(P)/删除(R)/撤销(U)］:
　　点选图形内一直线　　　　　　　　　//指定要删除的一个对象
选择要修剪的实体,或按住 Shift 键选择要延伸的实体,或［边缘模式(E)/围栏(F)/窗交(C)/投影(P)/删除(R)/撤销(U)］:
　　点选图形内一直线　　　　　　　　　//指定要删除的一个对象
选择要修剪的实体,或按住 Shift 键选择要延伸的实体,或［边缘模式(E)/围栏(F)/窗交(C)/投影(P)/删除(R)/撤销(U)］:
　　回车　　　　　　　　　　　　　　　//结束命令

(4) 操作注意事项

在按 Enter 键结束选择之前,系统会不断提示指定要修剪的对象,所以制图人员可指定多个对象进行修剪。在选择对象的同时按 Shift 键可将对象延伸到最近的边界,而不修剪它。

14. 延伸

(1) 命令格式

命令行:Extend(EX)

菜单:"修改"→"延伸(D)"

工具栏:"修改"→"延伸"

延伸线段、弧、二维多段线或射线,使之与另一对象相切。

(2) 命令选项含义

Extend 命令的各项提示的含义和功能说明如下:

① 边界对象:选定对象,使之成为对象延伸的边界的边。

② 延伸的实体:选择要进行延伸的对象。

③ 边缘模式(E):若边界对象的边和要延伸的对象没有实际交点,但又要将指定对象延伸到两对象的假想交点处,可选择"边缘模式"。

④围栏(F)：进入"围栏"模式,可以选取围栏点。围栏点为要延伸的对象上的开始点,可延伸多个对象到一个对象。

⑤窗交(C)：进入"窗交"模式,通过从右到左指定两个点来定义选择区域内的所有对象,可延伸所有的对象到边界对象。

⑥投影(P)：选择对象延伸时的投影方式。

⑦删除(R)：在执行 Extend 命令的过程中选择对象并将其从图形中删除。

⑧撤销(U)：放弃之前使用 Extend 命令对对象的延伸处理。

(3)实例操作演示

运用 Extend 命令延伸图 3-125(a),使之成为 3-125(b)所示的图形。其操作步骤如下：

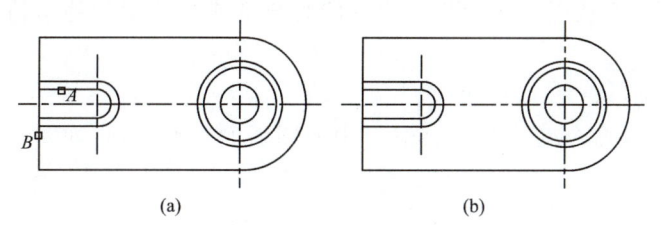

图 3-125 用 Extend 命令延伸图

```
命令：Extend
选取边界对象作延伸＜回车全选＞：
点选点 A                          //指定延伸边界
选择集当中的对象：1                //提示选择对象的数量
选取边界对象作延伸＜回车全选＞：    //按 Enter 键结束对象选择
选择要延伸的实体,或按住 Shift 键选择
要修剪的实体,或[边缘模式(E)/围栏(F)/窗交(C)/投影(P)/删除(R)]：
点选点 B                          //指定延伸对象
选择要延伸的实体,或按住 Shift 键选择
要修剪的实体,或[边缘模式(E)/围栏(F)/窗交(C)/投影(P)/删除(R)/撤销(U)]：
回车                              //结束命令
```

(4)操作注意事项

在选择时,制图人员可根据系统提示选取多个对象进行延伸。同时,还可按住 Shift 键选定对象将其修剪到最近的边界边。若要结束选择,按 Enter 键即可。

15.拉长

(1)命令格式

命令行：Lengthen(LEN)

菜单："修改"→"拉长(G)"

工具栏："修改"→"拉长"

为选取的对象修改长度,为圆弧修改包含角。

(2)命令选项含义

Lengthen 命令的各项提示的含义和功能说明如下：

①列出选取对象长度：在命令行提示下选取对象，将在命令栏显示选取对象的长度。

②动态(DY)：开启"动态拖动"模式，通过拖动选取对象的一个端点来改变其长度。其他端点保持不变。

③递增(I)：以指定的长度为增量修改对象的长度，该增量从距离选择点最近的端点处开始测量。

④百分比(P)：指定对象总长度或总角度的百分比来设置对象的长度或弧包含的角度。

⑤全部(T)：指定从固定端点开始测量的总长度或总角度的绝对值来设置对象长度或弧包含的角度。

(3)实例操作演示

运用 Lengthen 命令增长图 3-126(a)中的圆弧的长度，结果如图 3-126(b)所示。其操作步骤如下：

(a)　　　　　　(b)

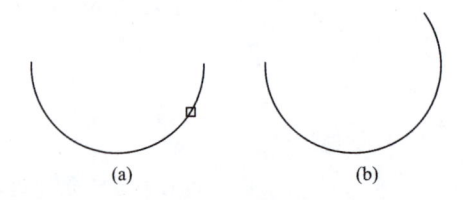

图 3-126　用 Lengthen 命令增加圆弧长度

命令：Lengthen
拉长：动态(DY)/递增(I)/百分比(P)/全部(T)/<列出选取对象长度>：P
　　　　　　　　　　　　　　　　　　　　　　　//输入 P,选择拉长方式
输入百分比长度<130.000000>：120　　　　　　　　//指定拉长比例
方式(M)/<选取变化对象>：点选圆弧　　　　　　　//指定拉长对象
方式(M)/撤销(U)/<选取变化对象>：　　　　　　　//按 Enter 键结束命令

(4)操作注意事项

递增方式拉长时，若选取的对象为弧，增量就为角度。若输入的值为正，则拉长扩展对象；若为负，则修剪缩短对象的长度或角度。

16. 分解

(1)命令格式

命令行：Explode(X)

菜单："修改"→"分解(X)"

工具栏："修改"→"分解"

分解

将由多个对象组合而成的合成对象(例如图块、多段线等)分解为独立对象。

(2)实例操作演示

运用 Explode 命令炸开矩形，令其成为 4 条单独的直线。如图 3-127 所示，其操作步骤如下：

(a)　　　　　(b)

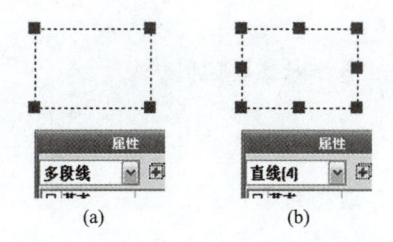

图 3-127　用 Explode 命令分解图形

命令:Explode	
选择对象:点选矩形	//指定分解对象
选择集当中的对象:1	//提示选择对象的数量
选择对象:	//按 Enter 键结束命令

(3)操作注意事项

①系统可同时分解多个合成对象,并将合成对象中的多个部件全部分解为独立对象。但若使用的是脚本或运行时的扩展函数,则一次只能分解一个对象。

②分解后,除了颜色、线型和线宽可能会发生改变,其他结果将取决于所分解的合成对象的类型。

③将块中的多个对象分解为独立对象,但一次只能删除一个独立对象。若块中包含一个多段线或嵌套块,那么对该块的分解就首先分解为多段线或嵌套块,然后再分别分解该块中的各个对象。

17. 拉伸

(1)命令格式

命令行:Stretch(S)

菜单:"修改"→"拉伸(D)"

工具栏:"修改"→"拉伸"

拉伸

拉伸选取的图形对象,使其中一部分移动,同时维持与图形其他部分的连接。

(2)命令选项含义

运用 Stretch 命令把图 3-128(a)中的门的宽度拉伸,如图 3-128(b)所示。其操作步骤如下:

(a)　　　　　(b)

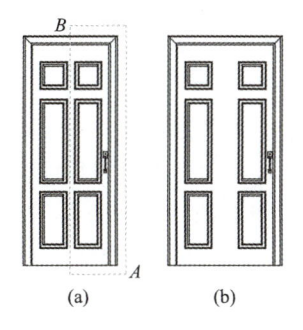

图 3-128　用 Stretch 命令拉伸门的宽度

命令:Stretch
用相交窗口或相交多边形选择对象:点选点 A　　　　　　//指定窗选对象的第一点
另一角点:点选点 B　　　　　　　　　　　　　　　　　//指定窗选对象的第二点
选择集当中的对象:123　　　　　　　　　　　　　　　　//提示选中对象的数量
用相交窗口或相交多边形选择对象:　　　　　　　　　　//按 Enter 键结束选择
指定基点或［位移(D)］＜位移＞:点选一点　　　　　　//指定拉伸基点
指定第二个点或
＜使用第一个点作为位移＞:水平向右点选一点　　　　　//指定拉伸距离

(3)操作注意事项

①Stretch 命令能拉伸或压缩线段、弧、多义线等对象,但是不能拉伸或压缩圆、文本、图块和属性定义等对象,只能将其移动。

②选择拉伸对象时应注意,当选择对象在窗选框内时,对象被移动;当有部分在窗选框内时,则被拉伸或压缩。

18.编辑多段线

(1)命令格式

命令行:Pedit(PE)

菜单:"修改"→"对象"→"编辑多段线(P)"

工具栏:"修改Ⅱ"→"编辑多段线"

Pedit 命令用于编辑二维多段线、三维多段线或三维网格。

(2)命令选项含义

Pedit 命令的各项提示的含义和功能说明如下:

①多条(M):选择多个对象同时进行编辑。

②编辑顶点(E):对多段线的各个顶点逐个进行编辑。

③闭合(C):将选取的处于打开状态的三维多段线以一条直线段连接起来,成为封闭的三维多段线。

④非曲线化(D):删除"拟合"选项所建立的曲线拟合或"样条"选项所建立的样条曲线,并拉直多段线的所有线段。

⑤拟合(F):在顶点间建立圆滑曲线,创建圆弧拟合多段线。

⑥连接(J):从打开的多段线的末端新建线、弧或多段线。

⑦线型模式(L):改变多段线的线型模式。

⑧反向(R):改变多段线的方向。

⑨样条(S):将选取的多段线对象改变成样条曲线。

⑩锥形(T):通过定义多段线起点和终点的宽度来创建锥状多段线。

⑪宽度(W):指定选取的多段线对象中所有直线段的宽度。

⑫撤销(U):撤销上一步操作,可一直返回到使用 Pedit 命令之前的状态。

⑬退出(X):退出 Pedit 命令。

(3)实例操作演示

运用 Pedit 命令编辑图 3-129(a)所示的多段线。其操作步骤如下:

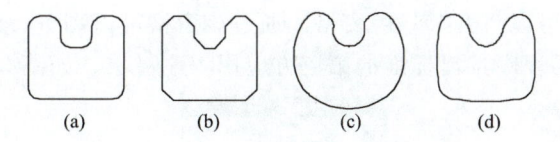

图 3-129　用 Pedit 命令编辑多段线

命令：Pedit
选择多段线(S)\上一个(L)[多条(M)]：点选对象　指定编辑对象
选择集当中的对象：1　　　　　　　　　　//提示选中对象的数量
编辑多段线：编辑顶点(E)/打开(O)/非曲线化(D)/拟合(F)/连接(J)/线型模式(L)/反向(R)/样条(S)/锥形(T)/宽度(W)/撤销(U)/<退出(X)>：D
　　　　　　　　　　　　　　　　　　//输入 D,执行结果如图 3-129(b)
　　　　　　　　　　　　　　　　　　//所示
编辑多段线：编辑顶点(E)/打开(O)/非曲线化(D)/拟合(F)/连接(J)/线型模式(L)/反向(R)/样条(S)/锥形(T)/宽度(W)/撤销(U)/<退出(X)>：F
　　　　　　　　　　　　　　　　　　//输入 F,执行结果如图 3-129(c)
　　　　　　　　　　　　　　　　　　//所示
编辑多段线：编辑顶点(E)/打开(O)/非曲线化(D)/拟合(F)/连接(J)/线型模式(L)/反向(R)/样条(S)/锥形(T)/宽度(W)/撤销(U)/<退出(X)>：S
　　　　　　　　　　　　　　　　　　//输入 S,执行结果如图 3-129(d)
　　　　　　　　　　　　　　　　　　//所示
编辑多段线：编辑顶点(E)/打开(O)/非曲线化(D)/拟合(F)/连接(J)/线型模式(L)/反向(R)/样条(S)/锥形(T)/宽度(W)/撤销(U)/<退出(X)>：
回车　　　　　　　　　　　　　　　　//结束命令

(4) 操作注意事项

选择多个对象同时进行编辑时要注意,不能同时选择多段线对象和三维网格进行编辑。

拓展：简繁体转换　拓展：图形搜索定位

3.5.3　编辑对象属性

对象属性包含一般属性和几何属性。对象的一般属性包括对象的颜色、线型、图层及线宽等,几何属性包括对象的尺寸和位置,制图人员可以直接在"属性"窗格中设置和修改对象的这些属性。

1. 使用"属性"窗格

"属性"窗格中显示了当前选择集中对象的所有属性和属性值,当选中多个对象时,将显示它们的共有属性。制图人员可以修改单个对象的属性,并快速选择集中对象共有的属性,以及多个选择集中对象的共同属性。其命令格式如下：

命令行：Properties
菜单："修改"→"对象特性管理器"
工具栏："标准"→"特性"

以上三种方法均可以打开"属性"窗格。通过该窗格可以浏览、修改对象的属性,也可以浏览、修改满足应用程序接口标准的第三方应用程序对象。如图 3-130 所示。

图 3-130 "属性"窗格

2. 属性修改

(1) 命令格式

命令行:Change

用于修改选取对象的特性。

(2) 命令选项含义

Change 命令的各项提示的含义和功能说明如下:

①改变点:通过指定改变点来修改选取对象的特性。

②对象(E):指定了射线和直线对象的改变点后,控制是否改变射线和直线的角度、位置。

③特征(P):修改选取对象的特征。

④颜色(C):修改选取对象的颜色。

⑤标高(E):为对象上所有的点都具有相同 Z 坐标值的二维对象设置 Z 轴标高。

⑥图层(LA):为选取的对象修改所在图层。

⑦线型(LT):为选取的对象修改线型。

⑧线型比例(S):修改选取对象的线型比例因子。

⑨线宽(LW):为选取的对象修改线宽。

⑩厚度(T):修改选取的二维对象在 Z 轴上的厚度。

(3) 实例操作演示

运用 Change 命令改变圆形对象的线宽,如图 3-131 所示。

```
命令:Change
选取变化对象:点选对象                    //指定编辑对象
选择集当中的对象:1                       //提示选中对象的数量
选取变化对象:
改变(C):对象(E)/特征(P)/<改变点>:P      //选择编辑对象特征
```

微课

属性修改

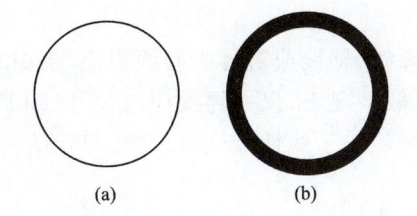

图 3-131　用 Change 命令改变图形线宽

要改变的属性：颜色（C）/标高（E）/图层（LA）/线型（LT）/线型比例（S）/线宽（LW）/厚度（T）:LW　　　　　　　　　　　　　//输入 LW,选择编辑对象线宽
新线宽(0.0 mm—2.11 mm)＜ByLayer＞:2　　　//指定对象线宽
要改变的属性：颜色（C）/标高（E）/图层（LA）/线型（LT）/线型比例（S）/线宽（LW）/厚度（T）:
回车　　　　　　　　　　　　　　　　　　　//结束命令

（4）操作注意事项

选取的对象除了线宽为 0 的直线外,其他对象都必须与当前坐标系统（UCS）平行。若同时选择了直线和其他可变对象,由于选取对象顺序的不同,结果可能不同。

3.5.4　清理及核查

1.清理

命令行：Purge(PU)

菜单："文件"→"绘图使用程序"→"清理(P)"

工具栏："修改"→"清理"

用于清除当前图形文件中未使用的已命名项目,例如图块、图层、线型、文字形式,或者定义但不使用于图形的恢复标注样式。

2.核查

命令行：Recover

菜单："文件"→"绘图使用程序"→"核查"

用于修复损坏的图形文件。

要注意的是,Recover 命令只对 dwg 文件执行修复或核查操作,而对 dxf 文件只打开文件执行修复。

3.6　尺寸标注

尺寸是工程图中不可缺少的部分,在工程图中用尺寸来确定工程形状的大小。本小节主要介绍尺寸标注的组成、设置、命令以及编辑等内容。

3.6.1　尺寸标注的组成

一个完整的尺寸标注由尺寸界线、尺寸线、尺寸文字、尺寸箭头、中心标记等部分组成,如图 3-132 所示。

尺寸界线:从图形的轮廓线、轴线或对称中心线引出,有时也可以利用轮廓线代替,用以表示尺寸的起始位置。一般情况下,尺寸界线应与尺寸线相互垂直。

尺寸线:为标注指定范围。对于线性标注,尺寸线显示为一直线段;对于角度标注,尺寸线显示为一段圆弧。

尺寸箭头:为标注指定方向。根据各类工程图纸绘制的要求,可以选取不同的箭头类型。

尺寸文字:显示测量值的字符串,可包括前缀、后缀和公差等。

中心标记:指定圆或圆弧的中心。

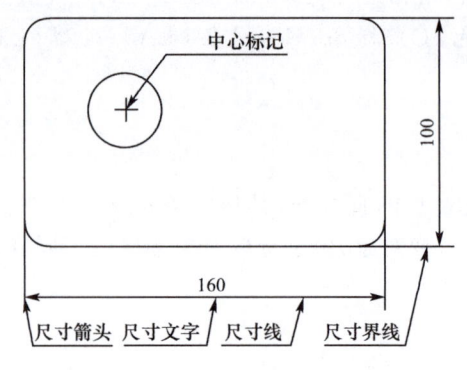

图 3-132 完整的尺寸标注

3.6.2 尺寸标注的设置

1. 命令格式

命令行:Ddim(D)

菜单:"格式"→"标注样式"

工具栏:"标注"→"标注样式"

在进行尺寸标注之前,应首先设置尺寸标注格式,然后再用这种格式进行标注,这样才能获得满意的效果。若开始绘制新的图形时选择了公制单位,则系统默认的格式为 ISO-25(国际标准样式),制图人员可根据实际情况对尺寸标注格式进行设置,以满足实际要求。

2. 命令选项含义

执行 Ddim 命令后,将出现如图 3-133 所示的"标注样式管理器"对话框。

在"标注样式管理器"对话框中,可以按照国家标准的规定以及具体使用要求新建标注格式,同时也可以对已有的标注格式进行局部修改,以满足当前的使用要求。

单击"新建"按钮,系统打开"创建新标注样式"对话框,如图 3-134 所示。在该对话框中可以创建新的尺寸标注样式。

然后单击"继续"按钮,系统打开"新建标注样式"对话框,如图 3-135 所示。

"新建标注样式"对话框的各选项卡设置说明如下:

模块三　CAD软件的操作与应用

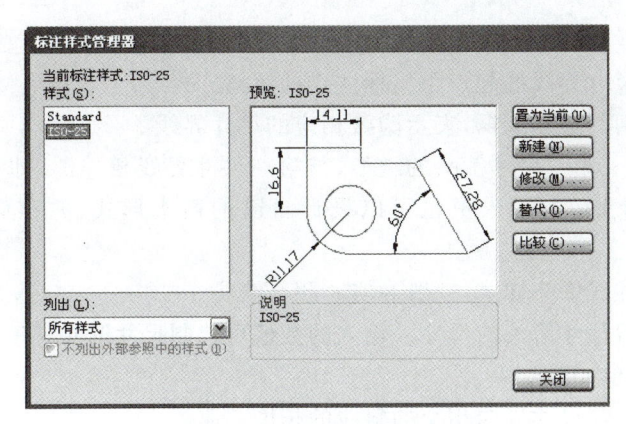

图 3-133　"标注样式管理器"对话框

图 3-134　"创建新标注样式"对话框

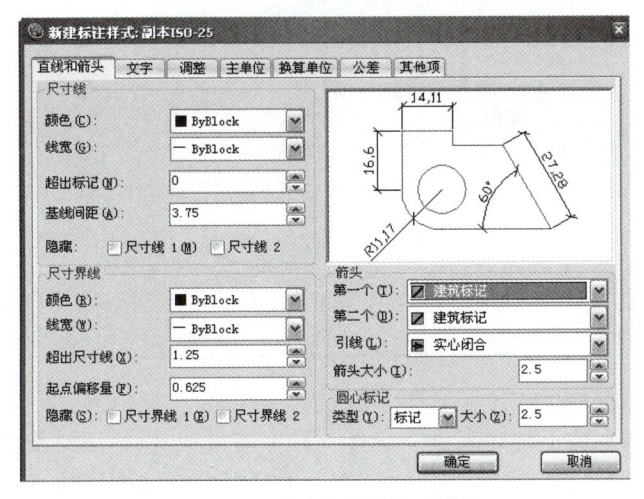

图 3-135　"新建标注样式"对话框

(1)"直线和箭头"选项卡

此选项卡用于设置和修改直线、箭头的样式,如图 3-135 所示,箭头改成建筑标记。常用选项说明如下:

尺寸线颜色:设置标注线的颜色,绘制时可以在下拉列表中选择。

尺寸线线宽:设置标注线的线宽,绘制时可以在下拉列表中选择。

超出标记:设置尺寸界线超出标注的距离。

尺寸线隐藏:勾选复选框,表示隐藏相应的尺寸线。

尺寸界线颜色:设置尺寸界线的颜色。

尺寸界线线宽:设置尺寸界线的线宽。

超出尺寸线:设置尺寸界线超出尺寸线的距离。
起点偏移量:尺寸界线的起点距离标注点的距离。
尺寸界线隐藏:勾选复选框,表示隐藏相应的尺寸界线。
箭头:选择第一、第二尺寸箭头的类型,与第一尺寸界线相连的,即第一尺寸箭头,反之则为第二尺寸箭头。制图人员也可以设计自己的箭头形式,并存储为块文件,以供使用。
引线:选择旁注线箭头样式,一般为实心闭合箭头。
箭头大小:设置尺寸箭头的尺寸。输入的数值可控制尺寸箭头长度方向的尺寸,尺寸箭头的宽度为长度的 40%。
圆心标记:设置与尺寸界线相交的斜线的长度。
屏幕预显区:从该区域可以了解用上述设置进行标注可得到的效果。

(2)"文字"选项卡

此选项卡用于设置尺寸文本的字型、位置和对齐方式等属性,如图 3-136 所示。

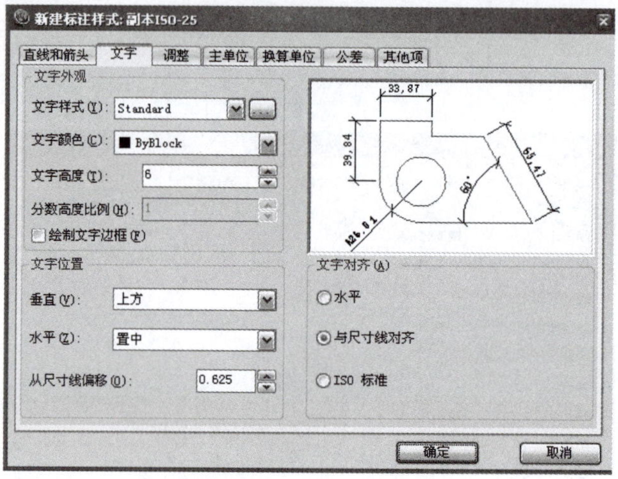

图 3-136 "文字"选项卡

文本样式:可以在此下拉列表框中选择一种字体类型,供标注时使用。也可以单击右侧的按钮,系统打开"文字样式"对话框,在此对话框中对文字字体进行设置。

文字颜色:选择尺寸文本的颜色。在确定尺寸文本的颜色时,应注意尺寸线、尺寸界线和尺寸文本的颜色最好一致。

文字高度:设置尺寸文本的高度。此高度值将优先于在字体类型中所设置的高度值。

分数高度比例:设置尺寸文本中分数高度的比例因子。

文字位置:设置文本的位置。其中包括:

垂直:在垂直方向上文字相对于尺寸线的位置,有置中、上方、外部、JIS 四种选项。

水平:在水平方向上文字相对于尺寸线的位置,有置中、第一条尺寸线、第二条尺寸界线、第一条尺寸界线上方、第二条尺寸界线上方五种选项。

从尺寸线偏移:文字距离尺寸线的间距。

文字对齐:设置文本对齐方式。其中包括:

水平:设置尺寸文本沿水平方向放置。

与尺寸线对齐:尺寸文本与尺寸线对齐。

ISO 标准:尺寸文本按 ISO 标准设置。

屏幕预显区:从该区域可以了解用上述设置进行标注可得到的效果。

(3)"调整"选项卡

该选项卡用于设置尺寸文本与尺寸箭头的有关格式,如图 3-137 所示,主要选项内容说明如下:

调整选项:该区域用于调整尺寸界线、尺寸文本与尺寸箭头之间的相互位置关系。在标注尺寸时,如果没有足够的空间将尺寸文本与尺寸箭头全写在两条尺寸界线之间,可选择以下的摆放形式来调整尺寸文本与尺寸箭头的摆放位置。

文字或箭头,取最佳效果:选择一种最佳方式来安排尺寸文本和尺寸箭头的位置。

箭头:当尺寸界线间空间不足时,将尺寸箭头放在尺寸界线外侧。

文字:当尺寸界线间空间不足时,将尺寸文本放在尺寸界线外侧。

文字和箭头:当尺寸界线间空间不足时,将尺寸文本和尺寸箭头都放在尺寸界线外侧。

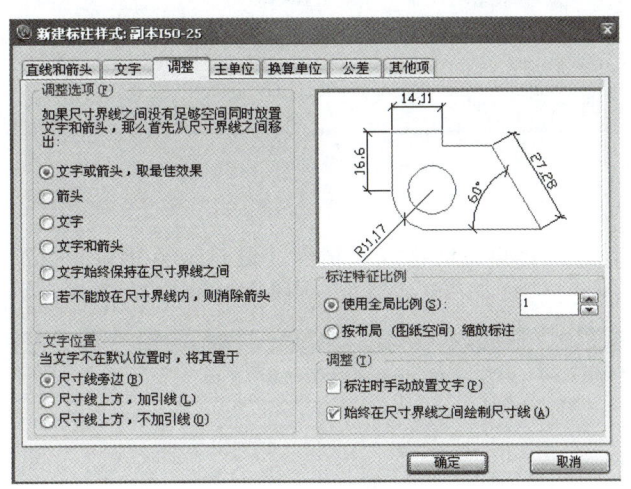

图 3-137 "调整"选项卡

文字位置:该区域用来设置特殊尺寸文本的摆放位置。如果尺寸文本不能按上面所规定的位置摆放时,可以通过下面的选项来确定其位置。

尺寸线旁边:将尺寸文本放在尺寸线旁边。

尺寸线上方,加引线:将尺寸文本放在尺寸线上方,并用引出线将文字与尺寸线相连。

尺寸线上方,不加引线:将尺寸文本放在尺寸线上方,而且不用引出线将文字与尺寸线相连。

使用全局比例:设置标注特征比例的大小。

(4)"主单位"选项卡

该选项卡用于设置线性标注和角度标注时的尺寸单位和尺寸精度,如图 3-138 所示。

线性标注单位格式：可以将主单位设置为科学记数法、小数、工程、建筑以及分数等。
线性标注精度：设置线性标注的精度。
小数分隔符：设置小数点的符号标识。
舍入：此选项用于设置所有标注类型的标注测量值的四舍五入规则（除角度标注外）。
角度标注单位格式：可以将角度标注格式设置为十进制度数、度/分/秒、弧度以及百分度等。
角度标注精度：设置角度标注的精度。

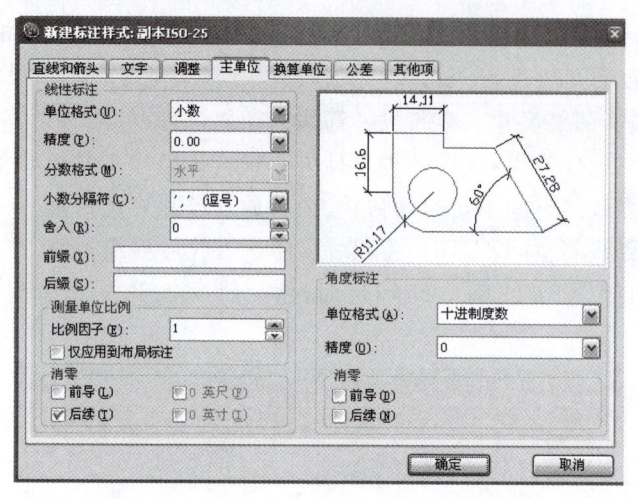

图 3-138 "主单位"选项卡

（5）"换算单位"选项卡

该选项卡用于设置换算单位的格式和精度。通过换算单位，可以在同一尺寸上显现用两种单位表示的结果，如图 3-139 所示，一般情况下很少采用此项设置。

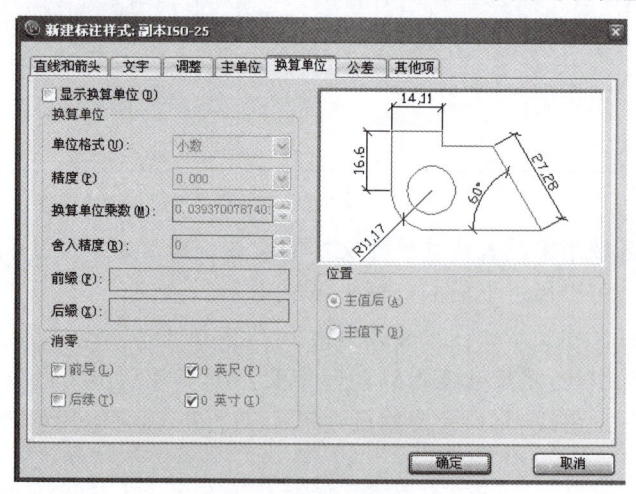

图 3-139 "换算单位"选项卡

显示换算单位：选择是否显示换算单位，选择此项后，将给标注文字添加换算单位。
单位格式：可以在其下拉列表中选择单位替换的类型，有"科学""小数""工程""建筑堆叠""分类堆叠"等。

精度:列出不同换算单位的精度。

换算单位乘数:调整替换单位的比例因子。

舍入精度:调整标注的替换单位与主单位的距离。

前缀/后缀:输入尺寸文本的前缀或后缀。可以输入文字或用控制码显示特殊符号。

消零:选择是否省略标注换算线性尺寸时的零。

位置:选项组控制换算单位的放置位置。

(6)"公差"选项卡

该选项卡用于设置测量尺寸的公差样式,如图 3-140 所示。

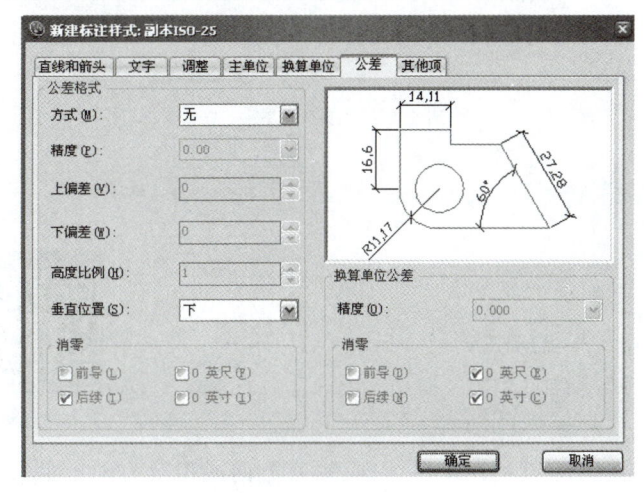

图 3-140 "公差"选项卡

方式:共有五种方式,分别是无、对称、极限偏差、极限尺寸、基本尺寸。

精度:根据具体工作环境要求,设置相应精度。

上偏差:输入上偏差值。

下偏差:输入下偏差值。

高度比例:缺省为1,可调整。

垂直位置:有下、中、上三个位置,可调整。

(7)"其他项"选项卡

该选项卡用于设置弧长符号、公差对齐和半径折弯标注的格式和位置,如图 3-141 所示。

弧长符号:选择是否显示弧长符号,以及弧长符号的显示位置。

公差对齐:堆叠公差时,控制上、下偏差值的对齐方式。

折断大小:指定折断标注的间隔大小。

固定长度的尺寸界线:控制尺寸界线的长度是否固定不变。

半径折弯:控制半径折弯标注的外观。

折弯高度因子:控制线性折弯标注的折弯符号的比例因子。

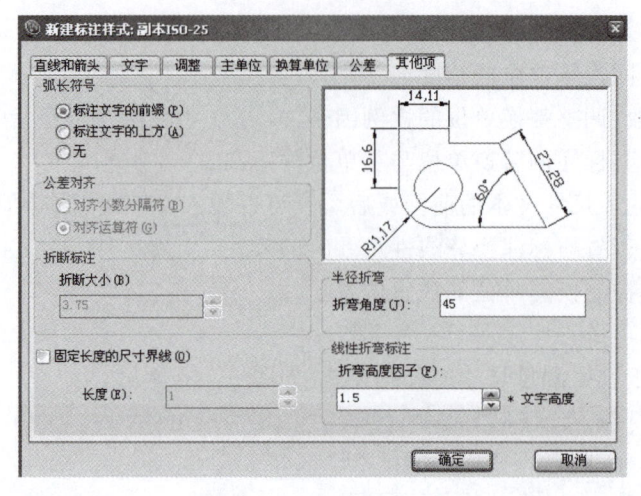

图 3-141 "其他项"选项卡

3.6.3 尺寸标注命令

1.线性标注

(1)命令格式

命令行:Dimlinear(DIMLIN)

菜单:"标注"→"线性(L)"

工具栏:"标注"→"线性标注"

线性标注　拓展:折弯线性标注

线性标注指标注图形对象在水平方向、垂直方向或指定方向上的尺寸,它又分为水平标注、垂直标注和旋转标注三种类型。

在创建一个线性标注后,可以添加"基线标准"或者"连续标注"。基线标注是以同一尺寸界线来测量的多个标注。连续标注是首尾相连的多个标注。

(2)命令选项含义

执行 Dimlinear 命令后,CAD 2022 命令行提示:"指定第一条延伸线原点或＜选择对象＞:",按 Enter 键后出现:"指定第二条延伸线原点:",完成命令后命令行出现:"指定尺寸线位置或[多行文字(M)/文字(T)/角度(A)/水平(H)/垂直(V)/旋转(R)]:",该命令的各项提示的含义和功能说明如下:

①多行文字(M):选择该项后,系统打开"多行文字"对话框,用户可在对话框中输入指定的尺寸文字。

②文字(T):选择该项后,可直接输入尺寸文字。

③角度(A):选择该项后,系统提示输入"指定标注文字的角度",用户可输入标注文字的新角度。

④水平(H):选择该项后,系统将使尺寸文字水平放置。

⑤垂直(V):选择该项后,系统将使尺寸文字垂直放置。

⑥旋转(R):该项可创建旋转尺寸标注,在命令行输入所需的旋转角度。

(3)实例操作演示

运用 Dimlinear 命令标注如图 3-142 所示的 AB、CD、DE 和 AE 段尺寸,其操作步骤如下:

```
命令:Dimlinear
指定第一条延伸线原点或<选择对象>:            //选取 A 点
指定第二条延伸线原点:                        //选取 B 点
指定尺寸线位置或[多行文字(M)/文字(T)/角度(A)/水平(H)/垂直(V)/旋转(R)]:
指定一点                                    //确定标注线的位置
标注文字=90;                                //提示标注文字是 90
```

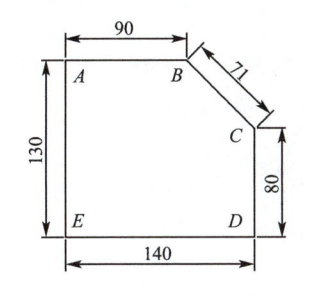

图 3-142 用 Dimlinear 命令标注

用 Dimlinear 命令标注

(4)操作注意事项

①在选择标注对象时,必须采用点选法,若同时打开目标捕捉方式,可以更准确、快速地标注尺寸。

②许多制图人员在标注尺寸时,总结出鼠标三点法:点起点、点终点、点尺寸位置,即标注完成。

2.对齐标注

(1)命令格式

命令行:Dimaligned(DAL)

菜单:"标注"→"对齐(G)"

工具栏:"标注"→"对齐标注"

对齐标注

Dimaligned 命令用于创建平行于所选对象或平行于两尺寸界线原点的连线的直线型尺寸。

(2)命令选项含义

Dimaligned 命令的各项提示的含义和功能说明如下:

①多行文字(M):选择该项后,系统打开"多行文字"对话框,用户可在对话框中输入指定的尺寸文字。

②文字(T):选择该项后,命令栏提示:"标注文字 <当前值>:",用户可输入新的标注文字。

③角度(A):选择该项后,系统提示输入"指定标注文字的角度:",用户可输入标注文字的角度的新值来修改尺寸文字的角度。

(3)实例操作演示

运用Dimaligned命令标注如图3-142所示的BC段的尺寸,其操作步骤如下:

> 命令:Dimaligned
> 指定第一条延伸线原点或<选择对象>:　　　　//选取A点
> 指定第二条延伸线原点:　　　　　　　　　　//选取B点
> 指定尺寸线位置或[多行文字(M)/文字(T)/角度(A)]:
> 在线段BC右上方单击一点　　　　　　　　　//确定尺寸线的位置,完成标注
> 标注文字=71:　　　　　　　　　　　　　　//提示标注文字是71

实例操作演示

(4)操作注意事项

对齐标注命令一般用于倾斜对象的尺寸标注,标注时系统能自动将尺寸线调整为与被标注线段平行,而无须制图人员设置。

3.基线标注

(1)命令格式

命令行:Dimbaseline(DIMBASE)

菜单:"标注"→"基线(B)"

工具栏:"标注"→"基线标注"

基线标注

Dimbaseline命令以一个统一的基准线为标注起点,所有尺寸线都以该基准线为标注的起始位置,以继续建立线性、角度或坐标的标注。

(2)命令选项含义

执行Dimbaseline命令后,系统提示"选取基线的标注"。选取基线标注后,系统默认从已选的标注左下角的尺寸界线原点开始绘制,系统继续提示:"指定第二条尺寸界线原点或[放弃(U)/选择(S)]<选择>:",直接指定第二条尺寸界线原点即可,也可以输入U,重新设定基线的标注。

(3)实例操作演示

运用Dimbaseline命令标注如图3-143所示图形中的B点、C点、D点距A点的长度尺寸。其操作步骤如下:

> 命令:Dimlinear
> 指定第一条延伸线原点或<选择对象>:　　　　//选取A点
> 指定第二条延伸线原点:　　　　　　　　　　//选取B点
> 指定尺寸线位置或[多行文字(M)/文字(T)/角度(A)/水平(H)/垂直(V)/旋转(R)]:
> 指定一点　　　　　　　　　　　　　　　　//确定标注线的位置
> 标注文字=30:　　　　　　　　　　　　　　//提示标注文字是30
> 命令:Dimbaseline
> 指定第二条尺寸界线原点或[放弃(U)/选择(S)]<选择>:
> 点选C点　　　　　　　　　　　　　　　　//选择尺寸界线定位点
> 标注文字=60:　　　　　　　　　　　　　　//提示标注文字是60
> 指定第二条尺寸界线原点或[放弃(U)/选择(S)]<选择>:

点选 D 点	//选择尺寸界线定位点
标注文字＝130：	//提示标注文字是 130
指定第二条尺寸界线原点或［放弃(U)/选择(S)］＜选择＞：	
回车	//完成基线标注
选取基线的标注：	//按 Enter 键结束命令

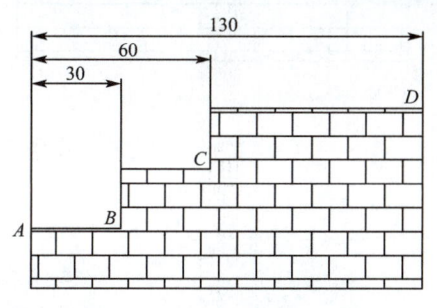

图 3-143 用 Dimbaseline 命令标注

（4）操作注意事项

①在进行基线标注前，必须先创建或选择一个线性、角度或坐标标注作为基准标注。

②在使用基线标注命令进行标注时，尺寸界线之间的距离由所选择的标注格式确定，标注时不能更改。

4.连续标注

（1）命令格式

命令行：Dimcontinue(DCO)

菜单："标注"→"连续(C)"

工具栏："标注"→"连续标注"

Dimcontinue 命令可以创建一系列端对端放置的标注，每个连续标注都从标注的第二个尺寸界限处开始。和基线标注一样，在进行连续标注之前，必须先创建一个线性、坐标或角度标注作为基准标注，以确定连续标注所需的前一尺寸界限。

（2）命令选项含义

执行 Dimcontinue 命令后，系统提示"选取连续的标注"。选取连续的标注后，系统默认从已选的标注右下角的尺寸线的原点开始绘制，系统继续提示："指定第二条尺寸界线原点或［放弃(U)/选择(S)］＜选择＞："，直接指定第二尺寸界线原点即可，也可以输入 U，重新设定连续的标注。

（3）实例操作演示

运用连续标注命令标注如图 3-144 所示图形中的 A 点、B 点、C 点、D 点之间的长度尺寸，其操作方法与基线标注命令类似。其操作步骤如下：

命令：Dimlinear	
指定第一条延伸线原点或＜选择对象＞：	//选取 A 点
指定第二条延伸线原点：	//选取 B 点
指定尺寸线位置或［多行文字(M)/文字(T)/角度(A)/水平(H)/垂直(V)/旋转(R)］：	
在线段 AB 上方单击一点	//确定标注线的位置

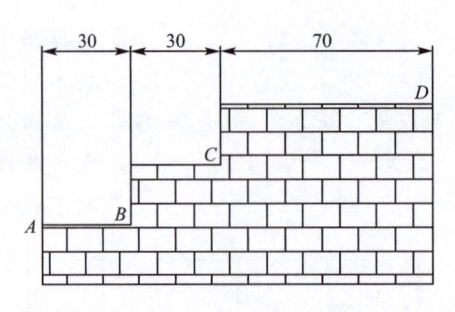

图 3-144　用 Dimcontinue 命令标注

标注文字=30：	//提示标注文字是 30
命令：Dimcontinue	
指定第二条尺寸界线原点或[放弃(U)/选择(S)]<选择>：	
点选 C 点	//选择尺寸界线定位点
标注文字=30：	//提示标注文字是 30
指定第二条尺寸界线原点或[放弃(U)/选择(S)]<选择>：	
点选 D 点	//选择尺寸界线定位点
标注文字=70：	//提示标注文字是 70
指定第二条尺寸界线原点或[放弃(U)/选择(S)]<选择>：	
回车	//完成连续标注
选取基线的标注：	//按 Enter 键结束命令

(4)操作注意事项

①在进行连续标注前,必须先创建或选择一个线性、角度或坐标标注作为基准标注。

②使用 Dimcontinue 命令进行标注时,不能修改尺寸文本,因此画图时必须准确,否则将会出现错误。

5.直径标注

(1)命令格式

命令行：Dimdiameter(DIMDIA)

菜单:"标注"→"直径(D)"

工具栏："标注"→"直径标注"

Dimdiameter 命令用于标注所选定的圆或圆弧的直径尺寸。

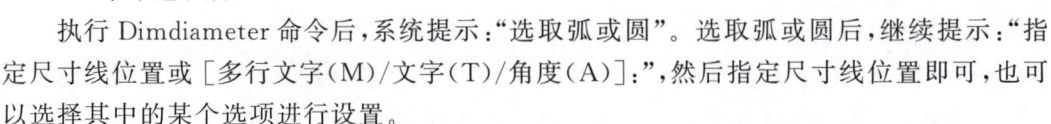

(2)命令选项含义

执行 Dimdiameter 命令后,系统提示："选取弧或圆"。选取弧或圆后,继续提示："指定尺寸线位置或[多行文字(M)/文字(T)/角度(A)]:",然后指定尺寸线位置即可,也可以选择其中的某个选项进行设置。

①多行文字(M)：选择该项后,系统提示："输入标注文字<当前值>:",制图人员可以输入新的标注文字。

②字体(T)：选择该项后,系统提示："输入标注文字<当前值>:",制图人员可以输入新的标注文字。

③角度(A)：选择该项后,系统提示输入："字体角度",制图人员可以输入标注文字角

度的新值来修改尺寸文字的角度。

(3)实例操作演示

运用 Dimdiameter 命令标注图 3-145 所示的圆的直径,其操作步骤如下:

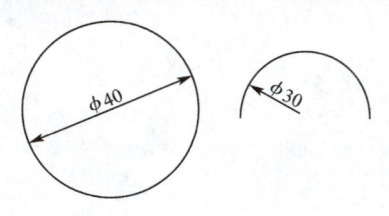

图 3-145　用 Dimdiameter 命令标注圆的直径

命令:Dimdiameter
选取弧或圆: //选择标注对象
指定尺寸线位置或[多行文字(M)/文字(T)/角度(A)]:
在圆内单击一点   //确认尺寸线位置

若有需要,可根据提示输入字母,进行选项设置。各选项含义与对齐标注的同类选项相同。

(4)操作注意事项

①在任意拾取一点选项中,制图人员可直接拖动鼠标确定尺寸线位置,屏幕将显示其变化。

②在非圆视图上标注直径时,只能用 Dimlinear 命令,并加上前缀。

6.半径标注

(1)命令格式

命令行:Dimradius(DIMRAD)
菜单:"标注"→"半径(R)"
工具栏:"标注"→"半径标注"

Dimradius 命令用于标注所选定的圆或圆弧的半径尺寸。

(2)命令选项含义

执行 Dimradius 命令后,系统提示:"选取弧或圆"。选取弧或圆后,继续提示:"指定尺寸线位置或[多行文字(M)/文字(T)/角度(A)]:",然后指定尺寸线位置即可,也可以选择其中的某个选项进行设置。

①多行文字(M):选择该项后,系统提示:"输入标注文字<当前值>:",制图人员可以在此后输入新的标注文字。

②字体(T):选择该项后,系统提示:"输入标注文字<当前值>:",制图人员可以在此后输入新的标注文字。

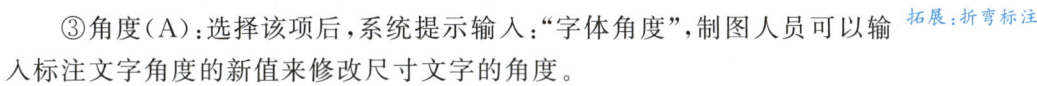

③角度(A):选择该项后,系统提示输入:"字体角度",制图人员可以输入标注文字角度的新值来修改尺寸文字的角度。

(3)实例操作演示

运用 Dimradius 命令标注图 3-146 所示的圆弧的半径,其操作步骤如下:

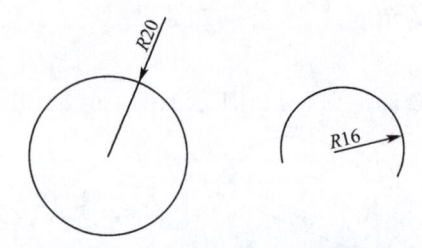

图 3-146　用 Dimradius 命令标注圆弧的半径

```
命令：Dimradius
选取弧或圆：                        //选择标注对象
标注文字＝20：
指定尺寸线位置或［多行文字(M)/文字(T)/角度(A)］：
拾取一点                            //确认尺寸线的位置
```

若有需要，制图人员可根据提示输入字母，进行选项设置。各选项含义与对齐标注的同类选项相同。

（4）操作注意事项

执行该命令后，系统会在测量数值前自动添加上半径符号"R"。

7. 圆心标记

（1）命令格式

命令行：Dimcenter(DCE)

菜单："标注"→"圆心标记(M)"

工具栏："标注"→"圆心标记"

圆心标记是绘制在圆心位置的特殊标记。

（2）命令选项含义

执行 Dimcenter 命令后，使用对象选择方式选取所需标注的圆或圆弧，系统将自动标注该圆或圆弧的圆心位置。

（3）实例操作演示

执行 Dimcenter 命令后，使用对象选择方式选取所需标注的圆或圆弧，系统将自动标注该圆或圆弧的圆心位置。用 Dimcenter 命令标注如图 3-147 所示的圆的圆心，其操作步骤如下：

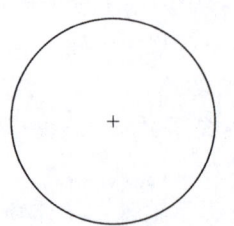

图 3-147　用 Dimcenter 命令标注圆的圆心

```
命令：Dimcenter
选取弧或圆：
选择要标注的圆                //系统将自动标注该圆的圆心位置
```

(4)操作注意事项

制图人员可以通过"标注样式"→"直线与箭头"对话框的"圆心标记大小"来改变圆心标注的大小。

8.角度标注

(1)命令格式

命令行:Dimangular(DAN)

菜单:"标注"→"角度(A)"

工具栏:"标注"→"角度标注"

Dimangular 命令用于圆、弧、任意两条不平行直线的夹角或在两个对象之间创建角度标注。

(2)命令选项含义

用户在创建角度标注时,命令栏提示"选择圆弧、圆、直线或＜指定顶点＞:",根据不同需要选择进行不同的操作,不同操作的含义和功能说明如下:

①选择圆弧:选取圆弧后,系统会标注这个弧,并以弧的圆心作为顶点。弧的两个端点成为尺寸界限的起点,将在尺寸界线之间绘制一段与所选圆弧平行的圆弧作为尺寸线。

②选择圆:选择圆后,系统把该拾取点当作角的第一个端点,圆的圆心作为角度的顶点,此时系统提示"指定角的第二个端点:",在圆上拾取一点即可。

③选择直线:如果选取直线,此时命令栏提示"选择第二个条直线:"。选择第二条直线后,系统会自动测量两条直线的夹角。若两条直线不相交,系统会将其隐含的交点作为顶点。

完成选择对象操作后在命令行中会出现:"指定标注弧线位置或［多行文字(M)/文字(T)/角度(A)］:",用户若有需要,可根据提示输入字母,进行选项设置。各选项含义与对齐标注的同类选项相同。

(3)实例操作演示

运用 Dimangular 命令标注如图 3-148 所示的图形中的角度。其操作步骤如下:

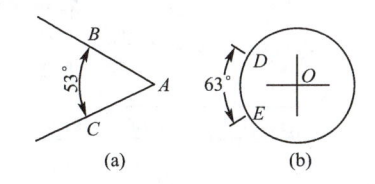

图 3-148 用 Dimangular 命令标注角度

命令:Dimangular	
选择圆弧、圆、直线或＜指定顶点＞:	//拾取 AB 边
选择第二条直线:	//拾取 AC 边,确认角度另一边
指定标注弧线位置或［多行文字(M)/文字(T)/角度(A)］:	
拾取夹角内一点	//确定尺寸线的位置
命令:Dimangular	
选择圆弧、圆、直线或＜指定顶点＞:	//拾取圆上的 D 点

指定角的第二个端点：	//拾取圆上的点 E
指定标注弧线位置或［多行文字(M)/文字(T)/角度(A)］：	
拾取一点	//确定尺寸线的位置

(4) 操作注意事项

① 若选择圆弧，则系统直接标注其角度；若选择圆、直线或点，则系统会继续提示要求选择角度的末点。

② 直线标注方式用于标注两条直线或其延长线之间小于180°的角，系统将根据尺寸线的位置决定标注角是大于还是小于180°。

9. 引线标注

(1) 命令格式

命令行：Dimleader/Leader(LEAD)

菜单："标注"→"引线(E)"

Dimleader命令用于创建引线标注，引线标注由引线和注释组成，主要描述所指定对象的相关参数。

(2) 命令选项含义

执行Dimleader命令后，系统提示："指定引线起点："。指定引线起点后，系统继续提示："下一点："，指定下一点后，接着提示"下一点：格式(F)/撤销(U)/＜注解(A)＞："，可以直接指定第三点，即可完成引线标注的绘制，也可以根据实际需要，进行添加注解文字。

(3) 实例操作演示

运用Dimleader命令标注如图3-149所示的关于圆孔的说明文字。其操作步骤如下：

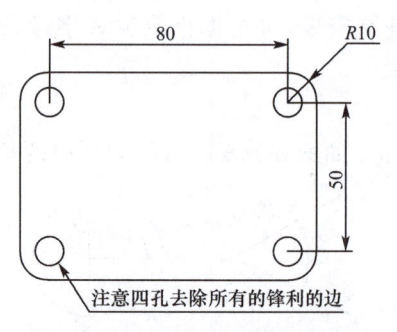

图3-149 用Dimleader命令标注

命令：Dimleader	
指定引线起点：	
指定引线端点：	//确定引线起始端点
下一点：	//确定下一点
下一点：格式(F)/撤销(U)/＜注解(A)＞：	//按Enter键确认终点
F 注释文字的第一条线/＜选项＞：	//按Enter键弹出"多行文字"对话框
标注文字选项：块(B)/复制(C)/无(N)/公差(T)/＜多行文字(M)＞：	
在"多行文字"对话框中输入标注文字	//按Enter键完成命令

(4)操作注意事项

在创建引线标注时,常遇到文本与引线的位置不合适的情况,制图人员可以通过夹点编辑的方式来调整引线与文本的位置。当制图人员移动引线上的夹点时,文本不会移动,而移动文本时,引线会随着移动。

10. 快速引线

(1)命令格式

命令行:Qleader

工具栏:"标注"→"快速引线"

快速引线提供一系列更简便的创建引出线的方法,注释的样式也更加丰富。

(2)命令选项含义

快速引线的创建方法和引线标注基本相同,执行命令后系统提示"指定第一个引线点或[设置(S)]<设置>:",可以通过指定第一个引线点、下一点、下一点、添加注解文字完成引线创建,这种方式类似于引线标注,也可以输入 S 进入快速引线设置版面,制图人员可以对引线及箭头的外观特征进行设置,如图 3-150 所示。

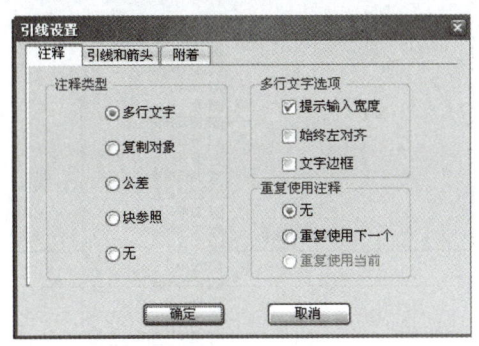

图 3-150 "注释"选项卡

①"注释"选项卡

"注释类型"栏中各项含义说明如下:

• 多行文字:默认用多行文本作为快速引线的注释。

• 复制对象:将某个对象复制到引线的末端。可选取文字、多行文字对象、带几何公差的特征控制框或块对象复制。

• 公差:弹出"几何公差"对话框供用户创建一个公差作为注释。

• 块参照:选此选项后,可以把一些每次创建较困难的符号或特殊文字创建成块,方便直接引用,提高效率。

• 无:创建一个没有注释的引线。

若选择注释为"多行文字",则可以通过右边的相关选项来指定多行文本的样式。"多行文字选项"各项含义说明如下:

• 提示输入宽度:指定多行文本的宽度。

• 始终左对齐:总是保持文本左对齐。

• 文字边框:选择此项后,可以在文本四周加上边框。

"重复使用注释"栏中各项含义说明如下:
- 无:不重复使用注释内容。
- 重复使用下一个:将创建的文字注释复制到下一个引线标注中。
- 重复使用当前:将上一个创建的文字注释复制到当前引线标注中。

②"引线和箭头"选项卡

快速引线允许自己定义引线和箭头的类型,如图 3-151 所示。

在"引线"区域,允许用直线或样条曲线作为引线类型。

而"点数"则决定了快速引线命令提示拾取下一个引线点的次数,当然,最大数不能小于 2。还可以设置为无限制,这时可以根据需要来拾取引线段数,按 Enter 键结束。

在"箭头"区域,提供多种箭头类型,如图 3-151 所示,点开"箭头"下拉列表后,可以使用已定义的块作为箭头类型。

在"角度约束"区域,可以控制第一段和第二段引线的角度,使其符合标准或实际需求。

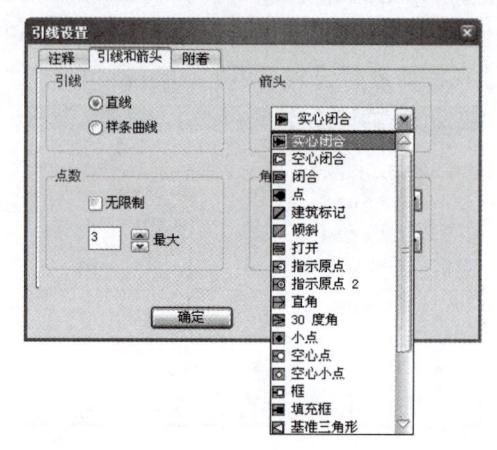

图 3-151 "引线和箭头"选项卡及部分箭头样式

③"附着"选项卡

"附着"选项卡指定了快速引线的多行文本注释的放置位置。"文字在左边"和"文字在右边"可以区分指定位置,默认情况下分别是"最后一行底部"和"多行文字中间"。如图 3-152 所示。

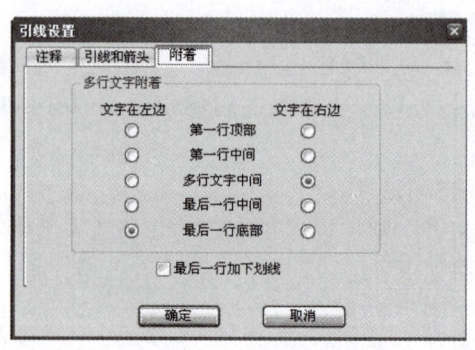

图 3-152 "附着"选项卡

CAD 2022 扩展工具中,增加了 40 多个工具,标注工具如图 3-153 所示。其他各项工具中,也增加了不少工具,制图人员可以充分利用。

图 3-153 扩展工具中的标注工具

11.快速标注

快速标注(Quick Dimension)使用户一次能标注多个对象。使用快速标注可以进行基准型、连续型、坐标型的标注,还可以对直线、多段线、正多边形、圆环、点、圆和圆弧(圆和圆弧只用圆心有效)同时进行标注。

(1)命令格式

命令行:Qdim

菜单:"标注"→"快速标注(Q)"

工具栏:"标注"→"快速标注"

(2)命令选项含义

命令:Qdim
选择要标注的几何图形:　　　　　　　　//拾取要标注的几何对象
选择集当中的对象:1　　　　　　　　　　//提示已拾取 1 个对象
选择要标注的几何图形:　　　　　　　　//按 Enter 键或继续拾取对象
指定尺寸线位置或
[连续(C)/并列(S)/基线(B)/坐标(O)/半径(R)/直径(D)/基准点(P)/编辑(E)]<连续>:
指定一点　　　　　　　　　　　　　　//确定标注位置

上述 Qdim 命令各选项的含义和功能说明如下:

①连续(C):选此选项后,可进行一系列连续尺寸的标注。

②并列(S):选此选项后,可标注一系列并列的尺寸。

③基线(B):选此选项后,可进行一系列基线尺寸的标注。

④坐标(O):选此选项后,可进行一系列坐标尺寸的标注。

⑤半径(R):选此选项后,可进行一系列半径尺寸的标注。

⑥直径(D)：选此选项后，可进行一系列直径尺寸的标注。
⑦基准点(P)：为基线类型的标注定义一个新的基准点。
⑧编辑(E)：可用来对系列标注的尺寸进行编辑。

(3)实例操作演示

执行快速标注命令并选择几何对象后，命令行提示："[连续(C)/并列(S)/基线(B)/坐标(O)/半径(R)/直径(D)/基准点(P)/编辑(E)]＜连续＞："，如果输入 E 选择"编辑"项，命令栏会提示："指定要删除的标注点，或[添加(A)/退出(X)]＜退出＞："，制图人员可以删除不需要的有效点(如图 3-154 所示)或通过"添加(A)"选项添加有效点。

如图 3-155 所示为删除中间的有效点后的标注。

图 3-154　快速标注的有效点　　图 3-155　删除中间的有效点后的标注

12.坐标标注

(1)命令格式

命令行：Dimordinate(DIMORD)

菜单："标注"→"坐标(O)"

工具栏："标注"→"坐标标注"

坐标标注

Dimordinate 命令用于自动测量并沿一条简单的引线显示指定点的 X 或 Y 坐标(采用绝对坐标值)。

(2)命令选项含义

Dimordinate 命令的各项提示的含义和功能说明如下：

①指定引线端点：指定点后，系统用指定点位置和该点的坐标差来确定是进行 X 坐标标注还是 Y 坐标标注。当 Y 坐标的坐标差大时，使用 X 坐标标注，否则就是用 Y 坐标标注。

② X 基准(X)：选择该选项后，使用 X 坐标标注。

③ Y 基准(Y)：选择该选项后，使用 Y 坐标标注。

④多行文字(M)：选择该项后，系统打开"多行文字"对话框，用户可在对话框中输入指定的尺寸文字。

⑤文字(T)：选择该项后，系统提示："标注文字＜当前值＞："，用户可输入新的文字。

⑥角度(A)：用于修改标注文字的倾斜角度。

(3)实例操作演示

运用 Dimordinate 命令标注图 3-156 所示的圆心 A 点的坐标。其具体操作步骤如下：

命令：Dimordinate
指定坐标标注点：　　　　　　　　　　　　　　//捕捉点 A
指定引线端点或[X 基准(X)/Y 基准(Y)/多行文字(M)/文字(T)/角度(A)]：

拾取点 B   //确定引线端点 B
标注文字＝14,78：   //提示标注的数值
命令：Dimordinate
指定坐标标注点：   //捕捉点 A
指定引线端点或[X 基准(X)/Y 基准(Y)/多行文字(M)/文字(T)/角度(A)]：
拾取点 C   //确定引线端点 C
标注文字＝17,51   //提示标注的数值

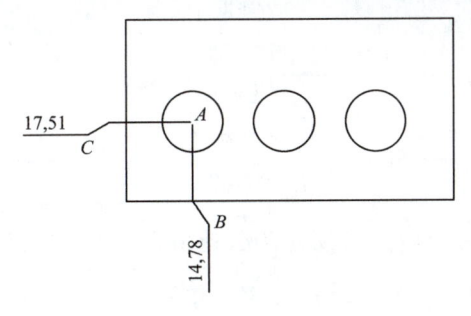

图 3-156　用 Dimordinate 命令标注圆和点的坐标

(4)操作注意事项

①Dimordinate 命令可根据引出线的方向，自动标注选定点的水平或垂直坐标。

②坐标尺寸标注注释了从起点到基点(当前坐标系统的原点)的垂直距离。坐标尺寸标注包括一个 X-Y 坐标系统和引出线。X 坐标尺寸标注显示了沿 X 轴线方向的距离，Y 坐标尺寸标注显示了沿 Y 轴线方向的距离。

13.公差标注

(1)命令格式

命令行：Tolerance(TOL)

菜单："标注"→"公差(T)"

工具栏："标注"→"公差"

Tolerance 命令用于创建几何公差。几何公差表示在几何中用图形定义的最大容许变量值。CAD 2022 用一个被分成多个部分的矩形特征控制框来绘制几何公差。每个特征控制框包括至少两个部分。第一部分是被运用的几何特征的几何公差符号，如位置、方向和形式，见表 3-3。

表 3-3　　　　　　　　　　几何公差符号

符　号	特　征	类　型
⊕	位置度	定位公差
◎	同轴度	定位公差
═	对称度	定位公差
∥	平行度	定向公差

（续表）

符　号	特　征	类　型
⊥	垂直度	定向公差
∠	倾斜度	定向公差
⌭	圆柱度	形状公差
▱	平面度	形状公差
○	圆度	形状公差
─	直线度	形状公差
⌒	面轮廓度	形状公差
⌒	线轮廓度	形状公差
↗	圆跳动	位置公差
↗↗	全跳动	位置公差

第二部分包括公差值。如表 3-4 所示为公差值符号及其定义。

表 3-4　　　　　　　　　　　公差值符号及其定义

符　号	定　义
Ⓜ	在最大材料条件（MMC）中，一个特性包含在规定限度里最大的材料值
Ⓛ	在最小材料条件（LMC）中，一个特性包含在规定限度里最小的材料值
Ⓢ	特性大小无关（RFS），表明在规定限度里特性可以变为任何大小

（2）实例操作演示

运用 Tolerance 命令生成如图 ⌖Ø1.5Ⓜ A 所示的几何公差。其具体操作步骤如下：

①执行 Tolerance 命令后，系统弹出如图 3-157 所示的"几何公差"对话框，单击"符号"栏，显示"符号"对话框，如图 3-158 所示，然后选择"位置度"公差符号。

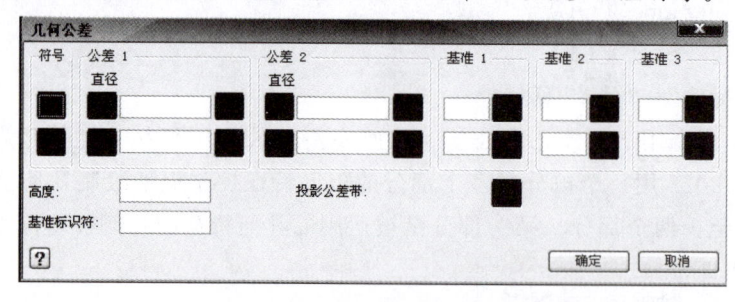

图 3-157 "几何公差"对话框

②在"几何公差"对话框的"公差 1"下，选择"直径"插入一个直径符号，如图 3-159 所示。

③在"直径"下，输入第一个公差值 1.5，如图 3-160 所示。选择右边的方框"材料"，出现图 3-161 所示的对话框，选择最大包容条件符号。

④在"基准 1"栏中输入"A"，如图 3-162 所示，单击"确定"按钮，指定特征控制框位置，如图 3-163 所示。

模块三　CAD软件的操作与应用　193

图 3-158　选择"位置度"公差符号

图 3-159　插入一个直径符号

图 3-160　输入第一个公差值

图 3-161　选择最大包容条件符号

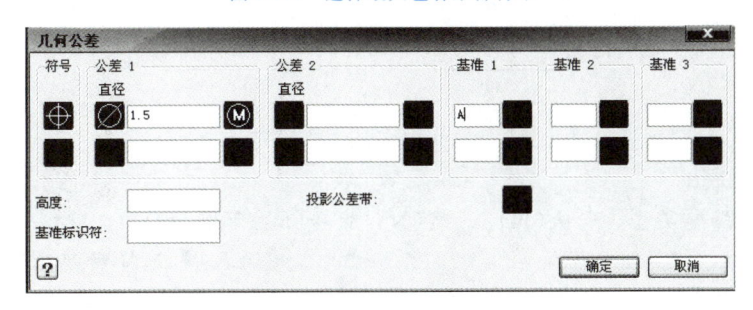

图 3-162　"基准 1"中输入"A"

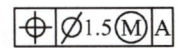

图 3-163　标注的几何公差

（3）操作注意事项

公差框分为两格和多格，第一格为几何公差项目的符号，第二格为几何公差数值和有关符号，第三和以后各格为基准代号和有关部门符号。

3.6.4 尺寸标注编辑

制图人员要对已存在的尺寸标注进行修改，可以用一系列尺寸标注编辑命令进行修改，而不必将需要修改的对象删除再进行重新标注。

1. 编辑标注

（1）命令格式

命令行：Dimedit(DED)

工具栏："标注"→"编辑标注"

Dimedit 命令可用于对尺寸标注的尺寸界线的位置、角度等进行编辑。

（2）命令选项含义

Dimedit 命令的各项提示的含义和功能说明如下：

① 默认（H）：选择此项后，尺寸标注恢复成默认设置。

② 新建（N）：用来修改指定标注的标注文字，执行此项后，系统提示："新标注文字< >:"，制图人员可输入新的文字。

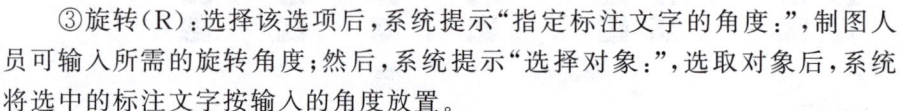

③ 旋转（R）：选择该选项后，系统提示"指定标注文字的角度:"，制图人员可输入所需的旋转角度；然后，系统提示"选择对象:"，选取对象后，系统将选中的标注文字按输入的角度放置。

④ 倾斜（O）：选择该选项后，系统提示"选择对象"，在制图人员选取目标对象后，系统提示"输入倾斜角度"，可输入倾斜角度或按 Enter 键（不倾斜），系统按指定的角度调整线性标注尺寸界线的倾斜角度。

（3）实例操作演示

运用 Dimedit 命令将图 3-164(a)中的尺寸标注改为图 3-164(b)的效果。其操作步骤如下：

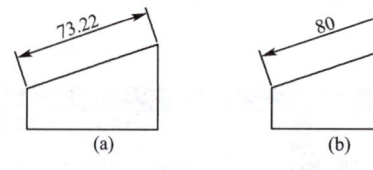

图 3-164 用 Dimedit 命令修改尺寸后的效果

命令：Dimedit
输入标注编辑类型［默认(H)/新建(N)/旋转(R)/倾斜(O)］＜默认＞:N
　　　　　　　　　　　　　　　　　　　　//输入 N，选择新建选项
新标注文字 <>:　　　　　　　　　　　　　//输入新标注文字
选择对象：　　　　　　　　　　　　　　　//点选图 3-164(a)中的尺寸标注
选择集当中的对象:1　　　　　　　　　　　//提示已选中 1 个对象
选择对象：　　　　　　　　　　　　　　　//按 Enter 键完成命令

运用倾斜选项将图 3-165(a)中的尺寸标注修改为图 3-165(b)中的效果。

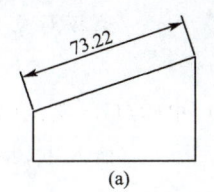

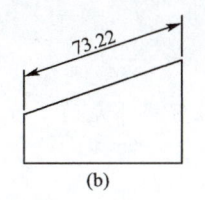

图 3-165　用倾斜选项修改尺寸后的效果

命令:Dimedit
输入标注编辑类型［默认(H)/新建(N)/旋转(R)/倾斜(O)］<默认>:O
　　　　　　　　　　　　　　　　　　//输入 O,选择倾斜线选项
选择对象:　　　　　　　　　　　　　//点选图 3-165(a)中的尺寸标注
选择集当中的对象:1　　　　　　　　//提示已选中 1 个对象
选择对象:　　　　　　　　　　　　　//按 Enter 键结束对象选择
输入倾斜角度(按 Enter 表示无):70　//输入倾斜角度,按 Enter 键完成命令

(4)操作注意事项

①标注菜单中的"倾斜"项,执行时选择了"倾斜"项的 Dimedit 命令。

②Dimedit 命令可以同时对多个标注对象进行操作。

③Dimedit 命令不能修改尺寸文本放置的位置。

2.编辑标注文字

(1)命令格式

命令行:Dimtedit

工具栏:"标注"→"编辑标注文字"

Dimtedit 命令可以重新定位标注文字。

(2)命令选项含义

Dimtedit 命令的各项提示的含义和功能说明如下:

①左(L):选择该项后,可以决定尺寸文字沿尺寸线左对齐。

②右(R):选择该项后,可以决定尺寸文字沿尺寸线右对齐。

③中心(C):选择该项后,可将标注文字移到尺寸线的中间。

④默认(H):选择该项后,尺寸标注恢复成默认设置。

⑤角度(A):将所选文本旋转一定的角度。

(3)实例操作演示

运用 Dimtedit 将图 3-166(a)中的尺寸标注改为图 3-166(b)的效果。

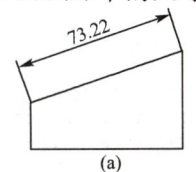

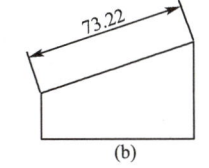

图 3-166　运用 Dimtedit 命令修改尺寸后的效果

命令：Dimtedit
选取标注：   //选择对象
输入字体定位：
指定标注文字的新位置或［左(L)/右(R)/中心(C)/默认(H)/角度(A)］:R
                              //输入 R,按 Enter 键完成命令

(4)操作注意事项

①制图人员还可以用 Ddedit 命令来修改标注文字,但 Dimedit 命令无法对尺寸文本重新定位,Dimtedit 命令才可对尺寸文本重新定位。Ddedit 命令的使用方法可以看前一章的介绍。

②在对尺寸标注进行修改时,如果对象的修改内容相同,则可选择多个对象一次性完成修改。

③若对尺寸标注进行了多次修改,要想恢复原来真实的标注,需在命令行输入 Dimreassoc,然后系统提示选择对象,选择"尺寸标注"按 Enter 键后就恢复了原来真实的标注。

④Dimtedit 命令中的"左(L)/右(R)"这两个选项仅对长度型、半径型、直径型标注起作用。

知识归纳

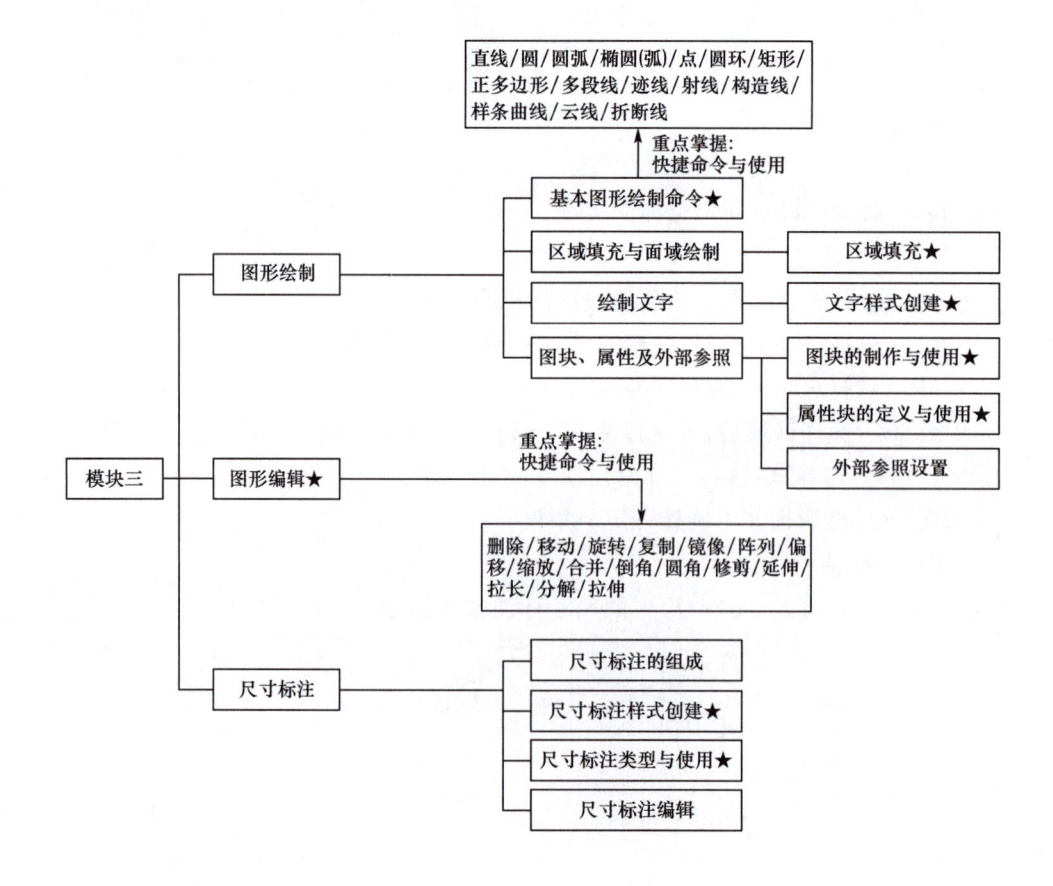

```
                              直线/圆/圆弧/椭圆(弧)/点/圆环/矩形/
                              正多边形/多段线/迹线/射线/构造线/
                              样条曲线/云线/折断线
                                        ↑
                                    重点掌握:
                                   快捷命令与使用
                              ┌─ 基本图形绘制命令★
                              │
                   ┌─ 图形绘制 ─┼─ 区域填充与面域绘制 ── 区域填充★
                   │          │
                   │          ├─ 绘制文字 ── 文字样式创建★
                   │          │
                   │          └─ 图块、属性及外部参照 ─┬─ 图块的制作与使用★
                   │                                ├─ 属性块的定义与使用★
                   │                                └─ 外部参照设置
                   │                        重点掌握:
                   │                       快捷命令与使用
                   │                              ↓
                   │          ┌─ 删除/移动/旋转/复制/镜像/阵列/偏
   模块三 ─────────┼─ 图形编辑★ ─ 移/缩放/合并/倒角/圆角/修剪/延伸/
                   │          └─ 拉长/分解/拉伸
                   │
                   │          ┌─ 尺寸标注的组成
                   │          │
                   └─ 尺寸标注 ─┼─ 尺寸标注样式创建★
                              │
                              ├─ 尺寸标注类型与使用★
                              │
                              └─ 尺寸标注编辑
```

思政引读

陈行行,中国工程物理研究院机械制造工艺研究所工人、高级技师(图S3)。青涩年华化为多彩绽放,精益求精生成青春信仰。大国重器的加工平台上,他用极致书写精密人生。陈行行,胸有凌云志,浓浓报国情! 陈行行,年仅32岁,国防兵工行业的年轻工匠,在新型数控加工领域,以极致的精准向技艺极限冲击。用在尖端武器设备上的薄薄壳体,通过他的手,产品合格率从难以逾越的50%提升到100%。一个人最大的自豪是,这个世界没必要知道他是谁,但他参与的事业却冷艳了世界。

图S3 "大国工匠"陈行行

(资料来源:央视新闻,2019年1月)

自我测试

单项选择题

1.设定图层的颜色、线型、线宽后,在该图层上绘图,图形对象将( )。
   A.必定使用图层的这些特性
   B.不能使用图层的这些特性
   C.使用图层的所有这些特性,不能单项使用
   D.可以使用图层的这些特性,也可以在"对象特性"中使用其他特性

2.定义文字样式的命令是( )。
   A.Text   B.Style   C.Texdine   D.Standard

3.图案填充的"角度"是( )。
   A.以X轴正方向为0°,顺时针为正   B.以Y轴正方向为0°,逆时针为正
   C.以X轴正方向为0°,逆时针为正   D.ANSI31的角度是45°

4.在CAD中用Line命令绘制封闭图形时,最后一条直线可按下( )字母后再按Enter键而自动封闭。
   A.C   B.G   C.D   D.O

5.在CAD中圆弧快捷键是( )。
   A.TR   B.A   C.REC   D.PL

6.在CAD的文字工具中输入下划线的命令是(　　)。
　　A.%%1　　　　　B.%%u　　　　　C.%%3　　　　　D.$&2
7.属性提取过程中(　　)。
　　A.必须定义样板文件
　　B.一次只能提取一个图形文件中的属性
　　C.一次可以提取多个图形文件中的属性
　　D.只能输出文本格式文件TXT
8.绘制正多边形时,下列方式错误的是(　　)。
　　A.内接正多边形　　　　　　　　B.外切正多边形
　　C.确定边长方式　　　　　　　　D.确定圆心、正多边形点的方式
9.在CAD中可以给图层定义的特性不包括(　　)。
　　A.颜色　　　　　B.线宽　　　　　C.打印/不打印　　D.透明/不透明
10.关于块的定义,以下说法哪个正确(　　)。
　　A.将文件中所有插入的图块都删除,图块的定义就不存在了
　　B.将文件中所有插入的图块都炸开,图块的定义就不存在了
　　C.如果图中存在使用某个块定义的块,则这个块不能被重新定义
　　D.如果图中存在使用某个块定义的块,则这个块不能被清除
11.多段线命令(Pline)画圆弧的选项中,哪个选项从画弧切换到画直线(　　)。
　　A.角度(A)　　　B.直线(L)　　　C.闭合(CL)　　　D.方向(D)
12.下列对象可以转化为多段线的是(　　)。
　　A.直线和圆弧　　B.椭圆　　　　C.文字　　　　　D.圆
13.线性标注可以测量什么样的线?(　　)
　　A.弧线　　　　　B.直线　　　　C.斜线　　　　　D.以上都不可以测量
14.进入标注管理器的快捷键是(　　)。
　　A.D　　　　　　B.C　　　　　　C.A　　　　　　D.B
15.在CAD中命令SPL是(　　)命令。
　　A.样条曲线　　　B.直线　　　　C.射线　　　　　D.构造线
16.在CAD中用Line命令画出一个矩形,该矩形中有(　　)图元实体。
　　A.1个　　　　　B.4个　　　　　C.不一定　　　　D.5个
17.在CAD中查看距离的命令是(　　)。
　　A.BI　　　　　　B.CI　　　　　C.DI　　　　　　D.F3
18.进行多段线编辑(Pedit)时,不可以和多段线"合并(J)"的是(　　)。
　　A.直线　　　　　B.圆弧　　　　C.椭圆弧　　　　D.多段线
19.下列关于角度标注的说法,正确的是(　　)。
　　A.角度标注时,选择边的先后顺序不一样,其角度值就不同
　　B.角度标注时,选择边的先后顺序与所标注的角度值之间没有关系
　　C.角度标注时,十字光标的位置决定角度的文本放置位置
　　D.角度标注时,十字光标的位置与所标注的角度值没有关系

20.块与文件的关系是( )。
   A.块一定以文件的形式存在
   B.图形文件一定是块
   C.块与图形文件均可插入当前的图形文件
   D.块与图形文件没有区别
21.下面有关在位文字编辑器的说法,错误的是( )。
   A.使用在位文字编辑器时,可以查看文字与图形的准确关系
   B.在位文字编辑器显示了顶部带有标尺的边框和更新的"文字格式"工具栏
   C.可以从别的文件中输入或粘贴文字
   D.可以从 ASCII 或 RTF 格式输入或粘贴文字
22.系统默认的填充图案与边界是( )。
   A.关联的,边界移动,图案随之移动
   B.不关联的
   C.关联的,边界删除,图案随之删除
   D.关联的,内部孤岛移动,图案不随之移动
23.弧长标注用于测量( )上的距离。
   A.圆弧   B.圆弧或多段线弧线段
   C.直线弧线段   D.多段线弧线段
24.要修改标注样式中的设置,图形中的什么将自动使用更新后的样式?( )
   A.当前选择的尺寸标注   B.当前图层上的所有标注
   C.除了当前选择以外的所有标注   D.使用修改样式的所有标注
25.在 CAD 中图形界限的命令是( )。
   A.Alt+O+A   B.Ctrl+0   C.Alt+1   D.Alt+2

技能训练

技能训练　CAD 软件的操作实践及应用

一、实训目的

1.能进行通信工程制图软件的设置。
2.掌握通信工程制图软件的绘图命令及使用。
3.掌握通信工程制图软件的编辑命令及使用。
4.掌握通信工程图纸绘制的规范及要求。
5.能运用 CAD 软件进行通信工程图例和图框的绘制。

二、实训场所和器材

通信工程设计实训室(通信工程制图软件、计算机)

三、实训内容

1.运用所学的 CAD 软件的操作命令和使用方法,绘制表 1 中的通信工程图例。

表 1　　　　　　　　通信工程图例及含义

序号	图例名称	图 例	序号	图例名称	图 例
1	引上杆		11	单扇门	
2	落地交接箱		12	折断线	
3	架空交接箱		13	天然草地	
4	双方拉线		14	楼梯	
5	四方拉线		15	房柱	
6	有高桩拉线的电杆		16	双扇门	
7	直通型人孔		17	标高	
8	池塘		18	围墙	
9	局前人孔		19	体育场	
10	稻田		20	手孔	

2.绘制图框和指北针

(1)根据模块一中表1-1所示的图纸幅面尺寸和图1-2所示的图框图衔,绘制 A4 图框(包括框距)。

(2)运用 CAD 的操作命令,绘制如图3-76所示的指北针。

四、总结与体会

模块四　图形显示与输出打印

目标导航

- 掌握图形重画、重生成、鸟瞰视图、平铺视口与多窗口排列、图像以及绘制顺序等图形显示命令及使用方法
- 熟练使用CAD软件的打印功能,进行打印参数的正确设置
- 掌握从图纸空间出图的实际操作流程及使用方法
- 培养学生坚持不懈、吃苦耐劳的工匠精神
- 培养学生坚守初心、担当使命的工匠精神

教学建议

模块内容	学时分配	总学时	重点	难点
4.1 图形显示	2	10		
4.2 图纸布局与图形输出	2		√	
技能训练	6			√

内容解读

在CAD绘制图形的过程中,可以任意地放大、缩小或移动屏幕上的图形,或者同时从不同的角度、不同的方位来显示图形。CAD系统提供多种观察图形的工具,如利用鸟瞰视图进行平移和缩放、视图处理和视口创建等,利用这些命令,可以轻松自如地控制图形的显示以满足各种绘图需求和提高工作效率。

输出图形是计算机绘图中的一个重要环节。在CAD中,图形可以从打印机上输出为纸质的工程图纸,也可以用软件的自带功能输出为电子档的图纸。在打印或输出的过程中,参数的设置是十分关键的。

本模块主要介绍CAD软件中图形显示命令、图形打印和输出参数设置和使用等内容。

4.1 图形显示

4.1.1 图形的重画与重生成

图形重画(Redraw/Redrawall)和图形重生成(Regen/Regenall)命令都能够实现视图的重显。

(1)图形的重画

命令行:Redraw/Redrawall

菜单:"视图"→"重画(R)"

快速访问计算机内存中的虚拟屏幕,被称为重画(Redraw 命令)。

在绘图过程中有时会留下一些无用的标记,比如删除多个对象图纸中的一个对象,但有时被删除的对象看上去还存在,在这种情况下可以使用重画命令来刷新屏幕显示,清除残留的点痕迹,以显示正确的图形。图形中某一图层被打开或关闭,或者栅格被关闭后,系统将自动刷新并重新显示图形,同时栅格设置的密度大小会影响图形刷新的速度。

(2)图形的重生成

命令行:Regen/Regenall

菜单:"视图"→"重生成(G)"/"全部重生成(A)"

重新计算整个图形的过程被称为重生成。

重生成命令不仅能删除图形中的点记号并刷新屏幕,而且能更新图形数据库中所有图形对象的屏幕坐标,使用该命令通常可以准确地显示图形数据。

Redraw 和 Regen 命令的对比如表 4-1 所示。

表 4-1　　　　　　　　　Redraw 和 Regen 命令的对比表

命令	Redraw 命令	Regen 命令
作用	①快速刷新屏幕显示 ②清除所有的图形轨迹点,例如:亮点和零散的像素	①重新生成整个图形 ②重新计算屏幕坐标

要注意的是,Redraw 命令比 Regen 命令快得多;Redraw 和 Regen 只刷新或重生成当前视口,而 Redrawall 和 Regenall 可以刷新或重生成所有视口。

4.1.2　图形的缩放与平移

(1)图形的缩放

①命令格式

命令行:Zoom(Z)

菜单:"视图"→"缩放(Z)"

工具栏:"标准"→"窗口缩放"

缩放、平移、在模型空间创造多视口

在绘图过程中,为了方便地进行对象捕捉或显示局部细节,需要使用缩放工具放大或缩小当前视图或放大局部,当绘制完成后,再使用缩放工具缩小图形来观察图形的整体效果。使用 Zoom 命令并不影响实际对象的尺寸大小。

②操作步骤

以…\ZWCAD 2022 Chs\Sample\Building.dwg 为例,使用 Zoom 的三种方式来观察图形的不同显示效果,其操作如图 4-1 所示。

其操作命令如下:

命令:Open　　　　　　　　　　　　　　　//打开图形,显示为图 4-1(a)
命令:Zoom
输入比例因子(nX 或 nXP),或者缩放:放大(I)/缩小(O)/全部(A)/动态(D)/中心(C)/范围(E)/左边(L)/前次(P)/右边(R)/窗口(W)/对象(OB)/比例(S)/＜实时＞:E
　　　　　　　　　　　　　　　　　　　//输入 E,以范围方式缩放图形

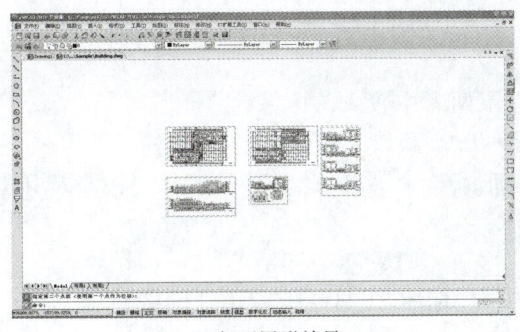

(a)打开图形效果 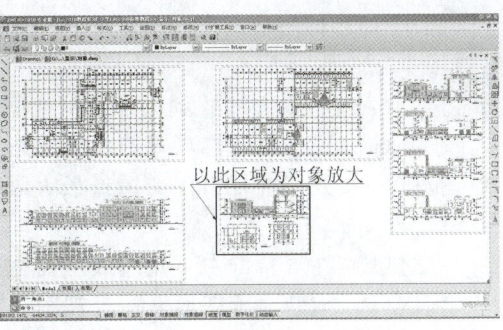   (b)范围缩放效果

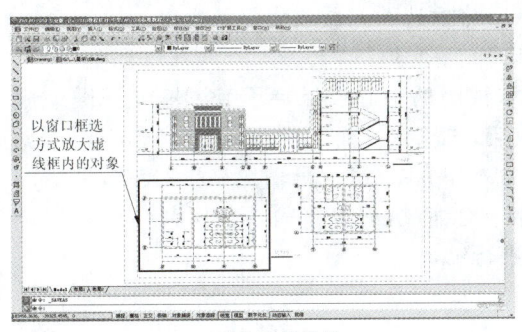

(c)对象缩放效果 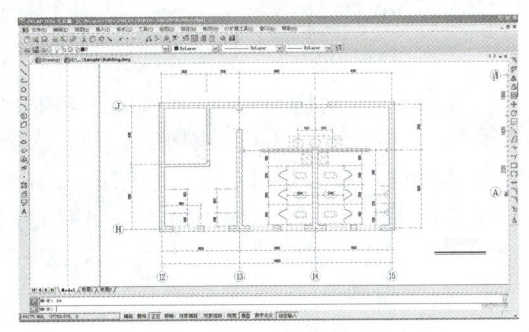   (d)窗口缩放效果

图 4-1 图形的缩放

| 命令： | //按 Enter 键,显示图 4-1(b) |
| Zoom | //重复执行 Zoom 命令 |

输入比例因子(nX 或 nXP),或者缩放：放大(I)/缩小(O)/全部(A)/动态(D)/中心(C)/范围(E)/左边(L)/前次(P)/右边(R)/窗口(W)/对象(OB)/比例(S)/<实时>:OB

                                         //输入 OB,以对象方式缩放图形

选择需要缩放的实体：   //按图 4-1(b)选择外图框

选择集当中的对象:1

选择需要缩放的实体：   //单击鼠标右键结束对象选择

命令：   //按 Enter 键,显示图 4-1(c)

Zoom   //重复执行 Zoom 命令

输入比例因子(nX 或 nXP),或者缩放：放大(I)/缩小(O)/全部(A)/动态(D)/中心(C)/范围(E)/左边(L)/前次(P)/右边(R)/窗口(W)/对象(OB)/比例(S)/<实时>:W

                                         //输入 W,以窗口方式缩放图形

第一点：   //拾取图 4-1(c)中图框的一个对角点

对角点：   //拾取图 4-1(c)中图框的另一对角点

缩放命令的各选项功能说明如下：

放大(I)：将图形放大一倍。在进行放大时,放大图形的位置取决于目前图形的中心在视图中的位置。

缩小(O)：将图形缩小一半。在进行缩小时，缩小图形的位置取决于目前图形的中心在视图中的位置。

全部(A)：将视图缩放到图形范围或图形界限两者中较大的区域。

中心(C)：可通过该选项重新设置图形的显示中心和放大倍数。

范围(E)：使当前视口中的图形最大限度地充满整个屏幕，此时显示效果与图形界限无关。

左边(L)：在屏幕的左下角缩放所需视图。

前次(P)：重新显示图形上一个视图，该选项在"标准"工具栏上有单独的按钮。

右边(R)：在屏幕的右上角缩放所需视图。

窗口(W)：分别指定矩形窗口的两个对角点，将框选的区域放大显示。

动态(D)：可以在一次操作中完成缩放和平移。

比例(nX/nXP)：可以放大或缩小当前视图，视图的中心点保持不变。输入视图缩放系数的方式有三种：①相对缩放：输入缩放系数后，再输入一个"X"，即是相对于当前可见视图的缩放系数。②相对图纸空间单元缩放：输入缩放系数后，再输入一个"XP"，使当前视区中的图形相对于当前的图纸空间缩放。③绝对缩放：即直接输入数值，则 CAD 以该数值作为缩放系数，并相对于图形的实际尺寸进行缩放。

(2)实时缩放

①命令格式

命令行：Rtzoom

菜单："视图"→"缩放(Z)"→"实时缩放(R)"

工具栏："标准"→"实时缩放"

②操作步骤

执行实时缩放命令，按住鼠标左键，屏幕出现一个放大镜图标，移动放大镜图标即可实现即时动态缩放。按住鼠标左键，向下移动，图形缩小显示；向上移动，图形放大显示；水平左右移动，图形无变化。按下 Esc 键退出命令。

通过滚动鼠标中键(滑轮)，也可实现缩放图形。除此之外，鼠标中键还有其他功效，如表 4-2 所示。

表 4-2　　　　　　　　　　　　鼠标中键主要功能

鼠标中键(滑轮)操作	功能描述
滚动滑轮	放大(向前)或缩小(向后)
双击滑轮按钮	缩放到图形范围
按住滑轮按钮并拖动鼠标	实时平移(等同于 Pan 命令功能)

(3)平移

①命令格式

命令行：Pan(P)

菜单："视图"→"缩放(Z)"→"实时平移(T)"

工具栏："视图"→"平移"

平移命令用于指定位移来重新定位图形的显示位置。在有限的屏幕大小中，显示屏幕外的图形使用 Pan 命令要比 Zoom 快很多，操作直观且简便。

②操作步骤

执行该命令,实时位移屏幕上的图形,操作过程中,单击鼠标右键显示快捷菜单,可直接切换为缩放、三维动态观察器、窗口缩放、缩放为原窗口和满屏缩放方式,如图 4-2 所示,这种切换方式称之为"透明命令",透明命令是指能在其他命令执行过程中执行的命令,具体操作时透明命令前有一个单引号。

图 4-2　执行 Pan 命令时,单击鼠标右键显示的快捷菜单

按住鼠标中键(滑轮)即可实现平移,无须按 Esc 键或者 Enter 键退出平移模式。

4.1.3　鸟瞰视图

(1)命令格式

命令行:Dsviewer

菜单:"视图"→"鸟瞰视图(W)"

鸟瞰视图是一种可视化平移和缩放当前视图的方法,像是一个动态缩放功能的加强版。鸟瞰视图是一个与绘图窗口相对独立的窗口,但彼此的操作结果都将在两个窗口中同步显示。

(2)操作步骤

在鸟瞰视图窗口中光标呈窗口状,显示缩放的窗口内有一个指明窗口扩展方向的箭头;平移的窗口内是一个"＋"标记,操作时可通过单击鼠标左键在两个窗口之间切换,如图 4-3(a)所示;进行框选显示缩放时,在鸟瞰视图视窗内移动鼠标,使光标窗口框住需要放大的区域,单击鼠标右键(或按 Enter 键),该区域将在绘图区全屏放大显示,如图 4-3(b)所示。

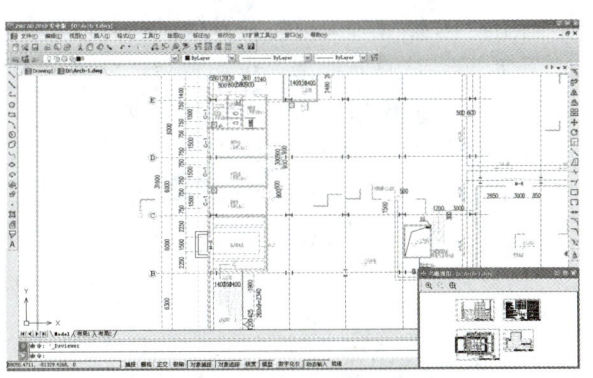

(a)鸟瞰视图窗口　　　　　　　　　(b)绘图区域放大视图显示

图 4-3　鸟瞰视图与放大区域

值得注意的是,鸟瞰视图窗口可以任意移动到绘图区域的任何位置,也能够调整鸟瞰

视图窗口的大小,一般使用默认的大小。利用鸟瞰视图可方便、快速定位到需要显示和缩放的部位,常常用于观察大型地形图或复杂图纸的局部细节。

4.1.4 平铺视口与多窗口排列

CAD 软件提供模型空间(Model Space)和布局空间(Paper Space)功能模块。

模型空间可以绘制二维图形和三维模型,并带有尺寸标注。用 Vports 命令创建视口和视口设置,并可以保存起来,以备日后使用,且只能打印激活的视口,若 UCS 图标设置为 ON,该图标就会出现在激活的视口中。

布局空间提供了真实的打印环境,可即时预览到打印出图前的整体效果,布局空间只能是二维显示。在布局空间中可以创建一个或多个浮动视口,每个视口的边界是实体,可以删除、移动、缩放、拉伸编辑,可以同时打印多个视口及其内容。

(1)平铺视口

①命令格式

命令行:Vports

菜单:"视图"→"视口(V)"

平铺视口可以将屏幕分割为若干个矩形视口,与此同时,可以在不同视口中显示不同角度和不同显示模式的视图。

②操作步骤

用平铺视口将魔方在模型空间中建立三个视口,如图 4-4 所示,其操作步骤如下:

> 命令:Vports
> 视口:? 列出/保存(S)/还原(R)/删除(D)/单个(SI)/连结(J)/2/3/4/<3>:3
> //输入3,设置平铺视口数量
> 三个视口:水平(H)/竖向(V)/上方(A)/下方(B)/左边(L)/<右边(R)>:L
> //输入 L,平铺视口配置左边方式

视口命令的各选项功能说明如下:

列出:列出当前活动视口的视口名以及各个视口的屏幕位置(左上角和右下角坐标值)。

保存(S):将当前视口配置以指定的名称保存,以备日后调用。

还原(R):恢复先前保存过的视口。

删除(D):删除已命名保存的视口设置。

单个(SI):将当前的多个视口合并为单一视口。

连结(J):将两个相邻视口合并成一个视口。

2/3/4/:分别在模型空间中建立 2、3、4 个视口。

(2)多窗口排列

①命令格式

命令行:Syswindows

菜单:"窗口"

窗口排列方式有层叠、水平和垂直平铺、排列图标等方式。

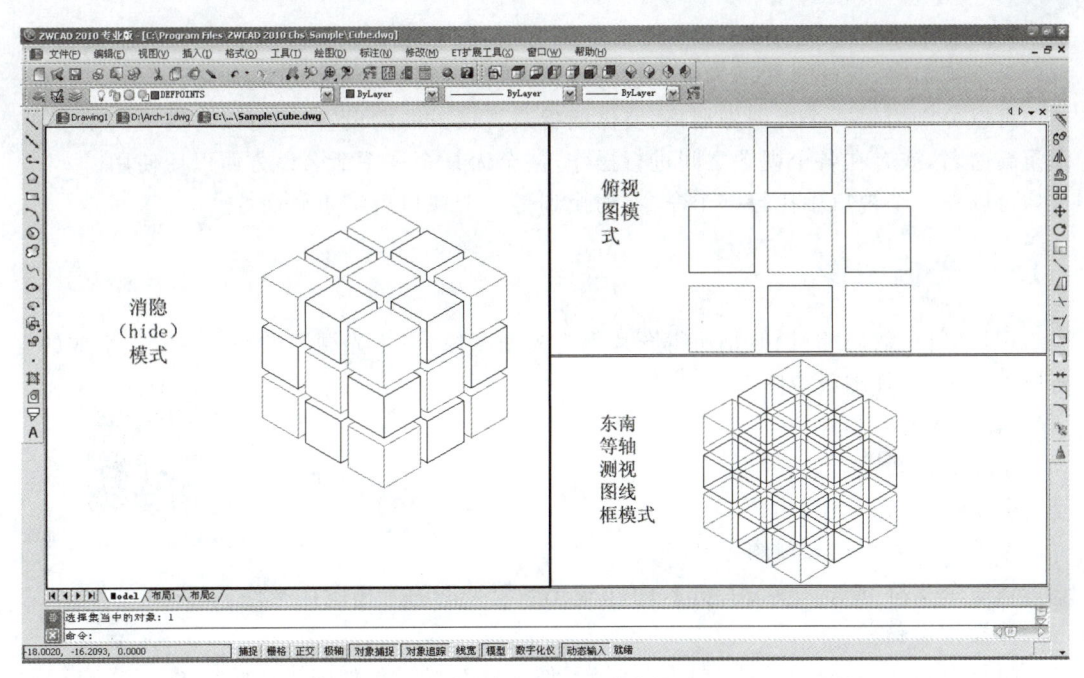

图 4-4　平铺视口屏幕分割

②操作步骤

当打开了多张图纸时,可以使用层叠、横向排列和竖向排列来布置视图在屏幕中的布局。若需要查看每个图纸的所在路径或文件名,可以选择下拉菜单"窗口"→"层叠"。为了将所有窗口垂直排列,以使它们从左向右排列,可以选择下拉菜单"窗口"→"垂直平铺",窗口的大小将自动调整以适应所提供的空间,如图 4-5 所示。

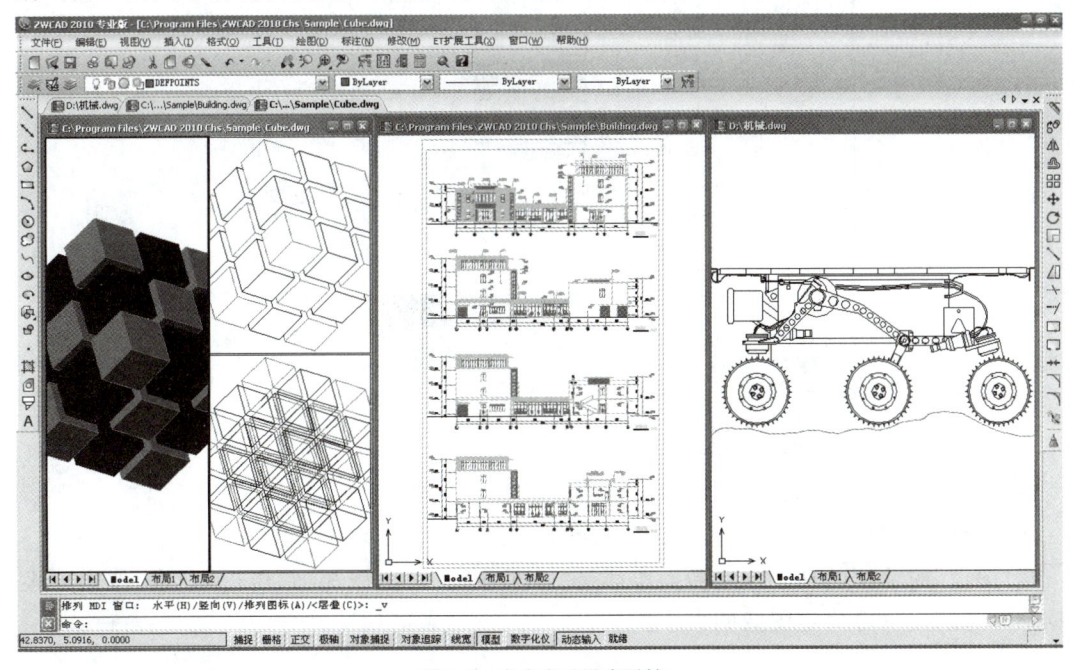

图 4-5　多个窗口垂直平铺

③注意事项

多个视口时,只能对激活的视口进行编辑,激活的视口边框会变宽加粗。

可以分别为每一个视图做栅格、实体捕捉或视点方向的设置,还可以对其中的某个视图重新命名,或者在各个视图之间进行操作,甚至为某个视图命名以方便以后使用。

可以在一个视口中执行一个命令,切换到另一个视口后结束此命令。

4.1.5 光栅图像

用扫描仪、数码相机、航拍所得图片都为光栅图像,由于光栅图像是由像素点组成的,所以也称为"点阵图或位图"。

(1)插入光栅图像

①命令格式

命令行:Imageattach(IAT)

菜单:"插入"→"光栅图像(I)"

该命令支持 bmp、jpg、gif、png、tif、pcx、tga 等类型的光栅图像文件。

②操作步骤

执行 Imageattach 命令后,打开"选择图像文件"对话框,如图 4-6 所示。

光栅图像的插入与管理

图 4-6 "选择图像文件"对话框

选择所需图像文件后,单击"打开"按钮,弹出"图像"对话框,如图 4-7 所示。

"图像"对话框的功能选项和操作都与"外部参照"对话框相似,单击"确定"按钮后根据命令行的提示可确定图像的大小。

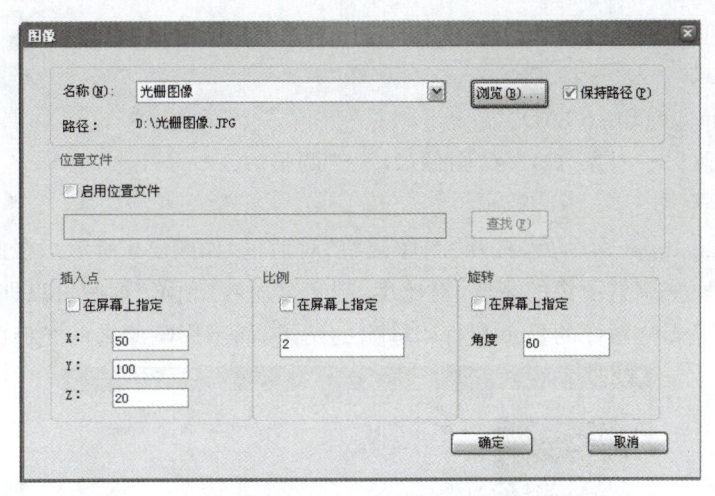

图 4-7 "图像"对话框

要注意的是,光栅图像如果放得太大,就会出现马赛克状的像素点,如果需要放很大的话,需要高质量的分辨率图像。

(2)图像管理

①命令格式

命令行:Image(IM)

菜单:"插入"→"图像管理器(M)"

②操作步骤

图像管理器可对当前图形中插入的光栅图像进行查看、更新、删除等操作。执行该命令后,打开"图像管理器"对话框,如图 4-8 所示。

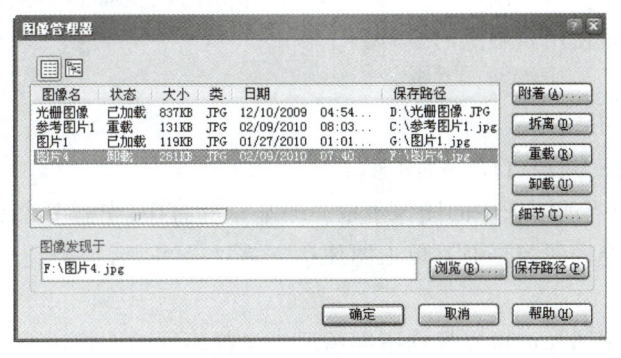

图 4-8 "图像管理器"对话框

列表框中显示当前图形中所有图像的图像名、状态、大小、类型、日期和保存路径等信息。

图像管理器的各选项功能说明如下:

附着:用户可从中选择需要的图像插入当前绘图区域中。

拆离:从当前图形文件中删除指定的图像文件。

重载:加载最新版本的图像文件,或重载以前被卸载的图像文件。

卸载:从当前图形文件中卸载指定的图像文件,但图像对象不从图形中删除。

(3)图像调整

①命令格式

命令行:Imageadjust(IAD)

菜单:"修改"→"对象(O)"→"图像(I)"→"调整(A)"

②操作步骤

执行 Imageadjust 命令后,打开"图像调整"对话框,如图 4-9 所示。在此对话框中,可以使用左右滑块来调整图像的亮度、对比度、褪色度。在"预览"框中可以即时预览到相应效果。此命令只影响图像的显示和打印输出的结果,而不影响原来的光栅图像文件。

图 4-9 "图像调整"对话框

(4)图像质量

命令行:Imagequality

菜单:"修改"→"对象(O)"→"图像(I)"→"质量(Q)"

图像质量控制图像显示的质量。图像显示的质量将直接影响显示性能,高质量图像降低程序性能。改变此设置后不必重新生成,此命令的改变将影响到图形中所有图像的显示,在打印时都是使用高质量的显示。

(5)图像边框

命令行:Imageframe

菜单:"修改"→"对象(O)"→"图像(I)"→"边框(F)"

图像边框控制当前图纸中的图像边框是否显示和打印,光栅图像不带边框也可显示。一般情况下,选择光栅图像是通过单击图像边框来选择的,为了避免意外选择图像,需要关闭图像边框。

要注意的是,制图人员可以根据不同情况来选择不同的图像边框显示方式,以满足不同的绘图需求,Imageframe 参数值取值及功能描述如表 4-3 所示。

表 4-3　　　　　　　　Imageframe 参数值取值及功能描述

Imageframe 参数值	对应参数值描述
Imageframe=0	不显示也不打印图像边框,此时,不可对图像对象进行选择
Imageframe=1	显示并打印图像边框,以便用户选择图像
Imageframe=2	显示但不打印边框

(6)图像剪裁

①命令格式

命令行:Imageclip(ICL)

菜单:"修改"→"剪裁(C)"→"图像(I)"

为选取的图像对象创建新的剪裁边界,必须在与图像对象平行的平面中指定边界。

②操作步骤

将图 4-10(a)编辑为图 4-10(b),其操作步骤如下:

```
命令:Imageclip
请选择一个图像实体:                    //选取图 4-10(a)图像
输入图像剪裁选项 开(ON)/关(OFF)/删除(D)/<新建边界(N)>:N
                                      //输入 N,新建一个四边形
请选择剪切边界类型 多边形(P)/<矩形(R)>:P    //输入 P
选择第一个边界点:                      //拾取 A 点
指定下一点或 [放弃(U)]                  //拾取 B 点
指定下一点或 [放弃(U)]                  //拾取 C 点
指定下一点或 [闭合(C)/放弃(U)]           //拾取 D 点
指定下一点或 [闭合(C)/放弃(U)]:C         //输入 C,闭合 A 和 D 点
```

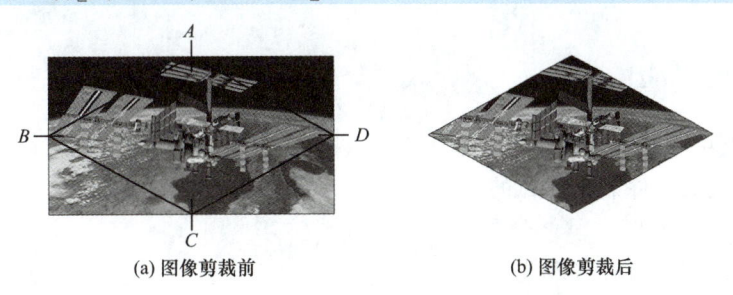

(a) 图像剪裁前　　　　　(b) 图像剪裁后

图 4-10　图像剪裁

4.1.6　绘图顺序

(1)命令格式

命令行:Draworder

菜单:"工具"→"绘图顺序(O)"

默认情况下,对象的绘制先后顺序,就决定了对象的显示顺序,Draworder 命令可修改对象的显示顺序,例如把一个对象移到另一个之下,当两个或更多对象相互覆盖时,图形顺序将保证正确的显示和打印输出。如果将光栅图像插入现有对象中,就会遮盖现有对象,这时就有必要调整图形顺序。

(2)操作步骤

使用 Draworder 命令把图 4-11(a)的绘图顺序改为图 4-11(b)的显示效果,其操作步骤如下:

(a) 先绘制实心填充三角形，后绘制矩形　　　　(b) 使矩形置于三角形之下

图 4-11　绘图顺序

命令：Draworder
选择要改变绘制顺序的对象：　　　　　　　　　　//选择矩形
选择集当中的对象：1
选择要改变绘制顺序的对象：　　　　　　　　　　//单击鼠标右键
输入对象顺序选项［对象上(A)/对象下(U)/最前(F)/最后(B)］＜最后＞：U
　　　　　　　　　　　　　　　　　　　　　　　　//输入 U，置于对象之下
选择参照对象：　　　　　　　　　　　　　　　　//选择三角形
选择集当中的对象：1
选择参照对象：　　　　　　　　　　　　　　　　//单击鼠标右键

4.2　图纸布局与图形输出

4.2.1　图形输出

图形输出功能就是将图形转换为其他类型的图形文件，如 bmp、wmf 等，以达到和其他软件兼容的目的。

命令行：Export
菜单："文件"→"输出(E)"
将当前图形文件输出为所选取的文件类型，如图 4-12 所示。

图纸发布

文件输出与输入

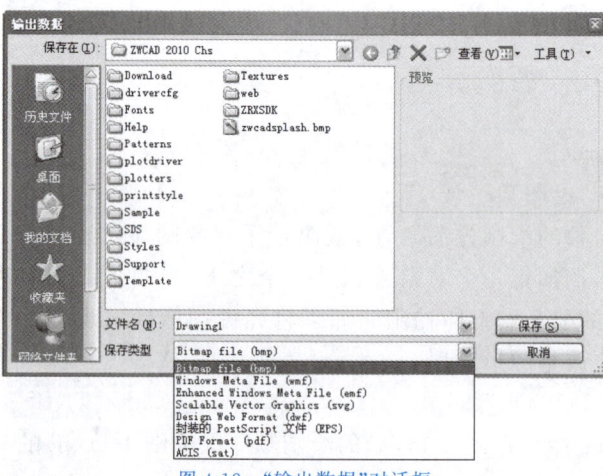

图 4-12　"输出数据"对话框

由"输出数据"对话框中的文件类型可以看出，CAD的输出文件有八种类型，均为图形工作中常用的文件类型，能够保证与其他软件的交流。使用输出功能的时候，会提示选择输出的图形对象，制图人员在选择所需要的图形对象后就可以输出了。输出后的图形与输出时 CAD 中绘图区域里显示的图形效果是相同的。需要注意的是，在输出的过程中，有些图形类型发生的改变比较大，CAD 不能够把类型改变大的图形重新转化为可编辑的 CAD 图形格式，例如，将 bmp 文件读入后，仅作为光栅图像使用，不可以进行图形修改操作。

4.2.2 打印和打印参数设置

在完成某个图形绘制后，为了便于观察和实际施工制作，可将其打印输出到图纸上。在打印的时候，首先要设置打印的一些参数，如选择打印设备、设定打印样式、指定打印区域等，这些都可以通过"打印"命令调出的对话框来实现。

命令行：Plot

菜单："文件"→"打印(P)"

工具栏："标准"→"打印"

制图人员通过以上操作可以设定相关参数，打印当前图形文件，"打印"对话框界面如图 4-13 所示。对话框中各选项的功能说明如下：

图 4-13 "打印"对话框

(1) 打印机/绘图仪

"打印机/绘图仪"栏，如图 4-14 所示，可以选择用户输出图形所要使用的打印设备、纸张大小、打印份数等设置。

单击图 4-13 中"属性"按钮后，自动弹出如图 4-14 所示的"绘图仪配置编辑器"对话框，可以运用该对话框修改当前打印机的配置。该对话框中包含三个选项卡，其含义分别如下：
　　基本：在该选项卡中查看或修改打印设备信息，包含了当前配置的驱动器信息。
　　端口：在该选项卡中显示适用于当前配置的打印设备的端口。
　　设备和文档设置：在该选项卡中设定打印介质、图形设置等参数。

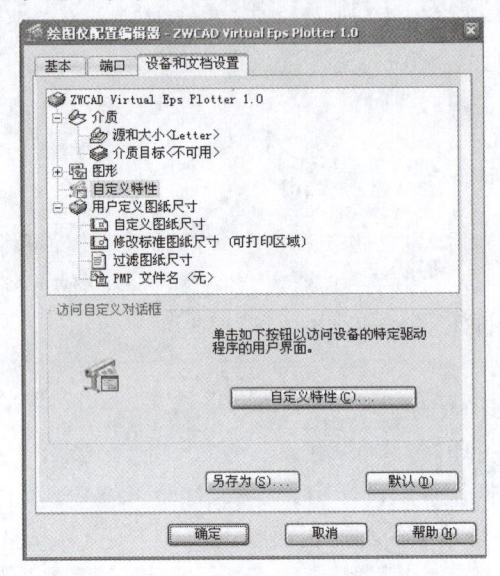

图 4-14　绘图仪配置编辑器

（2）打印样式表

打印样式表用于修改图形打印的外观。图形中每个对象或图层都具有打印样式属性，通过修改打印样式可改变对象输出的颜色、线型、线宽等特性，如图 4-15 所示，在"打印样式表"栏中可以指定图形输出时所采用的打印样式，在下拉列表框中有多个打印样式可供选择，也可单击"修改"按钮对已有的打印样式进行改动，如图 4-16 所示，或单击"新建"按钮设置新的打印样式。

图 4-15　指定打印样式

微课

新建打印样式表

打印样式分为以下两种：
　　颜色相关打印样式：该种打印样式表的扩展名为.ctb，可以为图形中的每个颜色指定打印的样式，从而在打印的图形中实现不同的特性设置。颜色限定于 255 种索引色，真彩色和配色系统在此处不可使用。使用颜色相关打印样式不能将打印样式指定给单独的对象或者图层。使用该打印样式的时候，需要先为对象或图层指定具体的颜色，然后在打印样式表中将指定的颜色设置为打印样式的颜色。指定了颜色相关打印样式之后，可以将打印样式表中的设置应用到图形中的对象或图层。若给某个对象指定了打印样式，则这种样式将取代对象所在图层所指定的打印样式。

图 4-16　修改打印样式

命名相关打印样式：根据在打印样式定义中指定的特性设置来打印图形，命名相关打印样式可以指定给对象，与对象的颜色无关。命名相关打印样式的扩展名为.stb。

（3）打印区域

如图 4-17 所示，"打印区域"栏可设定图形输出时的打印区域，该栏中各选项含义如下：

窗口：临时关闭"打印"对话框，在当前窗口选择一个矩形区域，然后返回对话框，打印选取的矩形区域中的内容。此方法是选择打印区域最常用的方法，一般情况下，制图人员都希望所输出的图形布满整张图纸，因此会将打印比例设置为"布满图纸"，以达到最佳效果。但这样打出来的图纸比例很难确定，常用于比例要求不高的情况。

图形界限：打印包含所有对象的图形的当前空间。该图形中的所有对象都将被打印。

显示：打印当前视图中的内容。

（4）设定打印比例

"打印比例"栏中可设定图形输出时的打印比例。在"比例"下拉列表框中可选择用户出图的比例，如 1∶1，同时可以用"自定义"选项，在下面的框中用输入比例换算方式来达到控制比例的目的。"布满图纸"则是根据打印图形范围的大小，自动布满整张图纸。"缩放线宽"单选按钮是在布局中打印的时候使用的，勾选上后，图纸所设定的线宽会按照打印比例进行放大或缩小，而未勾选则不管打印比例是多少，打印出来的线宽就是设置的线宽尺寸，如图 4-18 所示。

图 4-17　打印区域设置　　　　图 4-18　设定打印比例

(5)调整图形打印方向

在"图形方向"栏中可指定图形输出的方向。因为图纸制作会根据实际的绘图情况来选择图纸是纵向还是横向,所以在图纸打印的时候一定要注意设置图形方向,否则图纸打印可能会使部分超出纸张的图形无法打印出来。该栏中各选项的含义如下:

纵向:图形以水平方向放置在图纸上。

横向:图形以垂直方向放置在图纸上。

反向打印:指定图形在图纸上倒置打印,即将图形旋转180°打印,如图4-19所示。

(6)指定偏移位置

"打印偏移"栏可以指定图形打印在图纸上的位置。可通过分别设置X(水平)偏移和Y(垂直)偏移来精确控制图形的位置,也可通过设置"居中打印",使图形打印在图纸中间。

打印偏移量通过将标题栏的左下角与图纸的左下角重新对齐来补偿图纸的页边距。用户可以通过测量图纸边缘与打印信息之间的距离来确定打印偏移,如图4-20所示。

(7)设置打印选项

打印过程中,还可以设置一些打印选项,在需要的情况下可以使用,"打印选项"栏如图4-21所示。各个选项表示的内容如下:

打印对象线宽:指定打印对象和图层的线宽。

按样式打印:以指定的打印样式来打印图形。指定此选项将自动打印线宽。如果不选择此选项,将按指定给对象的特性打印对象而不是按打印样式打印。

消隐打印:选择此项后,打印对象时消除隐藏线,不考虑其在屏幕上的显示方式。

将修改保存到布局:将在"打印"对话框中所做的修改保存到布局中。

打开打印戳记:使用打印戳记的功能。

图4-19 图形打印方向设置　　图4-20 打印偏移设置　　图4-21 设置打印选项

(8)预览打印效果

在图形打印之前使用预览功能可以提前看到图形打印后的效果,这将有助于对打印的图形及时修改。如果设置了打印样式表,预览图将显示在指定的打印样式设置下的图形效果。

在预览界面下,可以单击鼠标右键,在弹出的快捷菜单中有"打印"选项,单击即可直接在打印机上出图了。也可以退出预览界面,在"打印"对话框上单击"确定"按钮出图。如图4-22所示。

制图人员在进行打印的时候要经过上面一系列的设置后,才可以正确地在打印机上输出需要的图纸。当然,这些设置是可以保存的,"打印"对话框最上面有"页面设置"选项,制图人员可以新建页面设置的名称,来保存所有的打印设置。另外,CAD还提供从图纸空间出图,图纸空间会记录下设置的打印参数,从这个地方打印是最方便的选择。

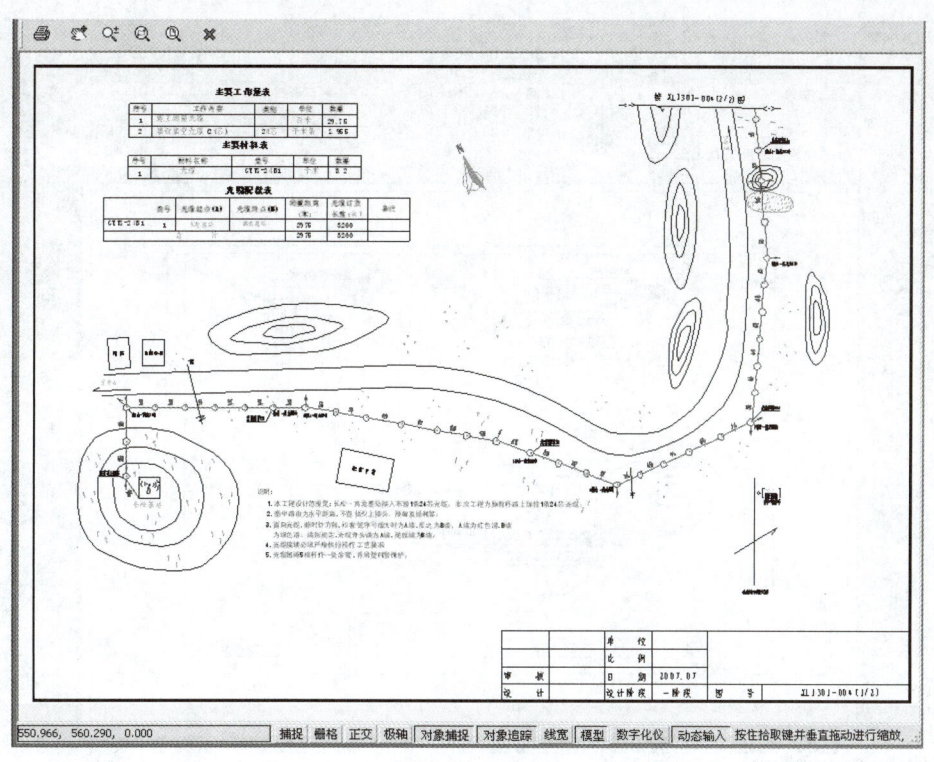

图 4-22 打印预览

4.2.3 从图纸空间出图

绘图空间分为模型空间和图纸空间两种,上述讲述的打印是在模型空间中的打印设置,在模型空间中的打印只有在打印预览的时候才能看到打印的实际状态,而且模型空间对于打印比例的控制不是很方便,而从图纸空间出图可以更直观地看到最后的打印状态,图纸布局和比例控制较为方便。

图 4-23 是一个图纸空间的运用效果,与模型空间最大的区别是图纸空间的背景是所要打印的纸张范围,与最终的实际纸张大小是一样的,图形被安排在这张纸的可打印范围内,出图时,就不需要再进行打印参数的设置。

下面将通过实例分析从图纸空间出图的实际操作方法:

(1)在模型空间绘制好需要的图形后,单击状态栏上的 布局1 按钮,进入图纸空间界面,如图 4-24 所示。在界面中有一张打印用的白纸示意图,纸张的大小和范围已经确定,纸张边缘有一圈虚线,表示的是可打印的范围,在虚线内是可以在打印机上打印出来的图形,超出的部分则不会被打印。

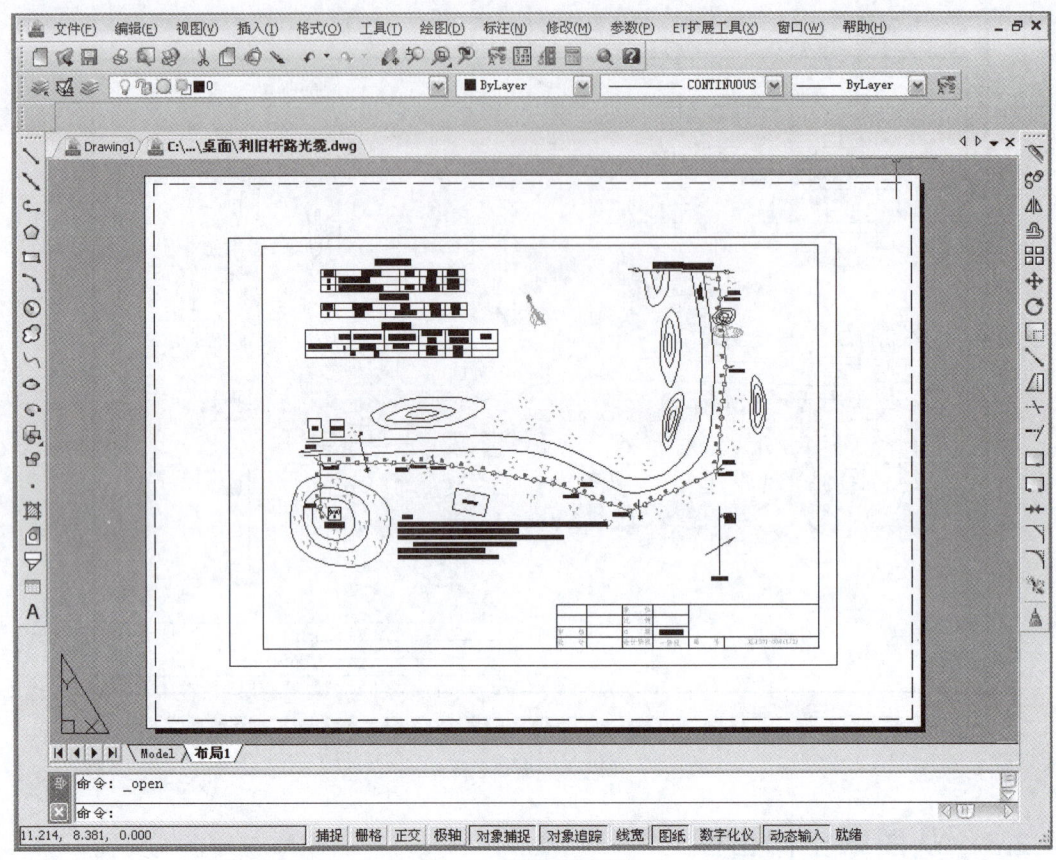

图4-23 图纸空间示例

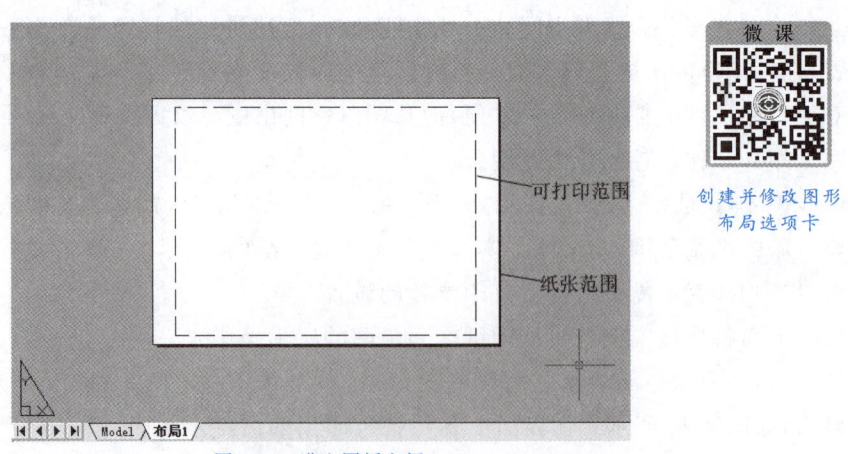

图4-24 进入图纸空间

创建并修改图形布局选项卡

(2)选择菜单"文件"→"页面设置",进入"页面设置管理器"对话框,如图4-25所示,单击"修改"按钮,进入"打印设置"对话框,如图4-26所示。这个对话框和模型空间里用"打印"命令调出的对话框非常相近,在这个对话框中设置好打印机名称、纸张、打印样式等内容后,就可以单击"确定"按钮保存设置了。要注意将比例设置为1∶1,这样打印出来的图形比例较容易控制。

图 4-25　页面设置管理器

图 4-26　"打印设置"对话框

（3）选择菜单"视图"→"视口"→"一个视口"，在图纸空间中单击两点确定矩形视口的大小范围，模型空间中的图形就会在这个视口当中反映出来。这时图形和白纸的比例还不协调，需要调整，如图 4-27 所示。

（4）对视口进行必要的调整。首先选择视口，将"视口"属性栏（如图 4-28 所示）里的"标准比例"一项调整到需要的比例，例如要放大一倍打印，则要调整到 2∶1。这里还提供自定义比例，用户可以自己设定需要的比例。比例定好后，调整视口的各个夹点位置，使得视口可以包括需要打印的图形，最后用 Move 命令移动视口，将需要打印的图形移动到图纸虚线的内部，这样图纸空间的设置就完成了。

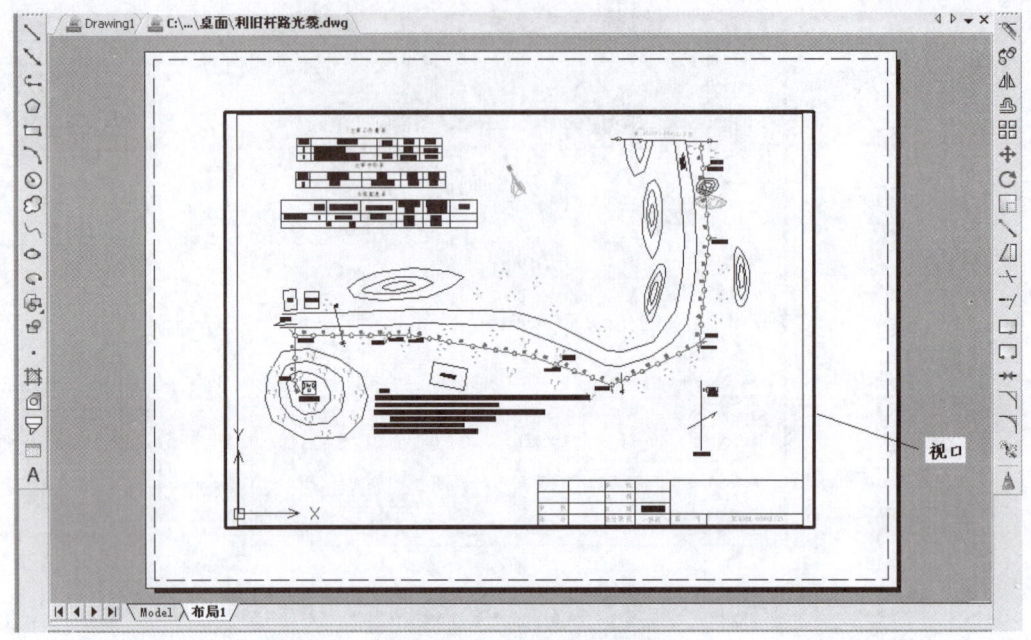

图 4-27　在图纸空间中建立视口

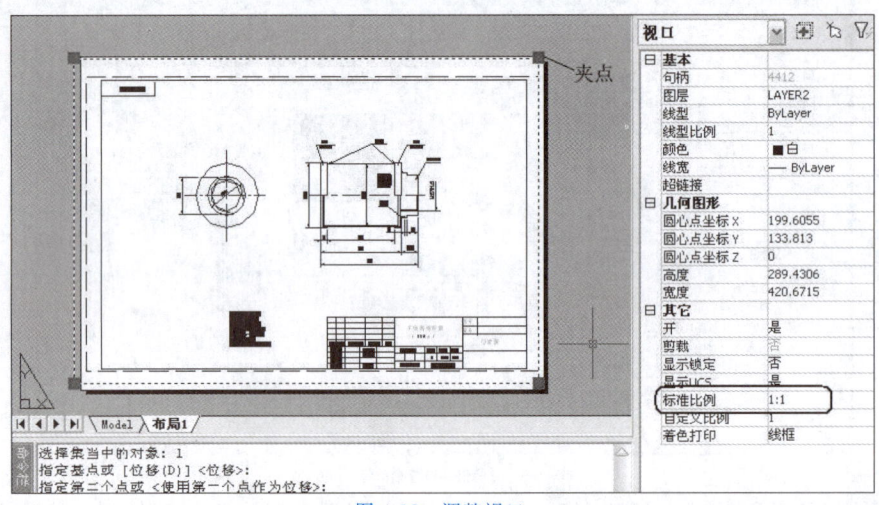

图 4-28　调整视口

(5) 运行打印命令，"打印设置"对话框中的设置会自动与页面设置的情况一样，预览打印效果，如果没问题直接单击"确定"按钮就可以出图了。

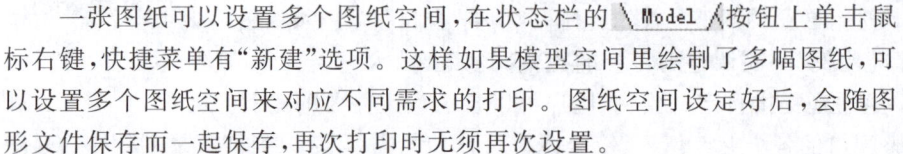

一张图纸可以设置多个图纸空间，在状态栏的 Model 按钮上单击鼠标右键，快捷菜单有"新建"选项。这样如果模型空间里绘制了多幅图纸，可以设置多个图纸空间来对应不同需求的打印。图纸空间设定好后，会随图形文件保存而一起保存，再次打印时无须再次设置。

模型空间绘图时，可以用 1∶1 比例绘制出图形，再在图纸空间设定各打印参数和比例大小，可以把图框和标注都在图纸空间里制作，这样图框的大小不需要放大或缩小，标注的相关设定，如文字高度，也不需要特别的设定，这样打印出来的图会非常准确。

微　课

拓展：视口剪裁

模块四　图形显示与输出打印

● 知识归纳

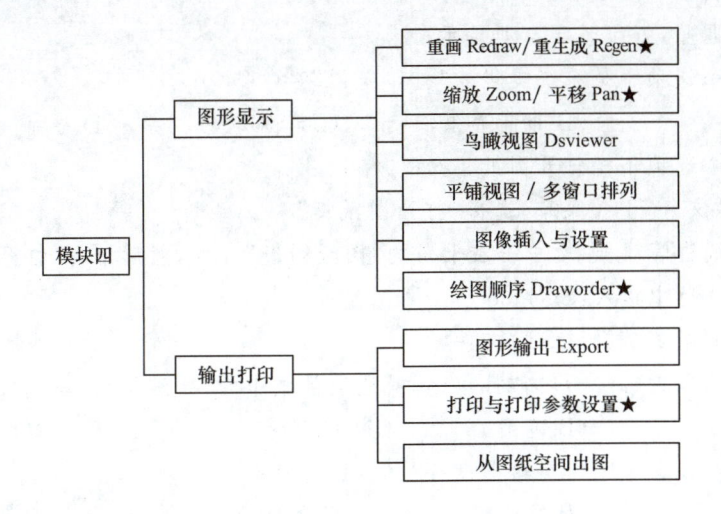

```
                        ┌─ 重画 Redraw/重生成 Regen★
                        ├─ 缩放 Zoom/平移 Pan★
              ┌─ 图形显示 ┼─ 鸟瞰视图 Dsviewer
              │         ├─ 平铺视图/多窗口排列
              │         ├─ 图像插入与设置
    模块四 ────┤         └─ 绘图顺序 Draworder★
              │         ┌─ 图形输出 Export
              └─ 输出打印 ┼─ 打印与打印参数设置★
                        └─ 从图纸空间出图
```

● 思政引读

　　谭文波，中国石油集团西部钻探公司高级技师(图 S4)。听诊大地弹指可定，相隔厚土锁缚气海油龙。宝藏在黑暗中沉睡，他以无声的温柔唤醒。谭文波，你用黑色的眼睛，闪亮试油的"中国路径"！坚守大漠戈壁 20 多年，被称为油田的土发明家。他冒着生命危险研制出电动液压地层封闭技术，实现了中国自己的自主产权技术，也是世界首创的新技术，打破了地层封闭工具都要从国外引进的局面，也为世界石油技术实现了一次重大革新。如今，他发明的试油工具正在广泛使用，创造直接经济效益几千万元。

图 S4　"大国工匠"谭文波

(资料来源：央视新闻，2019 年 1 月)

● 自我测试

单项选择题

1.如果插入的光栅图像盖住了 CAD 的图形对象，要将这些图（　　）。

　A.将图像的透明度进行调整

B.Draworder 命令调整显示次序

　　C.用 Display 命令调整显示次序

　　D.无须调整,打印时会自动显示出来

2.下列哪个选项不是系统提供的"打印范围"?(　　)

　　A.窗口　　　　　B.布局界限　　　　C.范围　　　　　D.显示

3.以下哪个选项不能打开图纸集?(　　)

　　A.单击"文件"下拉菜单,选择"打开图纸集"

　　B.在图纸集管理器中,单击右上角的"图纸列表"控件,然后单击"打开"按钮

　　C.在命令行中输入:Sheetset

　　D.双击图纸集数据(DST)文件

4.当打印范围为(　　)时,"打印比例"选项区域中的"布满图纸"单选按钮不可用?

　　A.布局　　　　　B.范围　　　　　C.显示　　　　　D.窗口

5.以下哪个设备属于图形输出设备?(　　)

　　A.扫描仪　　　　B.复印机　　　　C.数字化仪　　　D.绘图仪

6.在缩放视图时,选择两端点确定一个矩形框来进行缩放的命令是(　　)。

　　A."视图"→"缩放"→"动态"　　　　B."视图"→"缩放"→"全部"

　　C."视图"→"缩放"→"比例"　　　　D."视图"→"缩放"→"窗口"

7.Zoom 命令与 Scale 命令(　　)。

　　A.具有相同作用的放大与缩小　　　　B.Zoom 命令是显示控制命令

　　C.Scale 命令是显示放大命令　　　　D.Zoom 是比例放大命令

8.在 CAD 中为了保证整个图形边界在屏幕上可见,应使用哪一个缩放选项?(　　)

　　A.全部　　　　　B.上一个　　　　C.范围　　　　　D.图形界限

9.如果一个插入的光栅图像被重载,以下说法错误的是(　　)。

　　A.可以确保显示的是最新版本的光栅图像

　　B.重载可以控制图像是否显示

　　C.重载后,将在最上层绘制该图像

　　D.可以重载为另一个不同的光栅图像

10.通过打印预览,可以看到什么?(　　)

　　A.打印的图形的一部分

　　B.图形的打印尺寸

　　C.与图纸打印方式相关的打印图形

　　D.在打印页的四周显示有标尺,用于比较尺寸

11.如何创建新的视口?(　　)

　　A."视图"→"鸟瞰视图"　　　　　　B."视图"→"视口"

　　C."视图"→"命名视图"　　　　　　D."视图"→"命名视口"

12.图层的开/关与冻结/解冻的区别是(　　)。

A.已关闭图层上的对象不可见,不会重新生成图形,但未被锁定可以被通过"ALL"方式选择,已冻结的图层上的对象不可见,解冻一个或多个图层将导致重新生成图形,同时图层上的对象被锁定

B.已关闭图层上的对象不可见,不会重新生成图形,已冻结的图层上的对象不可见,解冻一个或多个图层将导致重新生成图形

C.已关闭图层上的对象不可见,已冻结的图层上的对象可见

D.已关闭图层上的对象不可见,已冻结的图层上的对象可见但不可以编辑

● 技能训练

技能训练　通信工程图纸的绘制

一、实训目的

1.掌握通信工程制图软件的绘图命令及使用。

2.掌握通信工程制图软件的编辑命令及使用。

3.掌握通信工程图纸绘制的规范及要求。

4.能正确进行通信工程图纸的打印参数设置及输出(纸张采用A4纸)。

5.能运用所学知识和CAD软件各项操作,完成给定通信工程图纸的绘制。

二、实训场所和器材

通信工程设计实训室(通信工程制图软件、计算机)

三、实训内容

1.运用CAD软件,绘制如图1所示的通信线路工程图纸。

2.运用CAD软件,绘制如图2所示的移动基站工程图纸。

3.运用CAD软件,绘制如图3所示的室内分布系统工程图纸。

四、总结与体会

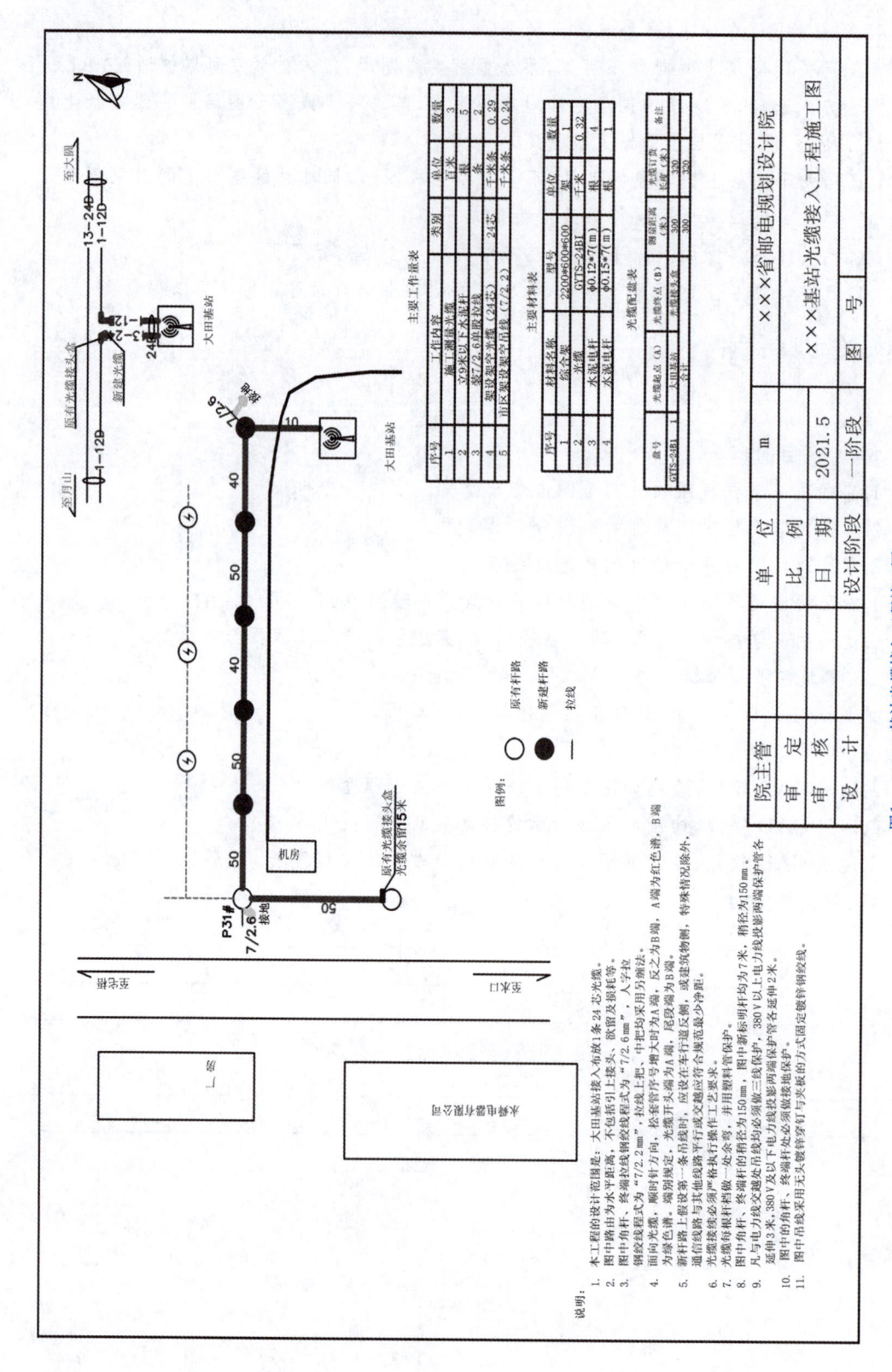

图1 ×××基站光缆接入工程施工图

模块四 图形显示与输出打印 | 225

设备配置表

序号	设备名称	规格配置	尺寸（W*D*H）	单位	数量	备注
1	GSM	GSM900机架	爱立信RBS2206 CDU-F	600*472*1850	架	3
2	DCS	DCS1800机架	爱立信RBS2206 CDU-F	600*472*1850	架	3
3	PS	开关电源架	爱默生	600*400*1600	架	1
4	BATT	蓄电池	南都：-48V/400AH（四层单列）	1255*365*965	组	2
5	ACPDB	交流配电箱		600*300*1000	架	1	壁挂
6	CS	传输架	爱默生		架	1
7	JX	环境监控			架	1
8	ODF	光纤配线架		600*600*2000	架	1
9	BGB	室外接地排		600*300*2000	只	1
10	A/C-I	空调室内机	柜式3匹		台	1
11	A/C-O	空调室外机			台	1

注：
1. 基站为搬迁站，基站配置为爱立信RBS2206。
2. 壁挂式ACPDB下沿距地900 mm。
3. 交流引入线采用4*16 mm²的阻燃电缆。

图例： □机面   ┌┈┈┐预留设备
              └┈┈┘

院主管		单位	mm
审定		比例	
审核		日期	2021.5
设计		设计阶段	一阶段

×××省邮电规划设计院

某公司基站机房设备平面布置图

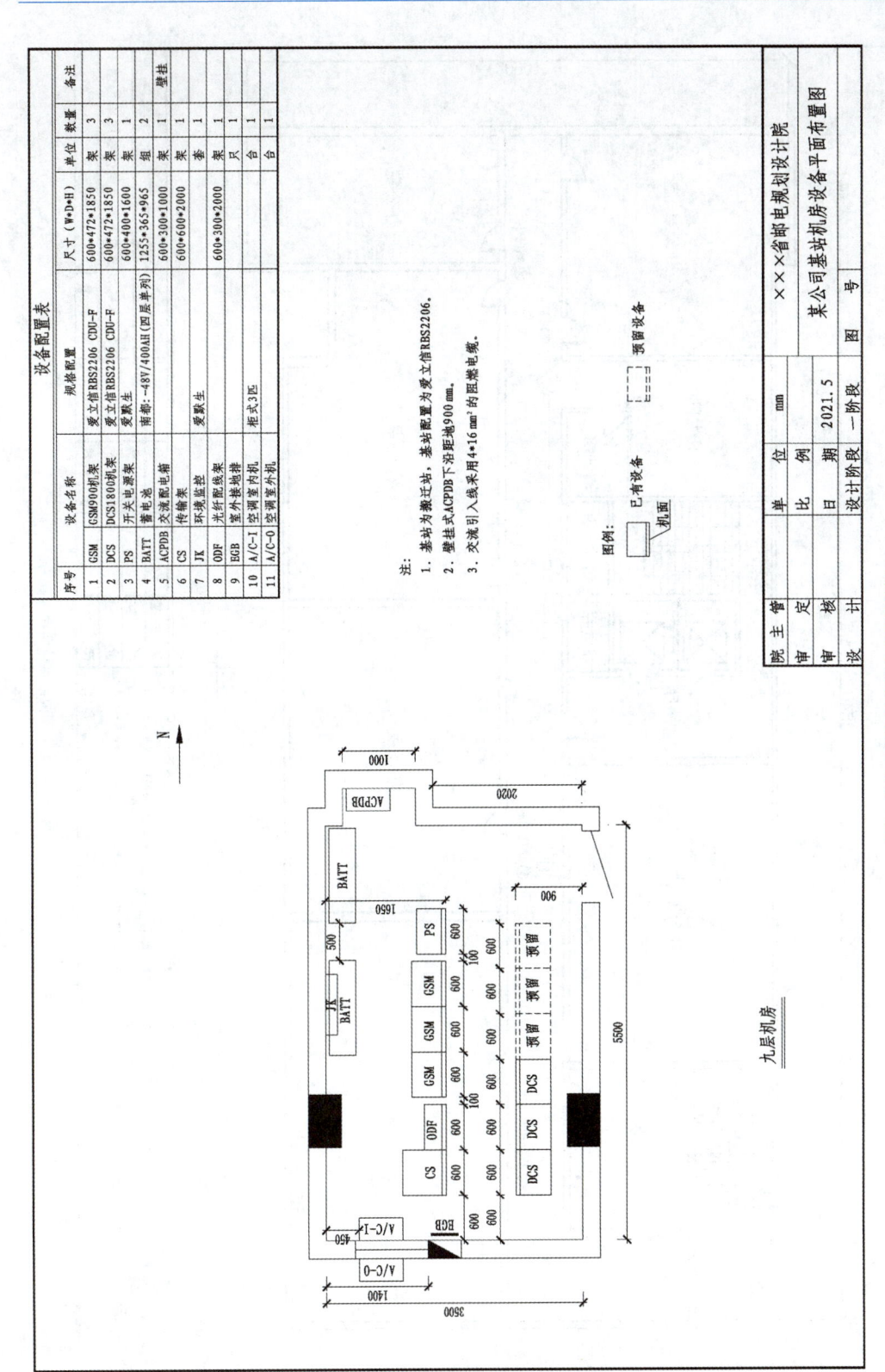

图号

图2 某公司基站机房设备平面布置图

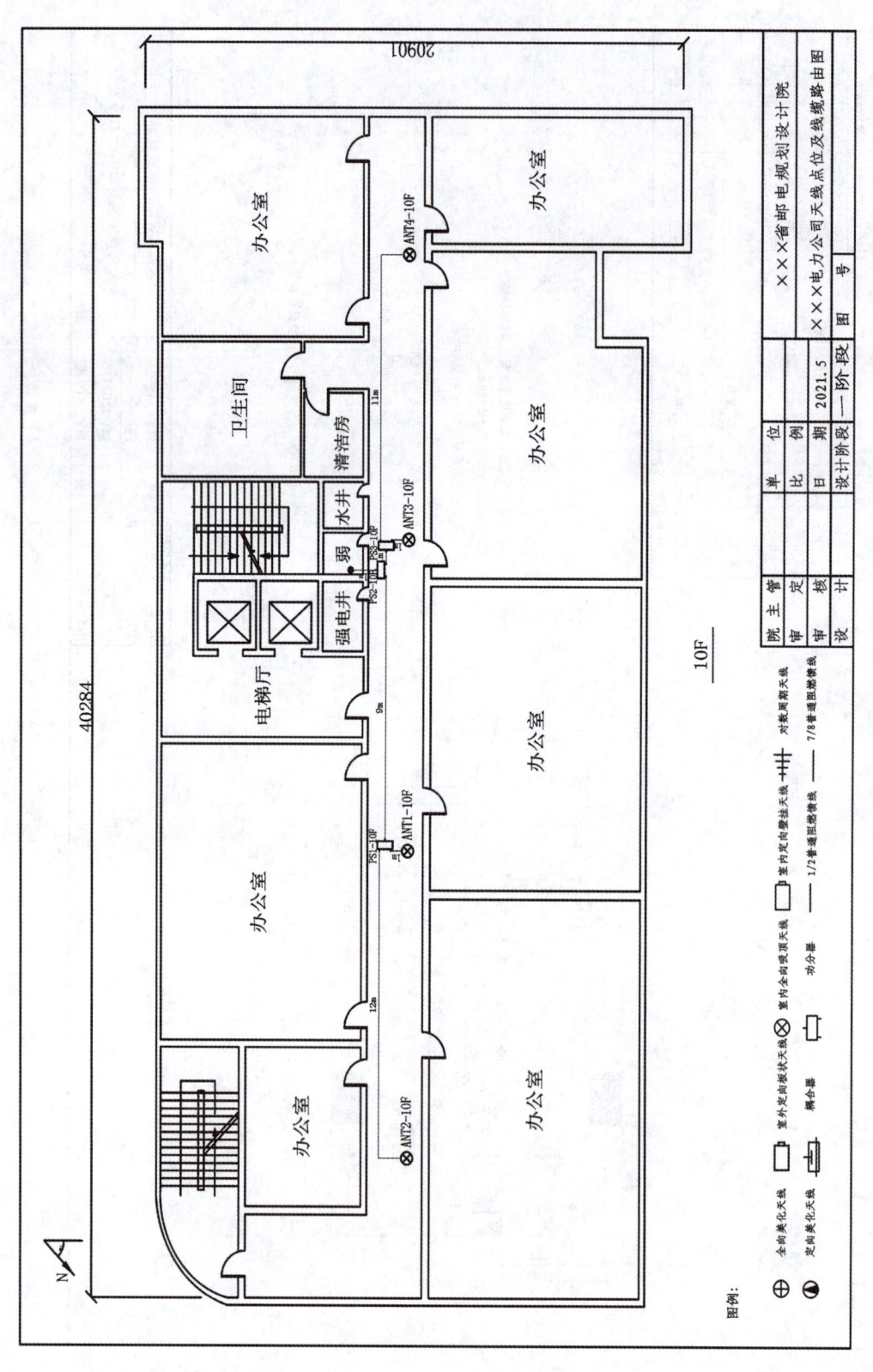

图3 ×××电力公司天线点位及线缆路由图

模块五 通信工程勘测与制图

● 目标导航

- 熟悉通信工程勘测的主要内容及总体流程
- 掌握通信线路工程勘测的基本要求、流程及路由选择原则,能进行路由方案的设计,并能够绘制方案图纸
- 掌握通信机房勘测的基本要求、流程和工艺布局要求,能进行通信机房布局方案设计,并能够绘制方案图纸
- 掌握有线通信线路工程施工图设计的主要内容及应达到的深度要求
- 掌握通信设备安装工程施工图设计的主要内容及应达到的深度要求
- 能读懂各类工程的通信工程施工图纸,并能够进行绘制
- 培养学生团队协作、勇于创新的工匠精神
- 培养学生学思结合、知行合一的学习方式

● 教学建议

模块内容	学时分配	总学时	重点	难点
5.1 通信工程勘测基础	1	20		
5.2 通信线路勘测	2			
5.3 通信机房勘测	2			
5.4 通信线路施工图的绘制	2		√	√
5.5 设备安装工程施工图的绘制	2		√	√
5.6 工程图纸绘制中的常见问题	1		√	
5.7 典型工程的CAD图范例	2			
技能训练	8		√	

● 内容解读

勘测是工程设计工作的重要环节,勘测测量所获取的信息是工程设计的基础。通过现场实地勘测,获取工程设计所需要的各种业务、技术和经济方面的有关资料,并在全面调查研究的基础上,结合初步拟定的工程设计方案,会同有关专业和单位,认真进行分析、研究、讨论,为制定具体的设计方案提供依据。实地勘测后,若发现与设计任务书有较大出入时,应上报给下达任务书的单位重新审定,并在设计中加以论证说明。本模块主要介绍通信工程勘测的主要内容和总体流程、通信线路工程勘测及路由方案设计、通信机房勘测及布局方案设计等内容,最后给出了典型工程项目的图纸范例。

5.1 通信工程勘测基础

5.1.1 勘测的主要内容

1. 相关资料的收集

向工程沿线相关部门收集资料。这些资料的来源主要包括：

(1) 从电信部门调查收集：①现有长途干线，包括电缆、光缆系统的组成、规模、容量、线路路由，长途业务量，设施发展概况以及发展可能性。②市区相关市话管道分布、管孔占用及是否可以利用等情况。③沿线主要相关电信部门对工程的要求和建议。④现有的通信维护组织系统、分布情况。

(2) 从水电部门调查收集：①农业水利建设和发展规划，光缆线路路由上新挖河道、新修水库工程计划。②水底光缆过河地段的拦河坝、水闸、护堤、水下设施的现状和规划；重要地段河流的平、断面及河床土质状况，河堤加宽、加高的规划等。③主要河流的洪水流量、洪流出现规律、水位及其对河床断面的影响。④电力高压线路现状，包括地下电力电缆的位置、发展规划，路由与光缆线路路由平行段的长度、间距及交越等相互位置。⑤沿路由走向的高压线路的电压等级、电缆护层的屏蔽系数、工作电流、短路电流等。

(3) 从铁道部门调查收集：①光缆线路路由附近的现有、规划铁路线的状况、电气化铁道的位置以及平行、交越的相互位置等。②电气化铁道对通信线路防护的设施情况。

(4) 从气象部门调查收集：①路由沿途地区室外（包括地下 1.5 m 深度处）的温度资料。②近十年雷电日数及雷击情况。③沟河水流结冰、市区水流结冰以及野外土壤冻土层厚度、持续时间及封冻、解冻时间。④雨季时间及雨量等。

(5) 从农村、地质部门调查收集：①路由沿途土壤分布情况，土壤翻浆、冻裂情况。②地下水位高低、水质情况。③山区岩石分布、石质类型。④沿线附近地下矿藏及开采地段的地下资料。⑤农作物、果树园林及经济作物情况、损物赔偿标准。

(6) 从石油化工部门调查收集：①油田、气田的分布及开采情况。②输油、输气管道的路径、内压、防蚀措施以及管道与光缆线路路由间距、交越等相互位置。

(7) 从公路及航运部门调查收集：①与线路路由有关的现有及规划公路的分布；与公路交越等相互位置和对光缆沿路肩敷设、穿越公路的要求及赔偿标准。②现有公路的改道、升级和大型桥梁、隧道、涵洞建设整修计划。③光缆穿越的通航河流的船只种类、吨位、抛锚地段，航道疏浚及码头扩建、新建等。④光缆线路禁止抛锚地段、禁锚标志设置及信号灯光要求。⑤临时租用船只应办理的手续及租用费用标准。

(8) 从城市规划及城建部门调查收集：①城市现有及规划的街道分布，地下隐蔽工程、地下设施、管线分布；城建部门对市区光缆的要求。②城区、郊区光缆线路路由附近影响光缆安全的工程、建筑设施。③城市街道建筑红线的规划位置，道路横断面、地下管线的位置，指定敷设光缆的平、断面位置及相关图纸。

(9) 从其他单位调查收集的资料。

2.路由及站址的查勘

(1)通信线路路由的查勘。根据查勘调查的情况,整理已收集的资料,到现场核对确定传输线路与沿线村庄、公路、铁路、河流等主要地形、地物的相对位置;确定传输线路经过市区的街道、占用管道情况以及特殊地段电/光缆的位置。调查现场地形、地物、建筑设施现状,如果拟定的线路路由与现场情况有异,应修改传输线路路由,选取最佳路由方案。同时还要确定特殊地段电/光缆线路路由的位置,拟定传输线路防雷、防机械损伤、防白蚁的地段及措施。

(2)站址的查勘。拟定终端站、转接站、有人中继站的具体位置、机房内平面布置及进局(站)电/光缆的路由;拟定无人中继站的位置、建筑方式、防护措施、电/光缆进站方位等。要求对站址选定、站内平面布置、进局电/光缆线路走向等内容,与当地局专业人员共同研讨决定。

(3)拟定线路传输系统配置及电/光缆线路的防护。要求拟定机房建筑的具体位置、结构、面积和工艺要求;拟定监控及远供方案设施;拟定电/光缆线路防雷、防白蚁、防机械损伤的地段和防护措施。

(4)测量各站及沿线安装地线处的电阻率,了解农忙季节和台风、雨季、冻冰季节等。拟定传输线路的维护方式。划分传输线路和无人中继站的维护区域。

(5)对外沟通。要求对于传输线路穿越公路、铁道、重要河道、水闸、大堤及其他障碍物以及传输线路进入市区,包括必越单位、民房等,应协同建设单位,与以上地段的主管部门进行协商,需要时发函备案。

5.1.2 查勘的资料整理

现场查勘结束后,应按下列要求进行资料整理,必要时写出查勘报告。

(1)将查勘确定的传输线路路由、终端站、转接站、中继站、无人中继站的位置,标绘在1∶50 000的地形图上。

(2)将传输线路路由总长度、局部修改路由方案长度,终端站、转接站、中继站、无人中继站之间的距离,到重要建筑设施、重大军事目标距离,以及传输线路路由的不同土质、不同地形、铁道、公路、河流和防雷、防白蚁、防机械损伤地段及不同方案等相关长度,标注在1∶50 000地形图上。

(3)将调查核实后的军事目标、矿区范围、水利设施、附近的电力线路、输气管线、输油管线、公路、铁道及其他重要建筑、地下隐蔽工程,标注在1∶50 000的地形图上。

(4)列出光缆线路路由、终端站、转换站、有人及无人中继站的不同方案比较资料。

(5)统计不同敷设方式的不同结构电/光缆的长度、接头材料及配件数量。

(6)将查勘报告向建设单位交底,听取建设单位的意见,对重大方案及原则性问题,应呈报上级主管部门,审批后方可进行初步设计阶段的工作。

5.1.3 通信工程勘测的流程

(1)选定线路路由。选定传输线路与沿线的城镇、公路、铁路、河流、水库、桥梁等地形、地物的相对位置;选定线路进入城区所占用街道的位置;利用现有通信专用管道或需新建管道的位置；选定电/光缆在特殊地段通过的具体位置。

（2）选定终端站及中间站（转接站、中继站、光放大站）的站址。配合设备、电力、土建等相关专业的工程技术人员，根据设计任务书的要求，选定站址，并商定有关站内的平面布局和线缆的进线方式、走向。

（3）拟定有人段内各系统的配置方案。

（4）拟定无人站的具体位置，无人站的建筑结构和施工要求，确定中继设备的供电方式和业务联络方式。

（5）拟定线路路由上采用直埋、管道、架空、过桥、水底敷设时各段落所使用电/光缆的规格和型号。

（6）拟定线路上需要防护的地段和防护措施。

（7）拟定维护方式和维护任务的划分，提出维护工具、仪表及交通工具的配置。

（8）协同建设单位与线路上特殊地段（如穿越的公路、铁路、重要河流、堤坝及进入城区等）的主管单位进行协商，确定穿越地点、保护措施等，必要时应向沿途有关单位发函备案，并从有关部门收集相关资料。

（9）初步设计现场勘测。参加现场勘测的人员按照分工进行现场勘测；核对在1∶5000、1∶10 000或1∶50 000地形图上初步标定方案的位置；核实向有关单位、部门收集了解到的资料内容的可靠性、准确性，核实地形、地物、其他建筑设施等的实际情况，对初拟路由中地形不稳固或对其他建筑有影响的地段进行修正，通过现场勘测比较，选择最佳路由方案；会同维护人员在现场确定线路进入市区利用现有管道的长度，需新建管道的地段和管孔配置，计划安装制作接头的人孔位置；根据现场地形，研究确定利用桥梁附挂的方式和采用架空敷设的地段；确定线路穿越河流、铁路、公路的具体位置，并提出相应的施工方案和保护措施。

（10）整理图纸资料。通过现场勘测和前期收集资料的整理、加工，形成初步设计图纸；将线路路由两侧一定范围内（200 m）的有关设施，如军事重地、矿区范围、水利设施、铁路、公路、输电线路、输油管线、输气管线、供排水管线、居民区等，以及其他重要的建筑设施（包括地下隐蔽工程），准确地标绘在地形图上；整理并提供的图纸有电/光缆线路路由图、路由方案比较图、系统配置图、管道系统图、主要河流敷设水底光缆线路平面图和断面图、光缆进入城市规划区路由图；整理绘制图纸时应使用专业符号；在图纸上计取路由总长度、各站间的距离、线路与重大军事目标和重要建筑设施的距离、各种规格的线缆长度；按相应条目统计主要工作量；编制工程概算及说明。

（11）总结汇报。勘测组全体人员对选定的路由、站址、系统配置、各项防护措施及维护措施等具体内容进行全面总结，并形成勘测报告，向建设单位报告；对于暂时不能解决的问题以及超出设计任务书范围的问题，形成专案报请主管部门审定。

5.2　通信线路勘测

5.2.1　勘测准备

线路查勘是线路工程设计的重要阶段，它直接影响到设计的准确性、施工进展及工程质量，必须认真对待。查勘前的准备工作主要包括：

（1）人员组织。由设计、建设、施工三方人员组成查勘小组。

（2）熟悉和研究有关文件。查勘小组首先应听取并研究工程负责人对设计任务书中的工程概况和要求等方面的介绍。充分了解工程建设的意义和任务要求；明确工程任务和范围。如工程性质、规模大小、建设理由，近、远期规划，原有设备利用情况，是否新(扩)建局(站)及其地点、面积等要求。

（3）收集资料。由于通信线路的建设布局面较广，涉及的部门较多，为了不互相影响，应选择合理的线路布局和路由，以保证通信的安全和便利，必须向有关单位和部门调查了解和收集有关其他建设方面的资料。

（4）制订查勘计划。根据设计任务书的要求及所收集了解的资料，在 1∶50 000 的地形图上粗略选定电/光缆线路路由，并依此制订查勘计划。

（5）准备查勘器材。常用的查勘器材有望远镜（×10）、测距仪、地理测量仪、罗盘仪、皮尺、绳尺、标杆、随带式图板及工具等。

5.2.2 通信线路路由的选择

1.总体要求

（1）长途光缆线路路由的选择，应以工程设计任务书和干线通信网规划为依据，遵循"路由稳定可靠、走向合理、便于施工维护及抢修"的原则，进行多方案技术、经济比较。

（2）选择光缆线路路由时，尽量兼顾国家、军队、地方的利益，多勘测、多调查，综合考虑，尽可能使其投资少、见效快。

（3）选择光缆线路路由，应以现有的地形、地物、建筑设施和既定的建设规划为主要依据，并考虑有关部门的长远发展规划。应选择线路路由最短、弯曲较少的路由。

（4）光缆线路路由应尽量远离干线铁路、机场、车站、码头等重要设施和相关的重大军事目标。

（5）光缆线路路由在符合路由走向的前提下，可沿公路（包括高等级公路、等级公路、非等级公路）或乡村大道敷设，但应避开路旁的地上、地下设施和道路计划扩建地段，距公路的垂直距离不宜小于 50 m。

（6）光缆线路路由应选择在地质稳固、地势平坦的地段，避开湖泊、沼泽、排涝蓄洪地带，尽可能少穿越水塘、沟渠。穿越山区时，应选择在地势起伏小、土石方工作量较少的地方，避开陡峭、沟壑、滑坡、泥石流以及冲刷严重的地方。

（7）光缆线路穿越河流，应选择在河床稳定、冲刷深度较浅的地方，并兼顾大的路由走向，不宜偏离太远，必要时可采用光缆飞线架设方式。对特大河流来说，可选择在桥上架设。

（8）光缆线路尽量远离水库位置，通过水库时也应设在水库的上游。当必须在水库的下游通过时，应考虑水库发生事故，危及光缆安全时的保护措施。光缆不应在坝上或坝基上敷设。

（9）光缆线路不宜穿过大的工业基地、矿区、城镇、开发区、村庄。当不能避开时，应采用修建管道等措施加以保护。

（10）光缆线路路由不应通过森林、果园等经济林带，当必须穿越时，应当考虑经济作物根系对光缆的破坏性。

(11)光缆线路应尽量远离高压线,避开高压线杆塔及变电站和杆塔的接地装置,穿越时尽可能与高压线垂直,当条件限制时,最小交越角不得小于45°。

(12)光缆线路尽量少与其他管线交越,必须交越时,应在管线下方0.5 m以下加钢管保护。当敷设管线埋深大于2 m时,光缆也可以从其上方适当位置通过,交越处应加钢管保护。

(13)光缆线路不宜选择存在鼠害、腐蚀和雷击的地段,不能避开时应考虑采用保护措施。

(14)光缆在接头处的预留长度应包括光缆接续长度,光纤在接头盒内的盘留长度以及光缆施工接续时所需要的长度等。光缆接头处每侧预留长度依据敷设方式不同而不同,一般来说,管道工程为6~10 m,直埋式工程为7~10 m以及架空工程为6~10 m。

(15)管道光缆每个人(手)孔中弯曲的预留长度为0.5~1.0 m;架空光缆可在杆路适当距离的电杆上预留长度。局内光缆可在进线室内预留长度不大于20 m或按实际需要确定。

2.管道光缆线路工程

(1)管道光缆接头人孔的确定应便于施工维护。

(2)管道光缆占用管孔位置的选择应符合下列规定:

①选择光缆占用的管孔时,应优先选用靠近管孔群两侧的管孔。

②同一光缆占用各段管道的管孔位置应保持不变。当管道空余管孔不具备上述条件时,应优先占用管孔群中同一侧的管孔。

③人(手)孔内的光缆应有醒目的识别标志。

(3)在人孔中,光缆应采取有效的防损伤保护措施。

(4)子管的敷设安装应符合下列规定:

①子管宜采用半硬质塑料管材。

②子管数量应按管孔直径大小及工程需要确定,但数根子管的等效外径应不大于管道孔内径的90%。

③一个管孔内安装的数根子管应一次穿放且颜色不同。子管在两人(手)孔间的管道段内不应有接头。

④子管在人(手)孔内伸出长度宜在200~400 mm。

⑤本期工程不用的子管,管口应堵塞。

⑥光缆接头盒在人(手)孔内宜安装在常年积水水位以上的位置,并采用保护托架或其他方法承托。

3.直埋式光缆工程

(1)直埋式光缆线路不宜敷设在地下水位高、常年积水的地方,也避免敷设在今后可能建筑房屋、车行道的地方以及常有挖掘可能的地方。

(2)石质、半石质地段应在沟底和光缆上方各铺100 mm厚的细土或沙土。

(3)直埋式光缆穿越电车轨道或铁路轨道时,应设于水泥管或钢管等保护管内,保护管埋设要求可参照通信管道与通道工程设计规范。

(4)直埋式光缆接头应安排在地势平坦和地质稳固的地方,应避开水塘、河渠、沟坎、快慢车道等施工和维护不便的地点,光缆接头盒可采用水泥盖板或其他适宜的防机械损伤的保护措施。

(5)直埋式光缆线路通过村镇等动土可能性较大地段时,可采用大长度半硬塑料管保护,穿越地段不长时,可采用铺砖或水泥盖板保护,必要时可加铺塑料标志带。

(6)直埋式光缆敷设在坡度>20°、坡长>30 m 的斜坡地段,宜采用"S"形敷设。

(7)光缆在桥上敷设时应考虑机械损伤、震动和环境温度的影响,避免在桥上做接头,并采取相应的保护措施。

4.架空式光缆工程

(1)架空式光缆线路不宜选在地质松软地区和以后可能引起线路搬迁的地方。

(2)架空式光缆可用于轻、中负荷区地区。对于重负荷区、超重负荷区、气温低于-30 ℃、经常遭受台风袭击的地区不宜采用架空式光缆。

(3)利用现有杆路架设光缆,应对电杆强度进行核算。新建杆路的电杆强度和杆高配置应适当兼顾加挂其他光缆或电缆的需要。

(4)架空式光缆宜采用吊线架挂方式。光缆在吊挂上应采用电缆挂钩安装,也可采用螺旋线绑扎。

(5)直埋式光缆局部架空时,可不改变光缆外护层结构。

(6)架空式光缆接头盒视具体情况可安装在吊线上或电杆上,但应固定牢靠。

(7)架空式光缆在交(跨)越其他缆线时,应采用纵剖半硬、硬塑料管或竹管等保护。

5.水底光缆线路工程

(1)水底光缆线路的过河位置

水底光缆线路的过河位置,应选择在河道顺直、流速不大、河面较窄、土质稳固、河床平缓、两岸坡度较小的地方。不应在以下地点敷设水底光缆:

①河道的转弯处;

②两条河流的汇合处;

③水道经常变更的地段;

④沙洲附近;

⑤产生漩涡的地段;

⑥河岸陡峭、常遭激烈冲刷易塌方的地段;

⑦险工地段;

⑧冰凌堵塞危害的地段;

⑨有拓宽和疏浚计划的地段;

⑩有腐蚀性污水排泄的地段;

⑪附近有其他水底电缆、光缆、沉船、爆炸物、沉积物等区域,同时在码头、港口、渡口、桥梁、抛锚区、避风区和水上作业区的附近,不宜敷设水底光缆,若需敷设,要远离 500 m 以外。

(2)水底光缆的最小埋设深度

①枯水季节水深小于 8 m 的区段,按下列情况分别确定。

- 河床不稳定或土质松软时,光缆埋入河底的深度不应小于 1.5 m;
- 河床稳定或土质坚硬时,不应小于 1.2 m。

②枯水季节水深大于 8 m 的区域，一般可将光缆直接放在河底不加掩埋。

③在冲刷严重和极不稳定的区段，应将光缆埋设在变化幅度以下，如遇特殊困难，在河底的埋设不应小于 1.5 m，并根据需要将光缆作适当预留。

④有疏浚计划的区段，应将光缆埋设在计划深度以下 1.0 m 或在施工时暂按一般埋深，但需将光缆作适当预留，待疏浚时再下埋至要求深度。

⑤石质或风化石河床，埋深不应小于 0.5 m。

⑥水底光缆在岸滩比较稳定的地段，埋深不应小于 1.5 m。

⑦水底光缆在洪水季节会受到冲刷或土质松散不稳定的地段应适当增加埋深，光缆上岸的坡度不应大于 30°。

5.3　通信机房勘测

5.3.1　分工界面

分工是为了系统各模块能相互无缝地接合，通信系统越来越庞大，分工也随之增多，分工的接口界面变得更加复杂，因此，设计人员应根据工程的实际情况做好责任分工，并依据通信系统建设原则、功能原则做好分工界面图。通信系统各专业之间需要通过联系才能实现配合功能，各专业之间有相应的衔接链路。系统的迅速膨胀，使得接口数量呈现大幅度增长，为了更好地操作、维护各系统，出现了系统间接口的设备，就是两个专业系统互通要通过的设备，这种系统间的信息交互称为界面交换。交换、无线以及数据设备均是面向用户的网络设备，称为应用系统设备，对应的系统称为应用系统；其他的系统称为支撑型的系统，如电源系统、传输系统、计费系统、网管系统和监控系统等。

下面以 TD-SCDMA 基站系统为例，给出其分工界面，如图 5-1 所示。一般用虚线表示所涉及设备、材料等由建设方提供，而实线表示所涉及设备、材料等由厂商提供；用空心圆圈表示端子由建设方提供，而实心圆圈表示端子由厂商提供。

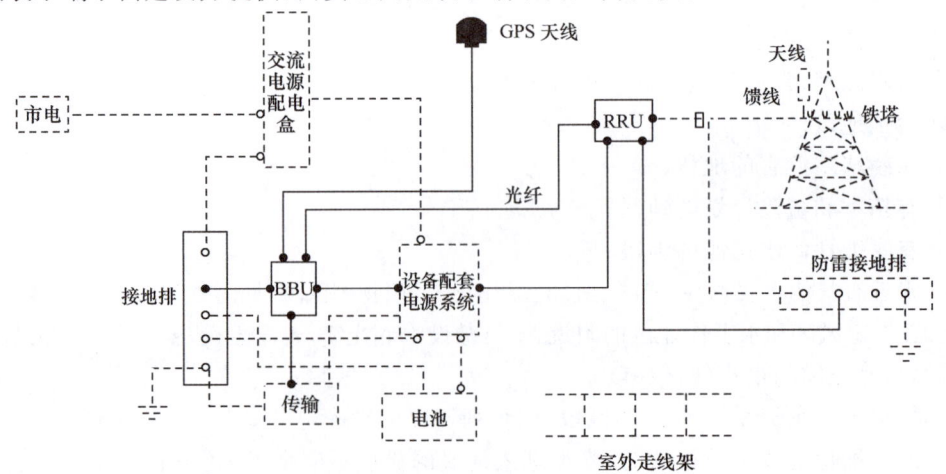

图 5-1　TD-SCDMA 基站系统分工界面

5.3.2 机房工艺和布局要求

1. 总体要求

机房分为原有机房和新建机房,勘测时需要对机房的工艺有一些认识,外围而言就是机房站地址是否合适,应该选在什么地方,内部而言作为安装设备的基础条件是否具备,如果具备,这样设备在后续安装中遇到问题就能够及时解决,判断什么样的机房适合于通信设备的安装,如不适合,从哪些方面去改进,什么级别的设备在哪种级别的机房内安装。站址选用原则应符合《电信专用房屋设计规范》要求,具体信息如下:

(1)局站址应有安全环境,不应选择在易燃易爆建筑物和堆积场附近。

(2)局站址应选择在平坦地段,应避开断层、土坡边缘、故河道、有可能塌方、滑坡和有开采价值的地下矿藏及古迹遗址的地方。

(3)局站址不应选在易受洪水淹灌的地区。如无法避开时,可选在基地高程高于要求的计算洪水水位 0.5 m 以上的地方。

(4)局站址应有好的卫生环境,不宜选择在生产过程中散发有毒害气体、毒害物质、粉尘的工矿企业附近。

(5)局站址应有安静的环境,不宜选择在城市广场、闹市地区、影剧院、汽车站、火车站等发生较大震动和较强噪声的施工企业附近,必要时还应采取隔音、消声措施,降低噪声干扰。

(6)局站址的占用面积要满足业务发展需要,不占用或少占用农田。

(7)高级长途中心局可与市话交换局、室内传输中心合建,但不得与邮政生产机房合建,原则上不与行政办公楼合建。

(8)低级长途中心局,宜与市话汇接局合建,也可与高级长途中心合设。

(9)不应有圆形、三角形机房,但现在机房选址比较困难,一般都租用或直接购买机房,最大限度地利用机房面积。

2. 机房工艺总体要求

(1)机房空间

机房内使用面积应能满足通信建设长远规划要求,能满足将来业务需求的设备安装要求。可根据现有装机容量及可预见的装机要求确定机房的建筑面积。

(2)机房地面、墙面、屋顶

①对地面的要求。地面应坚固耐久,防止不均匀下沉。表面光洁、不起灰、易于清洁。建议采用水磨石或深灰色地面。无论是平房地面还是楼层地面,考虑设备承重的荷载。

②对墙面的要求。墙面应坚固耐久,防止起皮、脱落,平整防止积灰,易于清洁。墙的饰面色彩应选用明快、淡雅为宜。

③对房顶的要求。房顶应坚固耐久,防止起皮、脱落,平整防止积灰,能做吊挂,灯具安装应牢固。顶面和墙面颜色及喷涂材料应一致。房顶上面应做防水处理,应有隔热层。

(3)机房门窗

①各机房的大门应向外开,采用单扇门,门洞宽 1.0 m,门扇高不小于 2.0 m;大门采用防盗门,条件许可应加装门禁系统,以便统一管理和安全防范。

②为了减少外部灰尘渗入机房内部,机房不设窗户。

(4)机房照明

①机房的主要光源应采用 40 W 荧光灯,灯管的安装位置不能在走线架正上方,尽量采用吸顶安装,交换机房照度为 150 lx。

②照明电缆应与工作电缆(设备用电及空调用电)分开布放。

③各机房内均应安装(单相、三相)电源插座 1 个,插座应安装在设备附近的墙上,距地 0.3 m。

(5)机房耐火等级

①每个机房内均应设烟感报警器和灭火装置(两套),耐火等级不低于二级。

②在标准耐火试验条件下,建筑构件、配件或结构从受到火的作用时起,到失去稳定性、完整性或隔热性时止的这段时间,用小时表示。具体耐火等级如表 5-1 所示。

表 5-1　　　　　　　　　　耐火等级

名 称		耐火等级			
构件		一级	二级	三级	四级
墙	防火墙	不燃烧体 3.00	不燃烧体 3.00	不燃烧体 3.00	不燃烧体 3.00
	承重墙	不燃烧体 3.00	不燃烧体 2.50	不燃烧体 2.00	不燃烧体 0.50
	楼梯间和电梯井的墙	不燃烧体 2.00	不燃烧体 2.00	不燃烧体 1.50	不燃烧体 0.50
	疏散走道两侧的隔墙	不燃烧体 1.00	不燃烧体 1.00	不燃烧体 0.50	不燃烧体 0.25
	非承重外墙	不燃烧体 0.75	不燃烧体 0.50	不燃烧体 0.50	不燃烧体 0.25
	房间隔墙	不燃烧体 0.75	不燃烧体 0.50	不燃烧体 0.50	不燃烧体 0.25
柱		不燃烧体 3.00	不燃烧体 2.50	不燃烧体 2.00	不燃烧体 0.50
梁		不燃烧体 2.00	不燃烧体 1.50	不燃烧体 1.00	不燃烧体 0.50
楼 板		不燃烧体 1.50	不燃烧体 1.00	不燃烧体 0.75	不燃烧体 0.50
屋顶承重构件		不燃烧体 1.50	不燃烧体 1.00	不燃烧体 0.50	燃烧体
疏散楼梯		不燃烧体 1.50	不燃烧体 1.00	不燃烧体 0.75	燃烧体
吊顶(包括吊顶搁栅)		不燃烧体 0.25	不燃烧体 0.25	不燃烧体 0.15	燃烧体

(6)机房温湿度

①电信机房及控制室应设置长年运转的恒温恒湿空调设备,并要求机房在任何情况下均不得出现结露状态。电信机房内按原邮电部所提的规范要求,其温湿度范围应有如下标准:温度 15～28 ℃(设计标准 24 ℃),湿度 40%～65%(设计标准 55%)。

②机房温湿度主要依靠空调设备调节,所安装的空调应具备来电自启动功能及远程监控接口。空调电源线应从交流配电箱中引接,空调电源线不能在走线架上布放,应沿墙壁布放,并用 PVC 管保护。

(7)走线方式

①机房采用上走线方式,机房内电源线和信号线在走线架上应分开布放。

②电缆走线架宽度根据线缆规格、数量定制。

③线缆布放距离尽量短而整齐,排列有序,信号电缆与电力电缆应分别由不同路由敷

设,如采用同一路由布放时,电缆之间平行距离应保持 100 mm 以上。电力电缆应加塑料管保护。

(8)防雷与接地

①移动通信基站机房应有完善的防直击雷及抑制二次感应雷的防雷装置(避雷网、避雷带、接闪器等)。

②机房顶部的各种金属设施,均应分别与屋顶避雷带就近连通。机房屋顶的彩灯应安装在避雷带下方。

③机房内走线架、吊挂铁件、机架或机壳、金属通风管道、金属门窗等均应作保护接地。保护接地引线一般宜采用截面积不小于 35 mm² 的多股铜导线。

④机房地网应沿机房建筑物外设环形接地装置,同时还应利用机房建筑物基础横竖梁内两根以上主钢筋共同组成机房地网。当机房建筑物基础有地桩时,应将地桩内两根以上主钢筋与机房地网焊接连通。

⑤地网与机房地网之间应每隔 3～5 m 相互焊接连通一次,连接点不应少于两点。当通信铁塔位于机房屋顶时,铁塔四脚应与楼顶避雷带就近不少于两处焊接连通,同时宜在机房地网四角设置辐射式接地体,便于雷电流散流。

(9)市电引入

接入机房供电至少为三类市电,要求有 1 路可靠市电引入,市电引入方式采用直埋或架空电力电缆引入基站机房。交流电源质量要求:

①供电电压:三相 380 V,电压波动范围 323～418 V。

②市电引入容量:计算后容量应为规划机房容量。

③交流引入线采用三相五线:保护接地线单独引入。交流零线严禁与保护接地线、工作地线相连。如机房所在区域地处偏远,引入交流电压不稳,有较大的波动,可在市电引入机房后加装交流稳压器或采用专用变压器。

(10)机房节能环保

机房节能环保主要包括通信设备节能、配电系统节能、机房环境节能及机房建筑节能等。

3.机房布局总体要求

(1)设备布置的基本原则

①近、远期统一规划,统筹安排。设备布置应根据近、远期规划统一安排,做到近、远期结合,以近期为主。除标明本期设备外,还需标出扩容设备位置。

②机房利用率最大化。设备布局应有利于提高机房面积和公用设备的利用率。

③布线规范。设备布置应使设备之间的布线路由合理整齐,尽可能地减少交叉和往返,使布线距离最短。

④便于操作与维护。设备布置应便于操作、维护、施工和扩容。操作维护量大的设备(如配线架)应尽量安装在距门口较近的地方。

⑤整齐性、美观性。设备布置应考虑整个机房的整齐和美观。面积较大(20 m² 以上)机房应考虑留一条维护走道。

⑥设备摆放要考虑线缆的走向,相互配合,同类型的设备尽量放在一起 。

⑦深度设计要求:系统间的配合原则,接口是否一致,包括接口的类型、数量是否匹配。

⑧运营商选择设备。遵循成熟性、经济性、可扩容性、简易维护操作性等原则。

⑨机房的类型及征地面积要求。新建机房的位置一般建在塔的旁边、塔下、楼顶上;TD 接入机房面积一般要求在 12~25 m²,有长方形、近似正方形、塔内正方形三种类型 。

在楼顶和塔下建机房时,一般情况下采用铁皮机房;周期短,不需养护,但成本较高,建成后即可投入使用,一般在 3 天左右。注意在塔下建房时,必须等到铁塔建完后,才能建设机房。建砖房时,周期较长,一般在 15 天左右,但成本相对铁皮机房低。

征地面积要求如下:

单管塔和塔边房,征地面积为:10 m×6 m=60 m²

角钢塔和塔边房,征地面积为:15 m×10 m=150 m²

单管塔和塔下房,征地面积为:10 m×10 m=100 m²

(2)机房平面布局实例

机房平面布局图如图 5-2、图 5-3 所示,设备清单如表 5-2 所示。

①设计方案一:

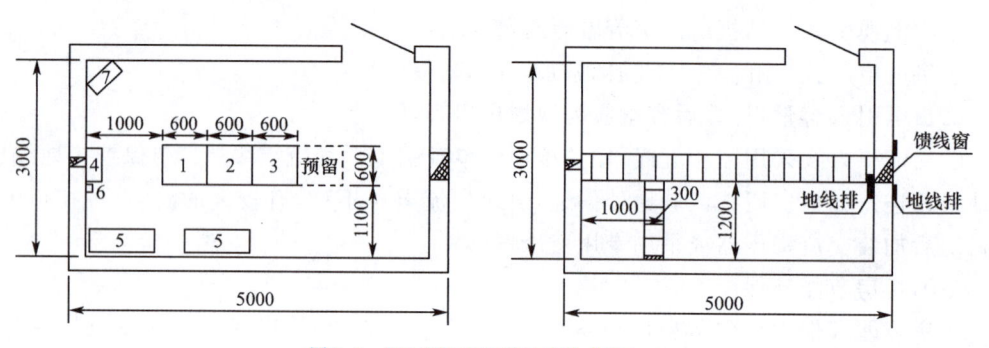

图 5-2　TD-SCDMA 基站设计方案(一)

②设计方案二:

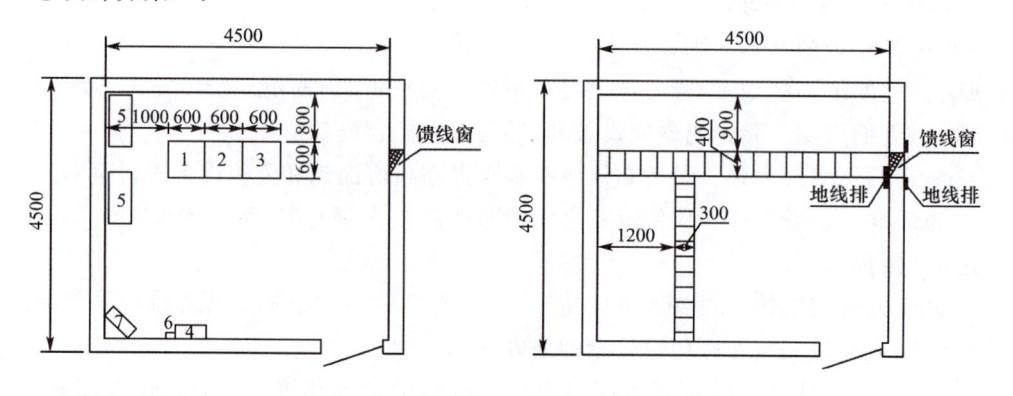

图 5-3　TD-SCDMA 基站设计方案(二)

表 5-2　　　　　　　　　　TD-SCDMA 基站设备表

序号	设备名称	设备规格	长×宽×高 mm³	单位	数量
1	开关电源	PS48300-1B/30-150A	600×600×2000	架	1
2	综合柜		600×600×2000	架	1
3	基站设备		600×600×1560	架	1
4	交流配电箱			架	1
5	蓄电池	400 Ah		组	2
6	浪涌抑制器			个	1
7	空调			架	1

5.3.3　机房勘测设计

1.机房勘测

通信机房是通信网络的核心部分,机房内的通信设备、监控设备、强电和弱电供电系统的布局,以及防雷、接地、消防、空调、通风等各个子系统的规划,都是通信机房的设计和施工的重要组成部分,它的地址选择应根据通信网络规划和通信技术要求以及水文、地质、地震、交通等因素综合考虑。通信机房的设计和施工应符合原邮电部和信产部颁布的《通信机房建筑设计规范》、《通信机房静电防护通则》和《建筑物防雷设计规范》等规范性文件的要求。

(1)勘测准备

在进行机房勘测之前应做好如下准备工作:

①落实勘测具体的日期和相关联络人。

②制定可行的勘测计划,包括勘测路线、日程安排及相关联系人。

③确认前期规划方案,包括机房位置、设备配置和天线类型等。

④了解本期工程设备的基本特性,包括设备供应商、基站、天馈系统、电源设备以及蓄电池等。

⑤对已有机房的勘测,应在勘测前打印出现有基站图纸,以便进行现场核实,节省勘测的时间。

⑥配备必要的勘测工具,包括 GPS、皮尺、指北针、钢卷尺、数码相机、测距仪、测高仪以及笔记本电脑等。

(2)勘测草图绘制

机房勘测草图内容及注意事项如下:

①机房平面图(原有机房和新建机房)。

②天馈线安装示意图。

③建筑立面图、天线安装位置、馈线路由图、铁塔位置、抱杆位置、记录天面勘测内容。

④应反映出防雷接地情况。

⑤勘测时,尽量地把所有相关的情况信息记录下来,如记录不够详细,拍照存档。

(3)勘测步骤及注意事项

①机房勘测
- 记录所选站址建筑物的地址信息,所属信息等。
- 记录机房的基本信息,包括建筑物总楼层、机房所在楼层,结合室外天面草图画出建筑内机房所在位置的侧视图,画出机房平面图草图。
- 机房内设备勘测,确定走线架、馈线窗位置。
- 了解市电引入情况或机房内交直流供电情况,做详细记录,拍照存档。
- 了解传输情况,传输方式、容量、路由、DDF 端子使用情况等。
- 确定机房防雷接地情况。
- 必要时对机房局部特别情况拍照。

②天馈勘测
- 基站经纬度、天线安装位置、方位角和下倾角、馈线走线路由、室外防雷情况。
- 绘制天馈安装草图。
- 拍摄基站所在地全貌。
- 绘制室外草图,包括塔桅与机房位置,馈线路由、主要障碍物、共址塔桅的相对位置等。
- 尽可能真实地记录基站周围环境及铁塔、机房位置、主要障碍物,以备日后分析研究所需。

③机房电力系统

主设备的电源供给直接关系到工程实施的顺利进行,在机房勘测过程中要注意到:
- 确认公用交流电的入口。
- 确定交流配电箱的位置和容量。确认是否有已存在的交流配电箱和具体的方位,如有可用的配电箱,确认其容量大小。
- 是否需要直流开关电源及具体的方位,这对计算电源电缆的长度是必需的。
- 电源电缆的走线路径确认,室内电缆走线架需要与否。
- 在安装前需获取公用交流电。
- 室内走线架的安装位置观察或预估,测量室内走线架的长度、高度、宽度,与主设备的方位关系,距离主设备的高度落差,从墙壁电源到走线架的高度等。
- 根据得到的测量数据来计算电源电缆的长度。
- 按要求的规格购买电源电缆并进行切割以备工程使用。

④机房接地系统

把电路中的某一点或某一金属壳体用导线与大地连在一起,形成电气通路。目的是让电流易于流到大地,因此电阻是越小越好。接地系统的作用包括:一是保护设备和人身的安全;二是保证设备系统稳定的运行。具体来说:

机房系统接地包括直流工作地、交流工作地、安全保护地以及防雷保护地。

交流工作地接地阻值不大于 4 Ω,安全保护地接地阻值不大于 4 Ω,防雷保护地接地阻值不大于 10 Ω，直流工作地电阻的大小、接法以及诸地之间的关系，应依据不同系统而定，一般要求阻值不大于 4 Ω。各工作地的实现措施如下：

• 实现交流工作地措施。主设备用绝缘导线串联起来接到配电柜的中性线上，然后用接地母线接地，实现交流接地。其他交流设备应各自独立地按电气规范的规定接地。

• 实现安全保护地措施。机房内的设备，将所有机柜的外壳，用绝缘导线串联起来，再用接地母线与大地相连。辅助设备，如空调、电动机、变压器等机壳的安全保护地，应按相关的电气规范接地。

• 实现直流工作地措施。所谓直流工作地指的是逻辑地，为了设备的正常工作，机器的所有电子线路必须工作在一个稳定的基础电位上，就是零电位参考点。

直流接地的方法。直流接地就是把电子系统中数字电路的等电位点与大地连起来，主要防止静电或感应电以及高频干扰所带来的影响。

• 串联接地（多点接地）。将计算机系统中各个设备的直流地以串联的方式接在作为直流地线的铜板上。应注意连接导线应与机壳绝缘。然后将直流地线的铜板通过接地母线接在接地地桩上，成为直流接大地。

• 并联接地（单点接地）。将机房内的机柜分别引到一块铜板地线上，铜板下要求垫绝缘材料，保证机房内的直流地对大地有良好的绝缘，主要用在要求较高的机房。

• 网格接地。把一定截面积的铜带（厚 1～1.5 mm，宽 25～35 mm），在地板下交叉排成 600×600 的方格，其交叉点与活动地板支撑架的位置交错排列。交叉点焊接或是压接（注意绝缘、地面卫生等）工艺复杂，一般用在要求较高的机房。

基站机房接地的控制点：①基站机房接地分为天线馈线接地、主设备接地和其他设备接地。天线馈线自铁塔/抱杆下至室外电缆走线架，入机房前，至少应三点（馈线引下点、中间点、入机房前一点）接地。②确定楼顶避雷带和建筑地级组的位置，选择合适的接地点。③确认馈线接地件（EARTHER KIT）的数量，安装位置。④机房内 EARTHER BAR 的位置和 Node B 的方位关系，测量所需地线（绿色 av 16 mmSq）的长度。⑤室外接地排的安装位置，室外接地排的长度、型号。例如，安装 500 mm 长的 TMY-100×10 室外接地排一块，安装于馈线孔下方外墙上，并就近可引接地线至建筑地级组或楼顶避雷带。⑥各项接地确认：交流引入电缆、交流配电箱、电源架接地、传输设备和其他设备。

⑤铁塔和屋舍位置关系

• 根据天线安装的设计图，结合站点周边的环境和屋舍的高度、天线周围环境的情况综合考虑是否需要铁塔。

• 如站点已经有铁塔，则考虑能否继续利用。需明确铁塔的物主及原来的用途，委托客户来对使用权进行交涉协商。需考察铁塔的具体方位并测量塔的高度、尺寸，塔的强度是否符合要求，塔上有无足够空间来利用。塔上若已有天线，则要考虑干扰的预估和排除。如果能有效、快速地改造铁塔，且铁塔的各方面情况都能符合要求，则推荐使用原有铁塔，这样可以节约工时和开支。

• 根据取得的图纸和勘测时拍摄的照片及测量数据来得到屋舍的全图，确定铁塔在站点的什么位置,与机房的方位、距离关系。必须对铁塔和机房的距离方位进行严格的测量,并根据测量得到的数据画出图纸。

- 根据铁塔和机房的具体方位,结合站点的实际情况来确定馈线的走线路径。由于馈线的长度涉及馈线的损耗和工程的费用问题,根据测量的情况选取最短的走线路径是非常必要的。
- 是否需要新的馈线架,如果需要,根据馈线的走线路径来确定馈线架的尺寸、长度等问题。如果站点已存在馈线架,需要对其能否使用、尺寸、长度等问题予以确认。
- 确定塔顶放大器、天线在铁塔上的安装位置。
- 馈线自铁塔/抱杆下至室外电缆走线架、入机房前,至少应三点(馈线引下点、中间点、入机房前一点)接地,确认这些接地点的存在。
- 确认是否需要馈线穿墙板,穿墙板的规格(2孔、4孔、6孔),孔径的大小等;天线馈线和馈线架的固定问题,以及所需工具和材料。

⑥天线设立位置

- 安装天线的高度。
- 安装天线的用途。
- 安装天线的铁塔或抱杆等的强度。
- 是否有空间对指定方向(0°,120°,240°)的天线进行安装。
- 是否有天线接续场所。
- 事先准备时,如不明确天线安装位置,应向客户或业主确认或取得设计图等资料。注意,这些信息是在工程准备阶段取得的,但主要还是要依据实际测得的数据来定。
- 在天线安装的时候如有意外的情况发生(如某些地点不允许安装天线),应向客户或业主进行说明和委托研讨。
- 需确认在天线的方向无障碍物。如发现可能由于障碍物而引起信号故障,应向客户提出变更天线位置及高度,或要求更改设立基站机房的地点。
- 需确认已安装的天线无干扰问题。如果和已有天线有干扰问题,而且干扰问题无法避免,则要求更改设立基站机房的地点。
- 如要进行天线位置的变更,必须事先对天线的安装位置,能否解决实际问题等方面进行详细的调查。

2.机房设计

机房设计主要包括移动基站设备及配套机架、传输综合柜、供电电源系统以及走线架等安装设计。下面重点介绍一下电源系统的设计。

移动基站电源系统一般由市电、组合电源架、蓄电池组、用电设备构成,并配备移动油机组,如图5-4所示。

(1)蓄电池容量计算与选型

计算公式如下:

$$Q \geqslant \frac{KIT}{\eta[1+\alpha(t-25)]}$$

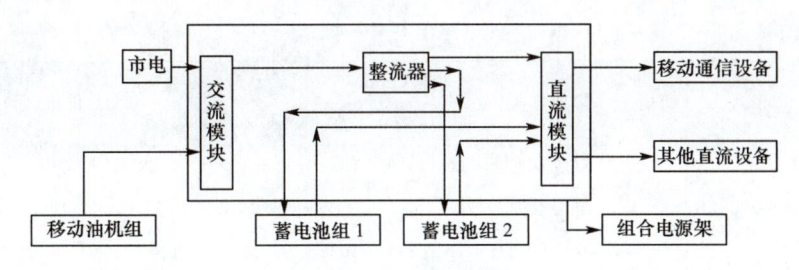

```
市电 → 交流模块 → 整流器 → 直流模块 → 移动通信设备
                                      → 其他直流设备
移动油机组 → 交流模块
蓄电池组1, 蓄电池组2 → 直流模块 → 组合电源架
```

图 5-4　移动基站电源系统组成

其中，

T：蓄电池放电时间。一般来说，一类市电为 1 小时，二类市电为 2 小时，三类市电为 3 小时，四类市电为 10 小时。

t：机房最低环境温度。

K：安全系数，一般取值为 1.25。

α：电池温度系数。取值如下：$\alpha=0.006$，放电小时率≥10；$\alpha=0.008$，$1\leq$放电小时率<10；$\alpha=0.01$，放电小时率<1。

η：蓄电池逆变效率。一般取值为 0.75。

I：放电电流。放电电流即为机房内所有直流设备的最大负载电流之和，包括数据设备、传输设备、无线设备以及其他设备的直流设备用电。

【例题 5-1】 假设机房直流电压均为 -48 V，近期各专业负荷如下：传输设备 20 A、数据设备 60 A、其他设备（不含无线专业）20 A，采用高频开关电源供电。统计无线专业的负荷容量并计算蓄电池的总容量及选定的配置情况。

（假设 K 取 1.25，放电时间 T 为 3 小时，不计算最低环境温度影响，即假设 $t=25$ ℃，蓄电池逆变效率 η 为 0.75，电池温度系数 $\alpha=0.006$。）

分析：已知 $K=1.25$，$T=3$ 小时，$\eta=0.75$，$\alpha=0.006$，$t=25$ ℃。

假定通过无线设备手册查询得知：基站设备 B328 满负荷功耗为 400 W，R08 满负荷功耗为 200 W，每个 B328 最多可带 3 个 R08。考虑到近期规划，本次工程安装两套 B328，因此最多可配置 6 个 R08。

无线设备总功耗可以定为 $400\times2+200\times6=2000$ W，直流电流约为 $I_{无线}\approx2000/50=40$ A。

则总的放电电流 $I=20+60+20+40=140$ A。

依据计算公式得：$Q=1.25\times140\times3/0.75=700$ Ah

蓄电池一般分两组安装，此时每组蓄电池的额定容量按照 1/2 计算容量来选择。选择的总容量略大于计算容量。

即：$Q\times1/2=350$ Ah

根据计算结果可以选用相应型号设备，因此，应选取两组 SNS-400 Ah 的蓄电池组，两组蓄电池总容量为 800 Ah。如表 5-3 所示。

表 5-3　　　　　　　　　　　蓄电池组型号一览表

序号	系列	组电压	排列方式	规格(mm) 长	规格(mm) 宽	规格(mm) 高	重量(kg)	承重(kg/m²)	价格(元)	备注
1	SNS-300 Ah	48 V	双层双列	933	495	1032	530	1322	14400	
			单层双列	1746	495	412	522	636		
			双层单列	1776	293	1032	535	1105		
2	SNS-400 Ah	48 V	双层双列	1128	566	1042	734	1350	19200	
			单层双列	2118	566	422	720	703		
			双层单列	2156	338	1042	741	1720		
3	SNS-500 Ah	48 V	双层双列	1198	656	1042	835	1421	24000	
			单层双列	2195	656	422	823	743		
			双层单列	2233	383	1042	839	1285		
4	SNS-600 Ah	48 V	双层双列	998	990	1032	1060	1170	28800	
			单层双列	1811	990	412	1044	578		
			双层单列	1841	495	1032	1069	1184		
5	SNS-800 Ah	48 V	双层双列	1213	970	1162	1496	1607	38400	
			单层双列	2210	970	432	1470	837		
			双层单列	2248	545	1162	1497	1517		

(2) 开关电源容量计算与选型

开关电源整流模块的容量主要依据额定输出电流来选取。其电流 I_k 满足以下条件：

$$I_k \geqslant I + I_c$$

其中，I 为直流设备最大负荷电流，即为放电电流值。

I_c 为蓄电池充电电流，若为 10 小时允冲电流，则对于电网较好的站，可取 $I_c = (0.1 \sim 0.15) \times Q$。

整流模块数选择原则：整流模块数目按照 $n+1$（整流模块数目小于 10）冗余原则确定。当整流模块数目大于 10 时，每 10 只要备用一只。则整流模块数量 n 计算如下：

$$n \geqslant I_k / I_{me}$$

其中，I_{me} 为每个整流模块的额定输出电流。

【例题 5-2】假设机房直流电压均为 −48 V，近期各专业负荷如下：传输设备 20 A、数据设备 60 A、其他设备（不含无线专业）20 A，采用高频开关电源供电。（假设 K 取 1.25，放电时间 T 为 3 小时，不计算最低环境温度影响，即假设 $t = 25\ ℃$，蓄电池逆变效率 η 为 0.75，电池温度系数 $\alpha = 0.006$。）结合例题 5-1 计算出的蓄电池容量，蓄电池按照 10 小时允冲电流考虑，计算开关电源配置容量并选择型号。

分析：根据计算公式 $I_k \geqslant I + I_c$，由例题 5-1 计算得知，$I = 140$ A。

由题意知：I_c 为 10 小时允冲电流，则 $I_c = 800 \times 0.15 = 120$ A。

即：$I_k = 260$ A，$n \geqslant I_k / I_{me} = 260/30 \approx 9$

依据整流模块选用原则，整流模块数目应取 10 个，查看表 5-4 可知所选用设备型号为 PS48300-1B/30-300A。

表 5-4　　　　　　　　　　开关电源设备型号一览表

序 号	产品型号	单 位	模块数量	规格尺寸（高×宽×深 mm）	荷载(kg/m²)
1	PS48300-1B/30-180A	架	6	2000×600×600	435
2	PS48300-1B/30-210A	架	7	2000×600×600	442
3	PS48300-1B/30-240A	架	8	2000×600×600	458
4	PS48300-1B/30-270A	架	9	2000×600×600	465
5	PS48300-1B/30-300A	架	10	2000×600×600	480
6	PS48600-2B/50-400A	架	8	2000×600×600	520

(3)交流配电箱容量计算与选型

$I_e \geqslant S_e/(3 \times 220)$。

$S_e \geqslant S/0.7$。变压器所带负载为额定负载的 0.7～0.8。

$S = K_0 \times P_{有}$，这里仅考虑有功功率，若考虑无功功率和无功功率补偿，则计算公式为 $S = K_0 \times [P_{有}^2 + (P_{有} - P_{补})^2]^{1/2}$。

S 为全局所有交流负荷，包括设备用电、生活用电、照明用电等。

S_e 为变压器的额定容量。

K_0 为同时利用系数，一般取 $K_0 = 0.9$。

I_e 为交流配电箱(配电屏)的每相电流。

【例题 5-3】　已知照明用电、空调功率 5000 W，监控设备以及其他设备功率 2000 W，其他条件同例题 5-2，计算交流配电箱的容量及选型。

分析：整流模块的输出功率为 260×50=13000 W。

由题目可知，照明用电、空调功率 5000 W，监控设备以及其他设备功率 2000 W。

若不考虑无功功率，全局所有交流负荷 S 计算如下：

$S = K_0 \times P_{有} = 0.9 \times (13000 + 5000 + 2000) = 20000 \times 0.9 = 18 \text{ kVA}$

则 $S_e = 18000/0.7 \approx 26 \text{ kVA}$

因此，$I_e \geqslant S_e/(3 \times 220) = 26 \times 1000/660 \approx 40 \text{ A}$。查看表 5-5 可知选用交流配电箱设备型号为 380V/100A/3P。

表 5-5　　　　　　　　　　交流配电箱设备型号一览表

序 号	名 称	规格型号	外形尺寸(高×宽×深 mm)	单 位
1	交流配电箱	380V/100A/3P	600×500×200	套
2	交流配电箱	380V/150A/3P	700×500×200	套
3	交流配电箱	380V/200A/3P	800×500×200	套

(4)电源线径的确定

电源线径可以根据电流及压降(ΔU)来计算，公式如下：

$$S = \sum I \times L / (r \times \Delta U)$$

其中，S 为电源线截面(mm^2)；$\sum I$ 为流过的总电流(A)；L 为该段线缆长度(m)；ΔU 为该段线缆的允许电压(V)；r 为该线缆的导电率(铜质为 54.4，铝质为 34)；ΔU 的取值规则为从蓄电池至直流电源时，$\Delta U \leqslant 0.2$ V；从直流电源至直流配电柜时，$\Delta U \leqslant 0.8$ V；从直流配电柜至设备机架时，$\Delta U \leqslant 0.4$ V。

【例题 5-4】 计算蓄电池与开关电源之间的连接线缆线径，假定线缆长度为 20 m。

分析：首先其必须满足市电停电时的所有负荷要求，即最大电流为 $\sum I = 150$ A，$L=20$ m，采用铜导线 $r=54.4$，$\Delta U = 0.2+0.8=1.0$ V，则 $S = \sum I \times L / (r \times \Delta U) = 150 \times 20 / (54.4 \times 1.0) \approx 55.2 \text{ mm}^2$，因此可以选用 70 mm^2 线径的芯线。

5.4 通信线路施工图的绘制

5.4.1 绘制步骤

通信线路工程施工图的绘制，总体来说，要求线路图具有统一性、整体性和协调性。

1.架空线路工程

(1)仔细看好草图。

①注意自己所画每张草图的衔接、指北方向的正确。

②注意自己所画图纸与别人图纸的衔接。

③新建杆路要问清杆高、芯数。

④利旧杆路要问清是否是附挂，还是利用原有杆路新设吊线。

(2)在绘图中要注意一个工程的标准统一性。

①如字高大小的统一。

②如尺寸标注大小的统一。

(3)布置杆路。

①设置好工程类别、吊线绘制位置的确定。

②电杆的种类、电杆的高度、电杆的地貌、吊线的规格、吊线的地貌。

(4)画路。

①核对路由是否符合现场查勘情况。

②注意路与杆线之间距离的比例。

(5)角杆拉线。

①角杆拉线要在角的平分线上。

②一般情况下，杆路路由方向的夹角小于 45°时应安装角杆拉线。

(6)截图。

①截出每段图纸，尽量充满图框空间。

②注意指北针一定要随着路由一起旋转然后接图。

(7)添加参照物。

①参照物的大小合适,在图纸中的位置准确。

②注意参照物中的文字角度要符合设计院的要求。

(8)添加杆号。

①取两基站站名的前一个字母,如新街口—夫子庙,杆号为PXF01。

②原有杆号加( ),如(PXF01)。

(9)添加人字拉、四方拉、终结拉线。

①一般情况下,每8挡做一个人字拉,在平原情况下32挡做四方拉,注名"做双向假终结"。(具体参照各建设方要求为准)

②一般情况下,杆路路由方向的夹角大于等于45°时应安装终结拉线。(具体以各建设方要求为准)

(10)添加接地。

①吊线终结的地方要做直埋式接地。

②每公里处需进行接地处理。在有拉线存在的地方,也需要增加拉线式接地,其他情况下,一般采用直埋式拉线。(具体以各建设方要求为准)

(11)添加杆面程式、角度、工作量表、光缆图、接图符、图名和图号。

(12)其他障碍物的处理。

①在杆路与管道衔接处,要做好钢管引上。

②进出基站处理。(注:在新建情况下要注名"站内预留×××米""拉攀固定""吊线松挂")

③特殊障碍处理(注:过特殊道路时应增加杆高,杆路在过河超过120 m时做辅助吊线)。(具体以现场为准)

2.管道线路工程

(1)仔细看好草图。(注:要向工程负责人问清管孔程式)

(2)在绘图中要注意一个工程的标准统一性,如字高的大小、尺寸标注的大小等。

(3)布置管道路由。(注:让工程负责人员核对路由是否符合现场查勘情况)

(4)添加参照物。

(5)截图、加接头符号。

(6)编人(手)孔孔号。(注:根据工程要求编号)

(7)加管道断面、顶管、定向钻定型图。

(8)画建筑方式图。

(9)加主要工作量表。

(10)加图名、图号。

5.4.2 图纸内容及应达到的深度

有线通信线路工程施工图设计阶段,图纸内容及应达到的深度如下。

(1) 批准初步设计线路路由总图。

(2) 长途通信线路敷设定位方案的说明，并附在比例为 1/2000 的测绘地形图上，绘制线路位置图应标明施工要求，如埋深、保护段落及措施、必须注意的施工安全地段及措施等；地下无人站内设备安装及地面建筑的安装建筑施工图；光缆进城区的路由示意图和施工图以及进线室平面图、相关机房平面图。

(3) 线路穿越各种障碍点的施工要求及具体措施。每个较复杂的障碍点应单独绘制施工图。

(4) 水线敷设、岸滩工程、水线房等施工图及施工方法说明。水线敷设位置及埋深应以河床断面测量资料为依据。

(5) 通信管道、人孔、手孔、光（电）缆引上管等的具体位置及建筑形式，孔内有关设备的安装施工图及施工要求；管道、人孔、手孔结构及建筑施工采用定型图纸，非定型设计应附结构及建筑施工图；对于有其他地下管线或障碍物的地段，应绘制剖面设计图，标明其交点位置、埋深及管线外径等。

(6) 长途线路的维护区段划分、巡房设置地点及施工图（巡房建筑施工图另由建筑设计单位编发）。

(7) 本地线路工程还应包括配线区划分、配线光（电）缆线路路由及建筑方式、配线区设备配置地点位置设计图、杆路施工图、用户线路的割接设计和施工要求的说明。施工图应附中继、主干光缆和电缆、管道等的分布总图。

(8) 枢纽工程或综合工程中有关的设备安装工程进线室铁架安装图、电缆充气设备室平面布置图、进局光（电）缆及成端光（电）缆施工图。

5.5 设备安装工程施工图的绘制

5.5.1 移动通信机房平面图绘制要求

(1) 根据提供的资料确定机房是原有还是新建。

(2) 要求图纸的字高、标注、线宽应统一，图纸总体要清晰美观。

(3) 画平面图应先画出机房的总体结构（如墙壁、门、窗等并标注尺寸，墙厚度规定为 240 mm 或 300 mm）。

(4) 画出机房内设备的大小尺寸及位置，利旧综合配线架（ODF 架）要画出它的位置并进行标注，如需新增综合配线架（ODF 架），要了解新增综合配线架（ODF 架）的尺寸，并标注安装位置。

(5) 在图中主设备上加尺寸标注（图中必须有主设备尺寸以及主设备到墙的尺寸）。

(6) 平面图中必须有指北针、图例、说明，并标有"×××层机房"字样。

(7) 机房平面图中必须加设备配置表。

(8) 图纸中如有馈孔，要将馈孔加进去。

(9)要在图纸外插入标准图衔,并根据要求在图衔中加注单位比例、设计阶段、日期、图名、图号等。

(10)敷设光缆,应画出光缆的走向。(注:从进线洞至综合配线架 ODF 的光缆线路路由。)

5.5.2 通信设备安装工程施工图绘制要求

通信设备安装工程施工图设计阶段,图纸内容及应达到的深度如下。

(1)数字程控交换工程设计方面:应附市话中继方式图、市话网中继系统图、相关机房平面图。

(2)微波工程设计方面:应附全线路由图、频率极化配置图、通路组织图、天线高度示意图、监控系统图、各种站的系统图、天线位置示意图及站间断面图。

(3)干线线路各种数字复用设备、光设备安装工程设计方面:应附传输系统配置图、远期及近期通路组织图、局站通信系统图。

(4)移动通信工程设计方面
①移动交换局设备安装工程设计方面:应附全网网络结构示意图、本业务区通信网络系统图、移动交换局中继方式图、网同步图。
②基站设备安装工程设计方面:应附全网网络结构示意图、本业务区通信网络系统图、基站位置分布图、基站上下行传输损耗示意方框图、机房工艺要求图、基站机房设备平面布置图、天线安装及馈线走向示意图、基站机房走线架安装示意图、天线铁塔示意图、基站控制器等设备的配线端子图、无线网络预测图纸。

(5)供热、空调、通风设计方面:应附供热、集中空调、通风系统图及平面图。

(6)电气设计及防雷接地系统设计方面:应附高、低压电供电系统图、变配电室设备平面布置图。

5.6 工程图纸绘制中的常见问题

当完成一项工程设计时,在绘制通信工程图方面,根据实际工程经验,较容易出现以下一些问题:

(1)图纸中文字或标注等出现压线现象。
(2)图纸说明中序号会排列错误。
(3)图纸技术说明中缺标点符号以及说明性文字字体不一致。
(4)图纸中出现尺寸标注字体不统一或标注太小。
(5)图纸中缺少指北针。
(6)平面图或设备走线图的图衔中缺少单位 mm。
(7)图衔中图号与整个工程编号不一致。
(8)出设计时前后图纸编号顺序有问题。

(9)出设计时图衔中图名与目录不一致。
(10)出设计时图纸中内容颜色有深浅之分。

5.7 典型工程的 CAD 图范例

5.7.1 通信线路工程图

1.利旧杆路光缆工程图(如图 5-5 所示)
2.新建杆路光缆工程图(如图 5-6 所示)
3.管道光缆工程图(如图 5-7 所示)

5.7.2 移动通信基站工程图

1.机房设备平面布置图(如图 5-8 所示)
2.机房走线架布置及线缆路由图(如图 5-9 所示)
3.基站天线位置及馈线走向图(如图 5-10 所示)

5.7.3 室内分布系统工程图

1.室内分布系统工程系统框图(如图 5-11 所示)
2.室内分布系统工程天线安装路由图(如图 5-12 所示)
3.室内分布系统工程系统原理图(如图 5-13 所示)

5.7.4 FTTX 接入工程图

1.FTTH 工程机房设备平面布置图(如图 5-14 所示)
2.FTTH 工程走线架布置图(如图 5-15 所示)
3.FTTH 工程线缆路由图(如图 5-16 所示)

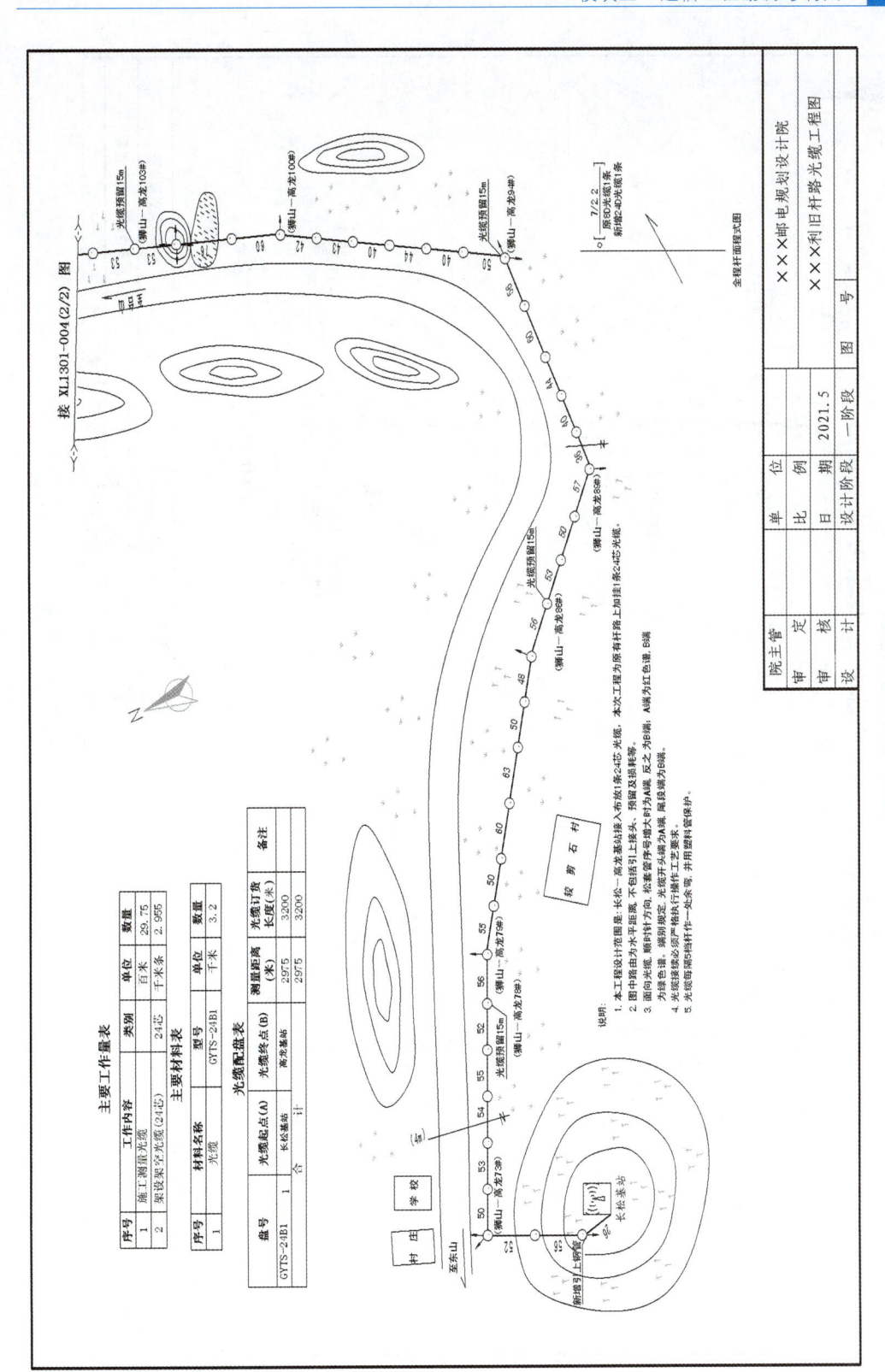

图5-5 利旧杆路光缆工程图

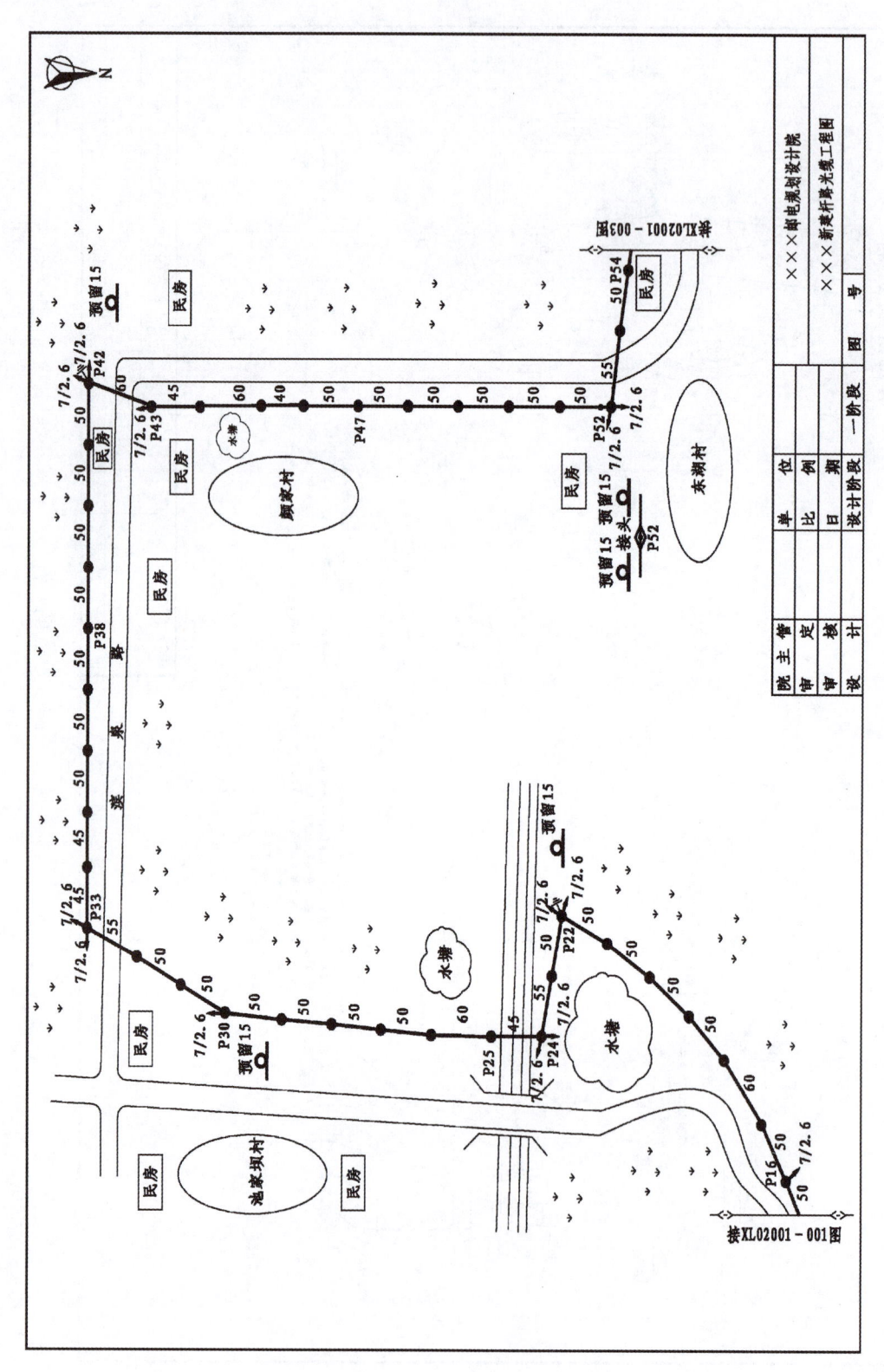

图5-6 新建杆路光缆工程图

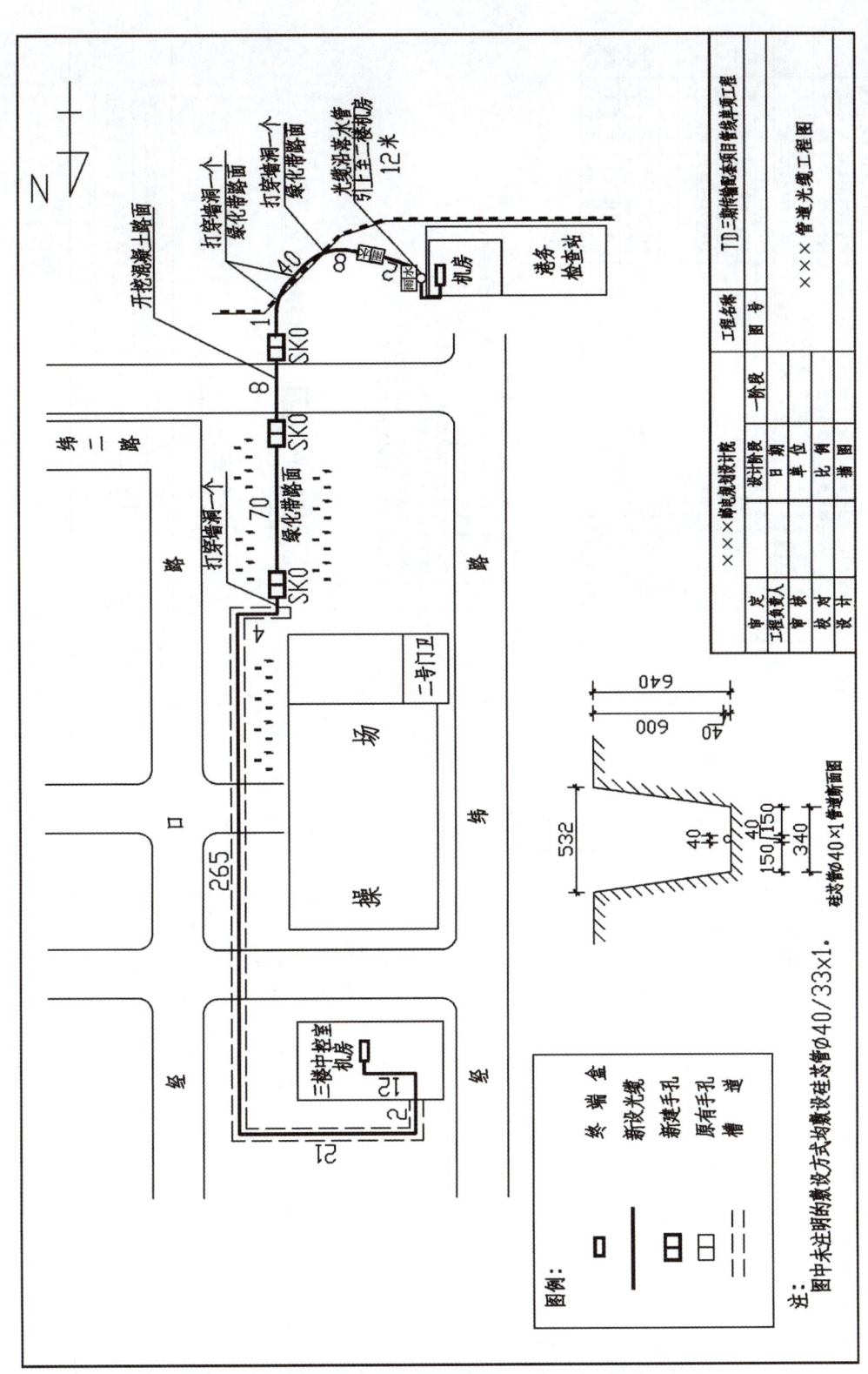

图5-7 管道光缆工程图

设备配置表

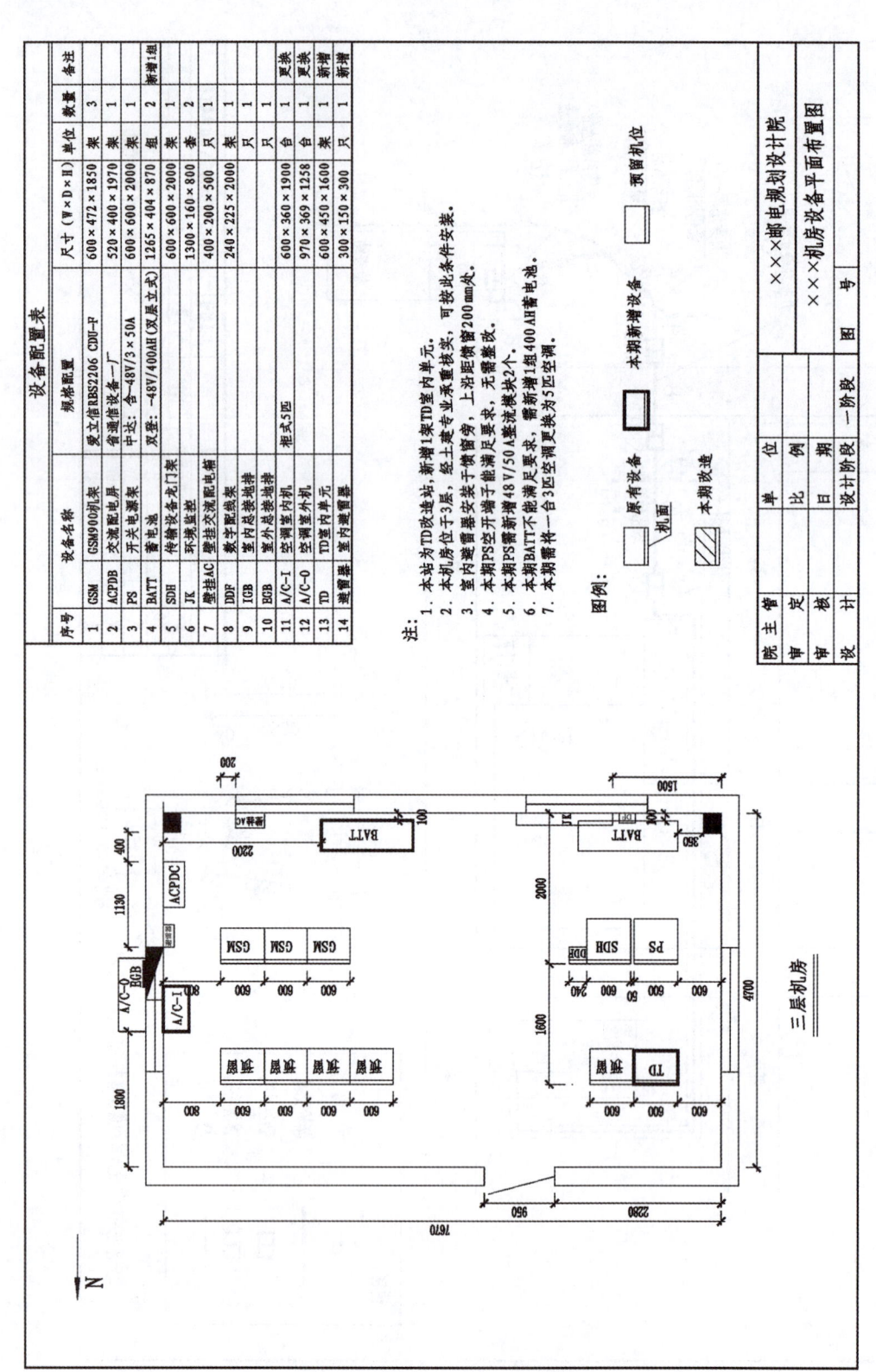

序号	设备名称	规格配置	尺寸（W×D×H）	单位	数量	备注
1	GSM900机架 GSM	爱立信RBS2206 CDU-F	600×472×1850	架	3	
2	交流配电房 ACPDB	普通配电设备一厂	520×400×1970	架	1	
3	开关电源架 PS	中达：含-48V/3×50A	600×600×2000	架	1	
4	蓄电池 BATT	双登：-48V/400AH（双层立式）	1265×404×870	组	2	
5	传输设备九门架 SDH		600×600×2000	套	1	新增1组
6	环境监控 JK		1300×160×800	套	2	
7	壁挂交流配电箱 ACPDB		400×200×500	只	1	
8	数字配线架 DDF		240×225×2000	架	1	
9	室内总接地排 IGB					
10	室外总接地排 BGB		600×360×1900	台	1	更换
11	空调室内机 A/C-I	柜式5匹	970×369×1258	台	1	更换
12	空调室外机 A/C-O		600×450×1600	架	1	新增
13	TD室内单元 TD		300×150×300	只	1	新增
14	避雷器 室内避雷器					

注：
1. 本站为TD改造站，新增1架TD室内单元。
2. 本机房位于3层，经土建专业审核实，可按此条件安装。
3. 室内馈窗器安装于喷窗旁，上沿距馈窗200mm处。
4. 本期PS空开端子能满足要求，无需整改。
5. 本期PS需新增48V/50A基流模块2个。
6. 本期BATT不能满足要求，需新增1组400AH蓄电池。
7. 本期蓄格一台3匹空调更换为5匹空调。

图例：
□ 原有设备
■ 本期新增设备
▨ 本期改造
□ 机面
□ 预留机位

院		单 位	×××邮电规划设计院
主 管		比 例	
审 定		日 期	
审 核		设计阶段	一阶段
设 计		图 号	×××机房设备平面布置图

图5-8 机房设备平面布置图

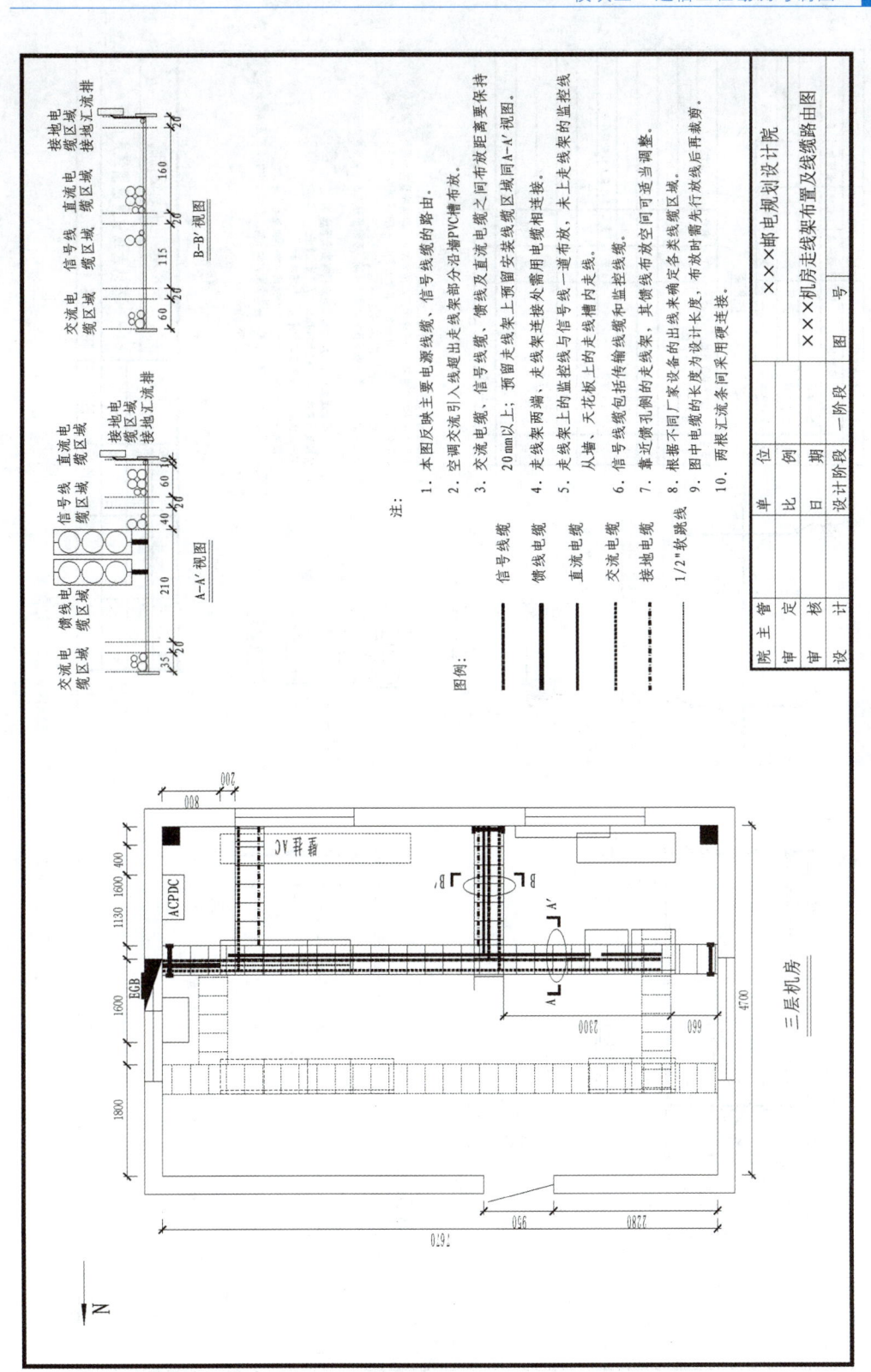

图5-9 机房走线架布置及线缆路由图

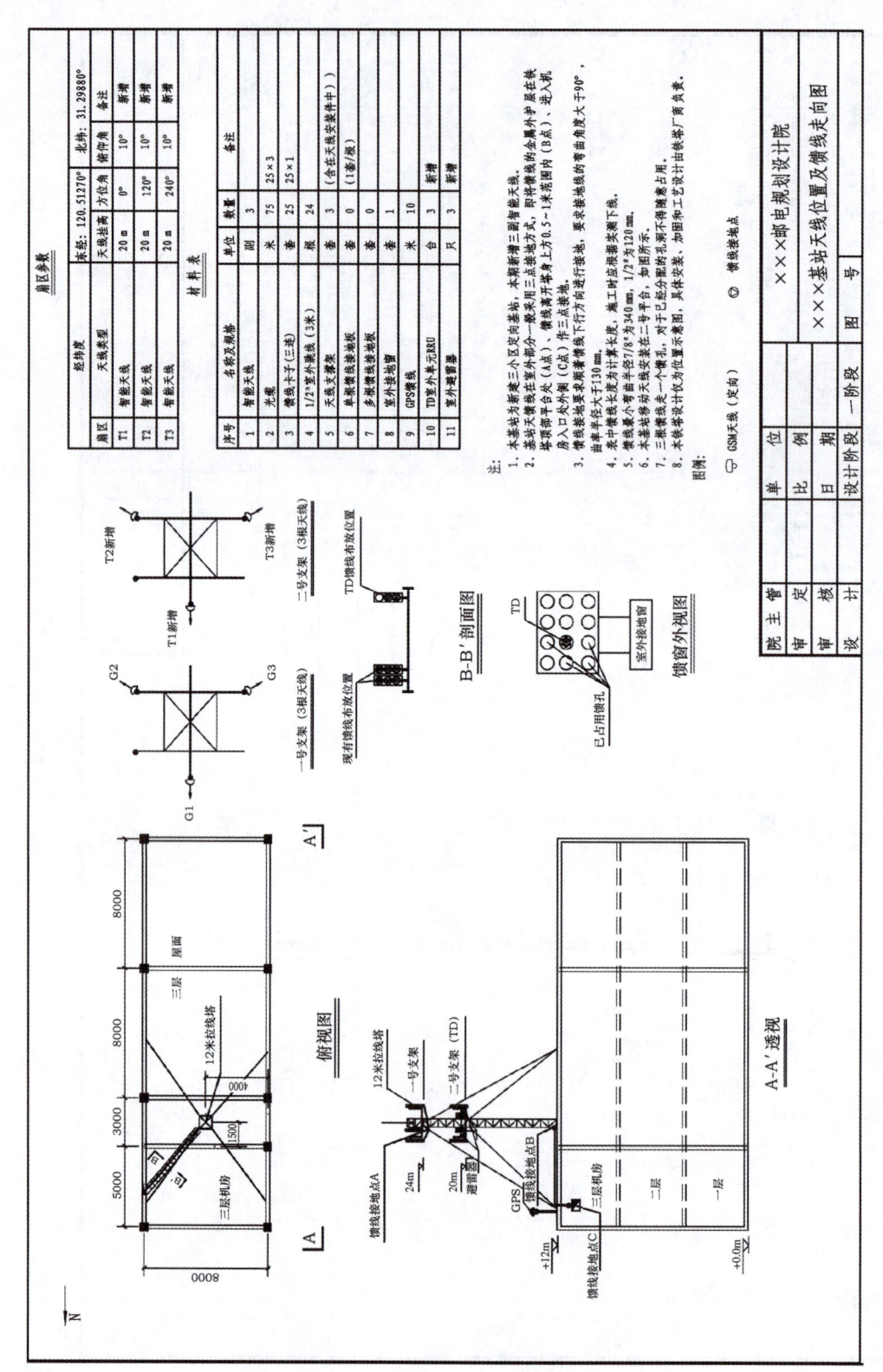

图 5-10 基站天线位置及馈线走向图

模块五 通信工程勘测与制图

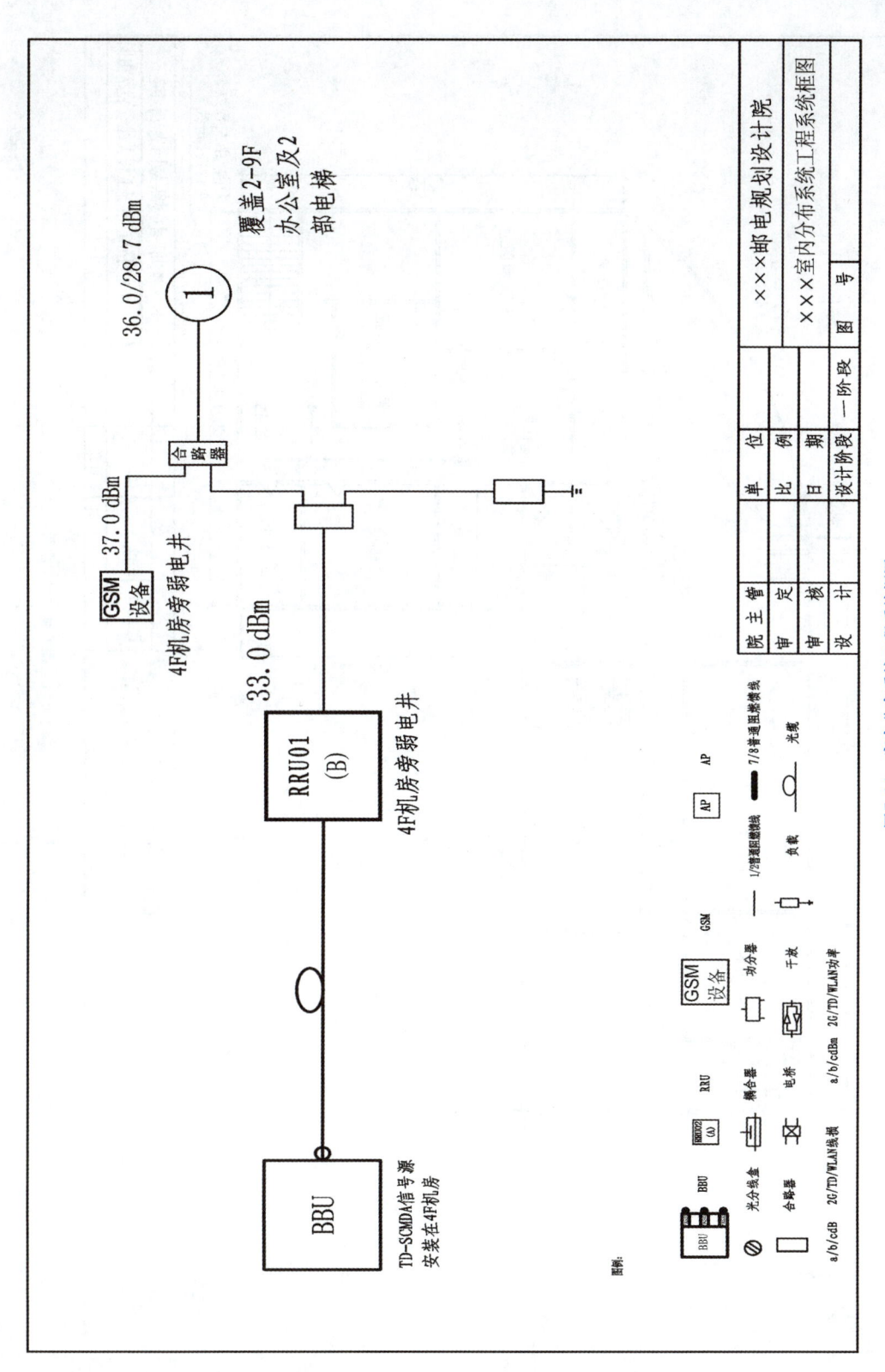

图5-11 室内分布系统工程系统框图

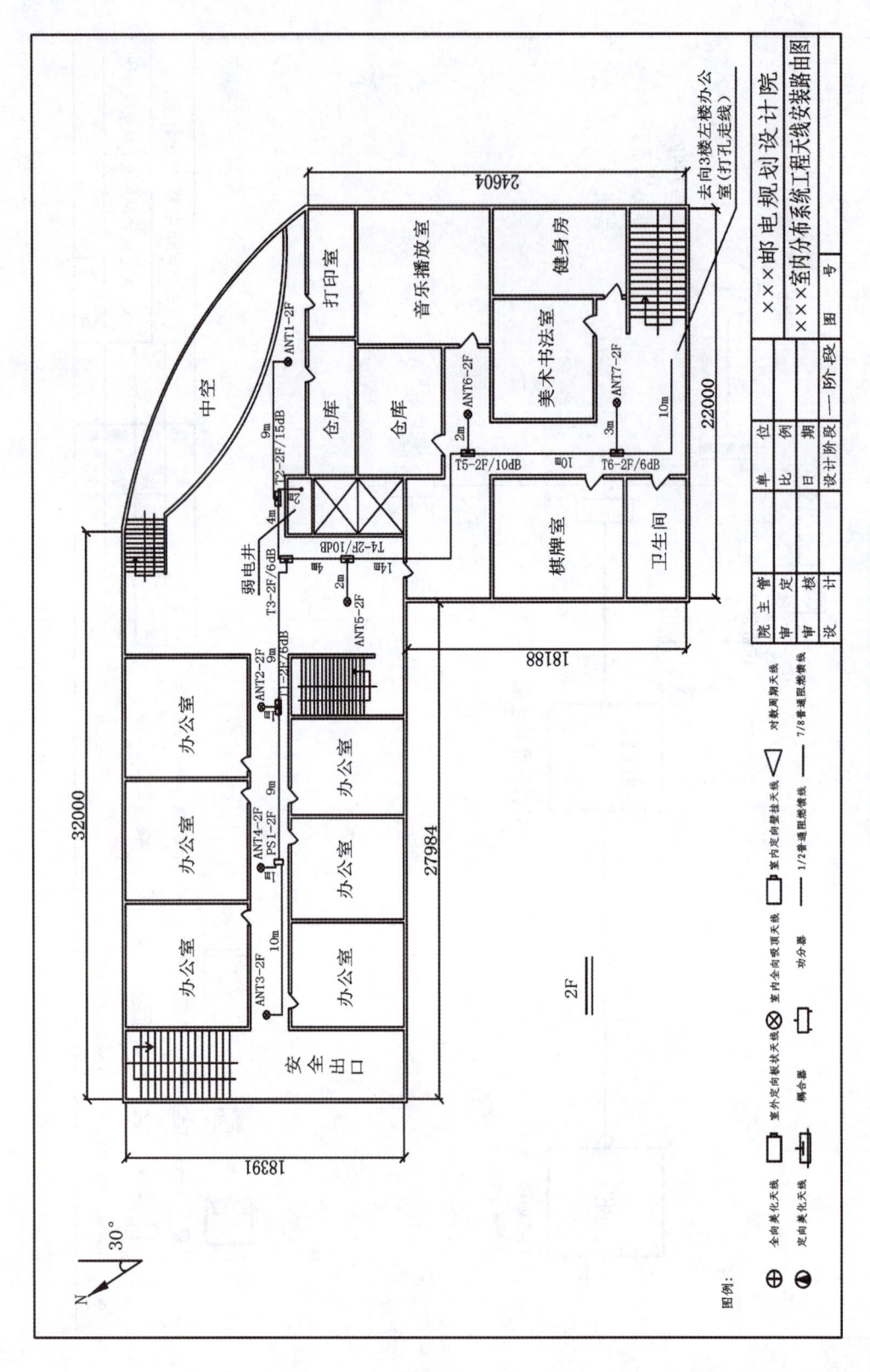

图5-12 室内分布系统工程天线安装路由图

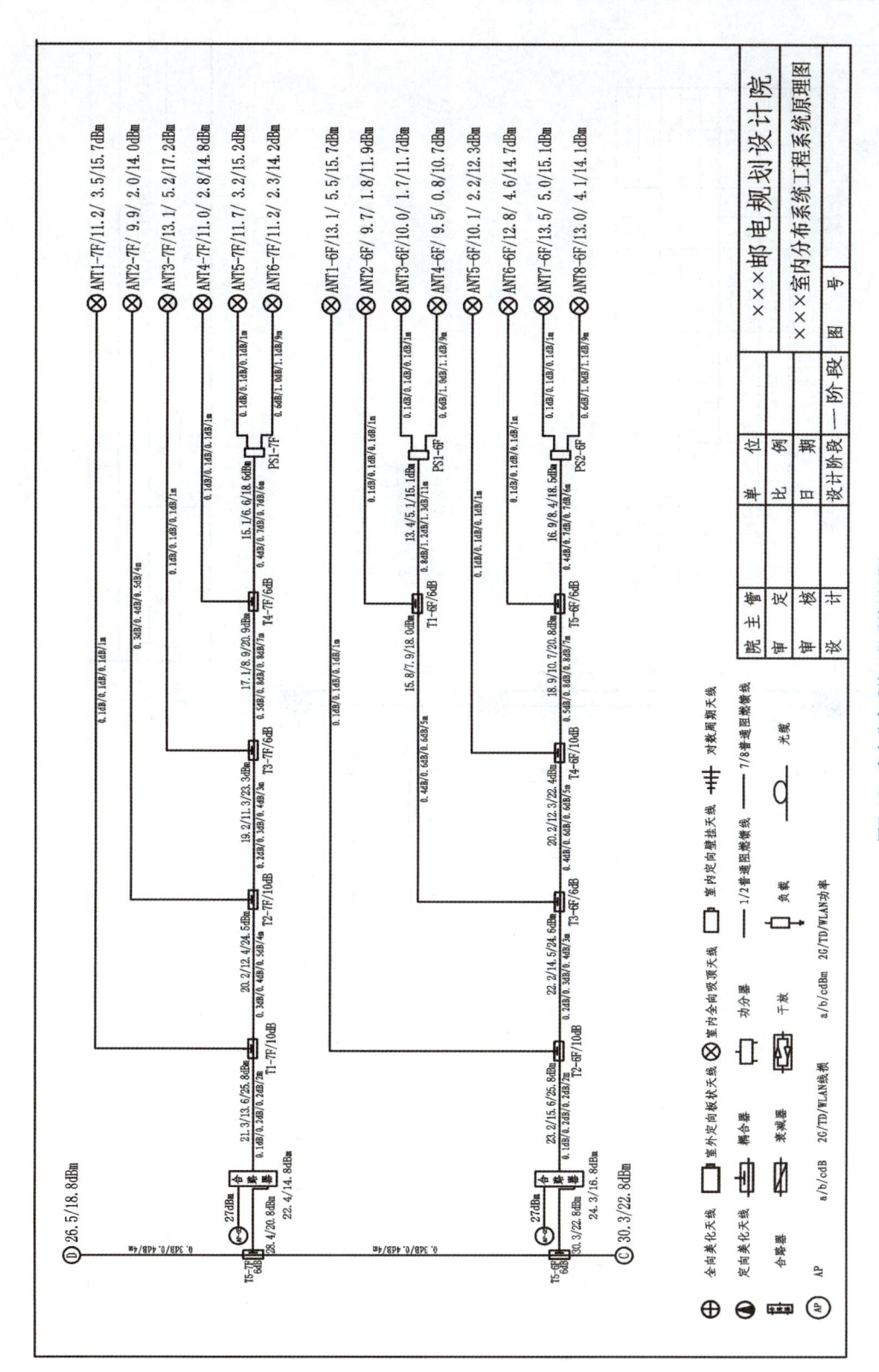

图5-13 室内分布系统工程系统原理图

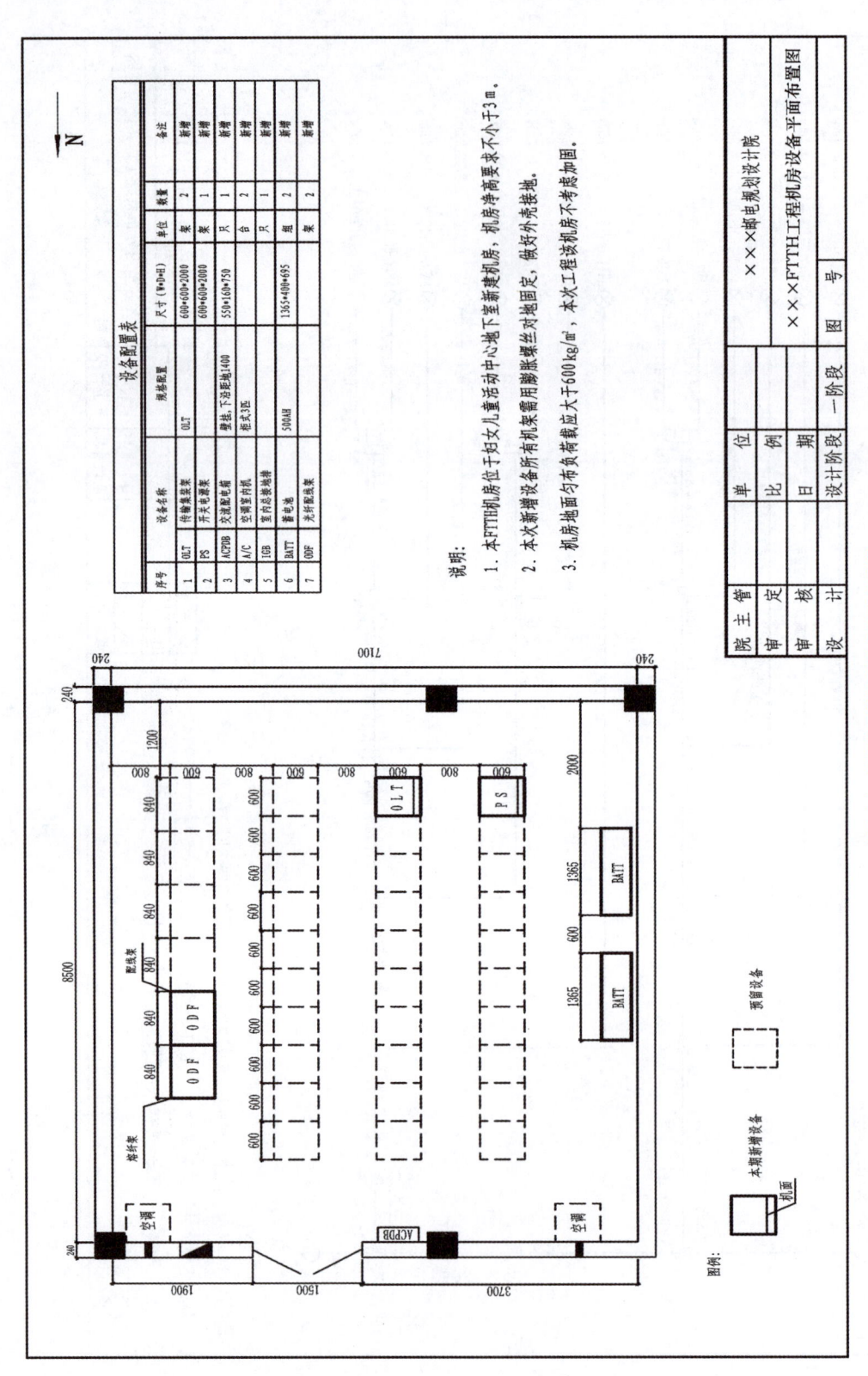

图5-14 FTTH工程机房设备平面布置图

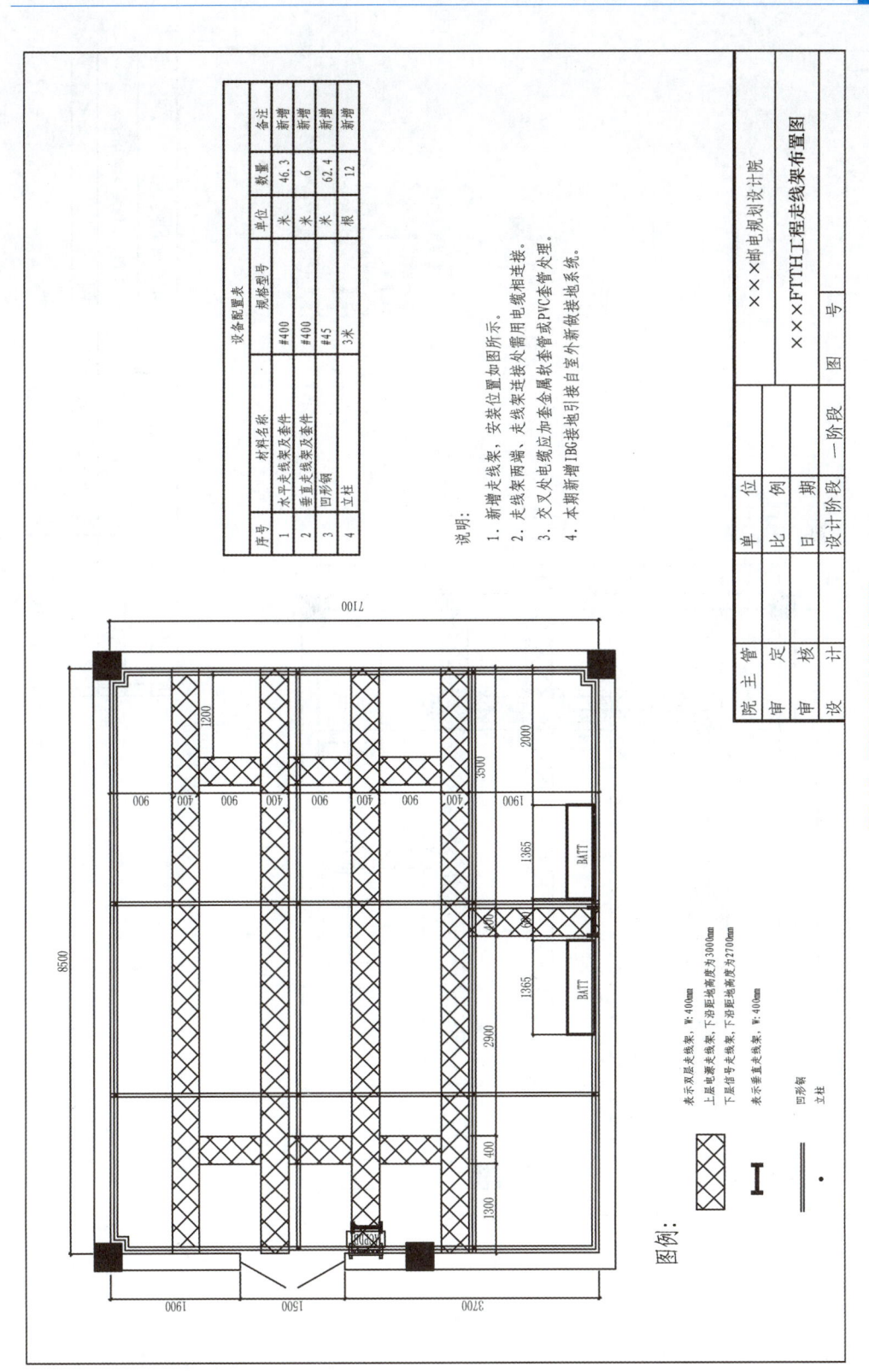

图5-15 FTTH工程走线架布置图

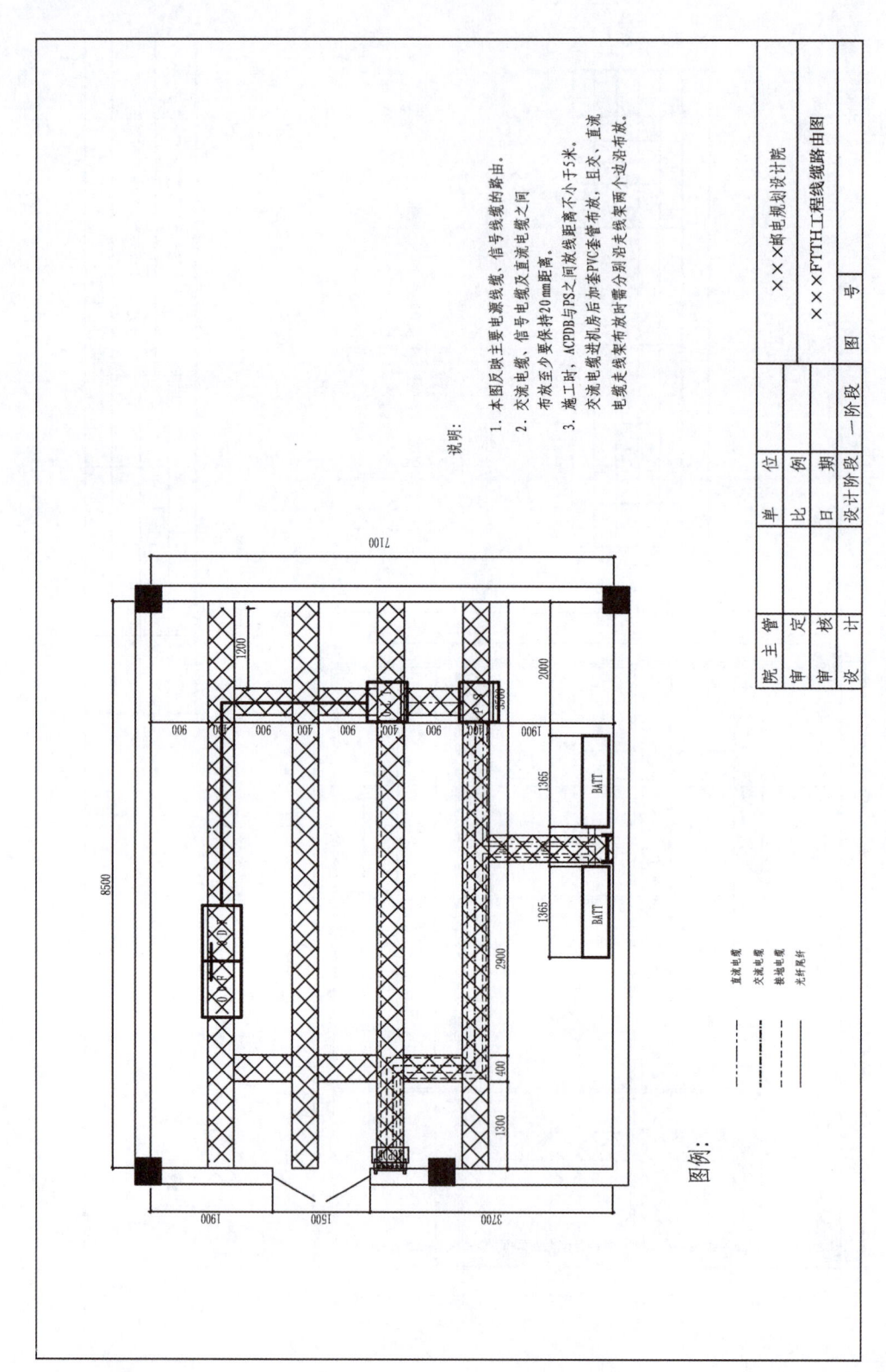

图5-16 FTTH工程线缆路由图

知识归纳

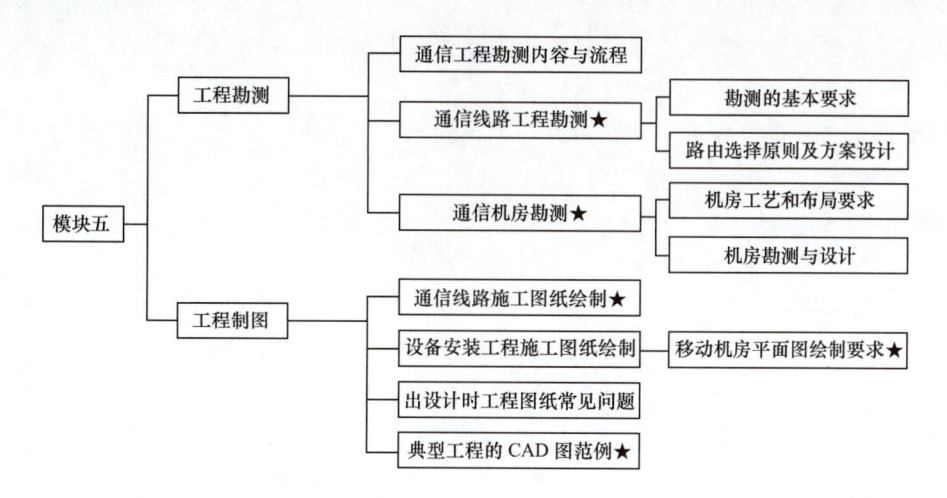

```
                    ┌── 通信工程勘测内容与流程
           ┌ 工程勘测 ┼── 通信线路工程勘测★ ─┬── 勘测的基本要求
           │        │                    └── 路由选择原则及方案设计
           │        └── 通信机房勘测★ ─────┬── 机房工艺和布局要求
模块五 ─────┤                              └── 机房勘测与设计
           │        ┌── 通信线路施工图纸绘制★
           └ 工程制图 ┼── 设备安装工程施工图纸绘制 ── 移动机房平面图绘制要求★
                    ├── 出设计时工程图纸常见问题
                    └── 典型工程的 CAD 图范例★
```

思政引读

乔素凯,中国广核集团运营公司大修中心核燃料服务分部工程师、核燃料修复师(图 S5)。4 米长杆,30 年,六万步的零失误让人惊叹！是责任,是经验,更是他心里的"安全大于天"！乔素凯,你的守护,如同那汪池水,清澈蔚蓝！核电站代表着一个国家的高端制造业水平。乔素凯作为国内唯一的核燃料组件修复团队领军人,30 年来 20 多台核机电组、100 多次核燃料装离任务,带领团队操作零失误。2018 年初,历经十年研发的核燃料组件整体修复装备,更是成功打破国外长时间垄断。

图 S5 "大国工匠"乔素凯

(资料来源:央视新闻,2019 年 1 月)

自我测试

一、简答题

1. 简述通信线路工程路由选择的总体要求？
2. 通信机房勘测的准备工作包括哪些方面？
3. 简述机房勘测的主要内容？

4. 请问天馈系统勘测的主要内容？

5. 请问站址的选用原则包括哪些内容？

6. 简述通信线路工程施工图设计阶段图纸内容及深度要求？

7. 简述移动通信机房平面图绘制的基本要求？

8. 写出架空线路工程施工图绘制的基本步骤？

二、计算题

1. 某 -48 V 的通信电源系统，其电源线允许电压降为 2 V，电流强度为 200 A，铜线导电率为 57，长度为 10 m，计算其电力线的截面积？

2. 假设机房直流电压均为 -48 V，近期各专业负荷如下：传输设备 30 A、数据设备 60 A、无线专业 40 A 以及其他设备 20 A，采用高频开关电源供电。计算蓄电池的总容量？（假设 K 取 1.25，放电时间 T 为 3 小时，不计最低环境温度影响，即假设 $t=25\text{ ℃}$，蓄电池逆变效率 η 为 0.75，电池温度系数 $\alpha=0.006$。）

技能训练

技能训练　通信线路工程勘测和路由设计

一、实训目的

1. 熟悉通信线路工程勘测的基本流程。

2. 掌握通信线路工程勘测工具的使用方法。

3. 理解和掌握通信线路工程路由选择的基本原则。

4. 能充分利用校园或周围的通信线路设施和环境，进行通信线路工程的模拟勘测，并能绘制出勘测草图。

5. 能根据勘测草图和线路路由选择规范，设计出较为合理的线路路由设计方案，并能绘制出对应的 CAD 图纸。

二、实训场所和器材

通信工程设计实训室（通信工程制图软件、计算机）、校园或周围的通信线路设施和环境

三、实训内容

结合校园或周围的通信线路设施和环境，进行通信线路路由的模拟勘测。假如在某学院的大门口装有光缆交接箱，将光缆引入校园里某实验楼 4 楼 406 室的新建 WCDMA 基站内，请同学们根据校园内现有的管道、杆路等资源，或者通过新建管道、杆路以及直埋等方式，勘测线路路由，设计出一种较为合理、可行的线路路由方案，要求绘制勘测草图，并运用通信工程制图软件绘制路由方案设计图。

四、总结与体会

技能训练　3G 基站勘测和布局设计

一、实训目的
1. 熟悉通信工程勘测的基本流程。
2. 掌握 3G 基站勘测工具的使用方法。
3. 理解和掌握 3G 机房工艺和布局的要求。
4. 能结合校园或周围的 3G 基站，进行机房室内勘测，并能绘制出其勘测草图。
5. 能根据工程勘测情况和机房工艺、布局要求，设计出较为合理的机房室内布局设计方案，并能绘制出 CAD 图纸。
6. 能通过对天馈系统的天线抱杆、馈线走线路由的勘测，制定出天线安装和线缆布放的方案。

二、实训场所和器材
通信工程设计实训室（通信工程制图软件、计算机）、校园或周围的 3G 基站

三、实训内容
1. 机房勘测

对可选机房进行勘测，选择出较为合适的工程设计机房，按照机房工艺要求提出机房改造方案，并对建筑提出承重要求，最后进行 3G 机房设备的布局设计，要求绘制勘测草图，并绘制出 3G 机房布局设计方案 CAD 图纸。

2. 天馈系统勘测

对天线抱杆的安装位置、馈线走线路由进行勘测，计算风阻（进行抱杆或框架的受力分析，确定抱杆的直径和框架的结构），根据建筑物的工艺要求提出承重要求，选择本次工程中天线的合理安装方式、安装位置，并确定馈线走线路由方案。

四、总结与体会

参 考 文 献

[1] 袁宝玲.通信工程制图实例化教程[M].北京:清华大学出版社,2015.
[2] 李转运,李敬仕,徐启明.通信工程制图(autoCAD)[M].西安:西安电子科技大学出版社,2015.
[3] 解相吾,解文博.通信工程设计制图[M].2版.北京:电子工业出版社,2015.
[4] 李立高.通信线路工程[M].2版.西安:西安电子科技大学出版社,2015.
[5] 施扬,沈平林,赵继勇.通信工程设计[M].北京:电子工业出版社,2012.
[6] 于正永.通信工程设计及概预算[M].3版.大连:大连理工大学出版社,2018.
[7] 中华人民共和国信息产业部.通信工程制图与图形符号规定(YD/T 5015—2015),2015.
[8] 杜文龙,乔琪.通信工程制图与勘察设计[M].2版.北京:高等教育出版社,2019.
[9] 李转运,周永刚.通信工程制图(AutoCAD)[M].2版.西安:西安电子科技大学出版社,2019.

附　　录

附录 A　通信工程图例

表 A-1　　　　　　　　　　通信光缆常用图例

序号	名称	图例	说明
1	光缆		光纤或光缆的一般符号
2	光缆参数标注	a/b/c	a—光缆型号 b—光缆芯数 c—光缆长度
3	永久接头		
4	可拆卸固定接头		
5	光连接器 （插头－插座）		

表 A-2　　　　　　　　　　通信线路常用图例

序号	名称	图例	说明
1	通信线路		通信线路的一般符号
2	直埋线路		适用于路由图
3	水下线路、 海底线路		适用于路由图
4	架空线路		适用于路由图
5	管道线路		管道数量、应用的管孔位置、截面尺寸或其他特征（如管孔排列形式）可标注在管道线路的上方 虚斜线可作为人（手）孔的简易画法。适用于路由图
6	线路中的充气 或注油堵头		
7	具有旁路的充气或 注油堵头的线路		
8	沿建筑物敷设 通信线路	W	适用于路由图
9	接图线		

表 A-3　　　　　　　　　　线路设施与分线设备常用图例

序号	名称	图例	说明
1	防光(电)缆蠕动装置		类似于水底光(电)缆的丝网或网套锚固
2	线路集中器		
3	直埋式光(电)缆铺砖、铺水泥盖板保护		可加文字标注明铺砖为横铺、竖铺及铺设长度或注明铺水泥盖板及铺设长度
4	直埋式光(电)缆穿管保护		可加文字标注表示管材规格及数量
5	直埋式光(电)缆上方敷设排流线		
6	直埋式电缆旁边敷设防雷消弧线		
7	光(电)缆预留		
8	光(电)缆蛇形敷设		
9	电缆充气点		
10	直埋线路标识		直埋线路标石的一般符号 加注 V 表示气门标识 加注 M 表示监测标识
11	光(电)缆盘留		
12	电缆气闭套管		
13	电缆直通套管		
14	电缆分支套管		
15	电缆接合型接头套管		
16	引出电缆监测线的套管		
17	含有气压报警信号的电缆套管		
18	水线房		
19	水线标志牌		单杆及双杆水线标牌
20	通信线路巡房		

（续表）

序号	名称	图例	说明
21	光(电)缆交接间	△	
22	架空交接箱	⊠	加 GL 表示光缆架空交接箱
23	落地交接箱	⊠	加 GL 表示光缆架空交接箱
24	壁龛交接箱	⊠	加 GL 表示光缆架空交接箱

表 A-4　　　　　　　　　　通信杆路常用图例

序号	名称	图例	说明
1	电杆的一般符号	○	可以用文字符号标注 其中：A—杆路或所属部门，B—杆长，C—杆号
2	单接杆	○○	
3	品接杆	○○○	
4	H 型杆	○○	
5	L 型杆	Ⓛ	
6	A 型杆	Ⓐ	
7	三角杆	△	
8	四角杆	#	
9	带撑杆的电杆	○←⊢	
10	带撑杆拉线的电杆	○↔⊢	
11	引上杆	○●	小黑点表示电缆或光缆
12	通信电杆上装设避雷线	⊥	
13	通信电杆上装设带有火花间隙的避雷线	⊥	

(续表)

序号	名称	图例	说明
14	通信电杆上装设放电器		在 A 处注明放电器型号
15	电杆保护用围桩		河中打桩杆
16	分水桩		
17	单方拉线		拉线的一般符号
18	双方拉线		
19	四方拉线		
20	有 V 型拉线的电杆		
21	有高桩拉线的电杆		
22	横木或卡盘		

表 A-5　　通信管道常用图例

序号	名称	图例	说明
1	直通型人孔		人孔的一般符号
2	手孔		手孔的一般符号
3	局前人孔		
4	斜通型人孔		
5	分歧人孔		
6	四通型人孔		
7	埋式手孔		

表 A-6　　　　　　　　　　通信电源常用图例

序号	名称	图例	说明
1	规划的变电所/规划的配电所	○	
2	运行的或未说明的变电所/运行的或未说明的配电所	●	
3	规划的杆上变压器		
4	运行的杆上变压器		
5	规划的发电站		
6	运行的发电站		
7	负荷开关功能		
8	熔断器的一般符号		
9	三相交流发电机	G₃	
10	交相电动机	M	
11	发电机组		根据需要可加注机油和发电机类型
12	稳压器	VR	
13	桥式全波整流器		
14	不间断电源系统	UPS	
15	逆变器		
16	整流器/逆变器		
17	整流器/开关电源		

（续表）

序号	名称	图例	说明
18	直流变换器		
19	电池或蓄电池		
20	电池组或蓄电池组		
21	太阳能或光电发生器		
22	电源监控	形式1 形式2	符号内的星号可用下列子目代替： SC—监控中心 SS—区域监控中心 SU—监控单元 SM—监控模块
23	接地的一般符号		
24	抗干扰接地 （无噪声接地）		
25	保护接地		
26	避雷针		
27	避雷器		
28	电阻器的一般符号	优选形 其他形	
29	可调电阻器		
30	压敏电阻器 （变阻器）		
31	带分流和分压端子的电阻器		
32	电容器的一般符号	优选形　其他形	

（续表）

序号	名称	图例	说明
33	极性电容器		
34	电感器		
35	直流		
36	交流		

表 A-7　　　　　　　　　　传输设备常用图例

序号	名称	图例	说明
1	光传输设备节点基本符号		＊表示节点传输设备的类型，S：SDH 设备，W：WDM 设备，A：ASON 设备
2	微波传输		
3	告警灯		
4	告警铃		
5	公务电话		
6	延伸公务电话		
7	设备内部时钟		
8	大楼综合定时系统		
9	网管设备		

（续表）

序号	名称	图例	说明
10	ODF/DDF 架		
11	WDM 终端型波分复用设备		16/32/40/80 波等
12	WDM 光线路放大器		
13	WDM 光分插复用器		16/32/40/80 波等
14	4∶1 透明复用器		1∶8、1∶16，依此类推
15	SDH 终端复用器		
16	SDH 分插复用器		
17	SDH 中继器		
18	DXC 数字交叉连接设备		
19	ASON 设备		

表 A-8　　　　　　　　　　　移动通信常用图例

序号	名称	图例	说明
1	基站		可在图形内加注文字符号表示不同技术，例如： BTS：GSM 或 CDMA 基站 NodeB：WCDMA 或 TD-SCDMA
2	全向天线	俯视　正视	可在图形旁加注文字符号表示不同类型，例如： Tx：发信天线 Rx：接收天线 Tx/Rx：收发共用天线

（续表）

序号	名称	图例	说明
3	板状定向天线	俯视 正视 背视　侧视1 侧视2	可在图形旁加注文字符号表示不同类型，例如： Tx：发信天线 Rx：接收天线 Tx/Rx：收发共用天线
4	八木天线		
5	吸顶天线	Tx/Rx	
6	抛物面天线		
7	馈线		
8	泄漏电缆		
9	二功分器		
10	三功分器		
11	耦合器		
12	干线放大器		

表 A-9　　　　机房建筑及设施常用图例

序号	名称	图例	说明
1	墙		墙的一般表示方法
2	方形孔洞		左为穿墙洞，右为地板洞
3	圆形孔洞		
4	单扇门		包括平开或单面弹簧门 作图时开度可为45°或90°
5	双扇门		包括平开或单面弹簧门 作图时开度可为45°或90°
6	单层固定窗		
7	双层内外开平开窗		

(续表)

序号	名称	图例	说明
8	推拉窗		
9	百叶窗		
10	电梯		
11	隔断		包括玻璃、金属、石膏板等 与墙的画法相同,厚度比墙窄
12	栏杆		与隔断的画法相同,宽度比隔断小,应有文字标注
13	楼梯		应标明楼梯上(或下)的方向
14	房柱	或	可依照实际尺寸及形状绘制,根据需要可选用空心或实心
15	折断线		不需画全的断开线
16	波浪线		不需画全的断开线
17	标高	室内 室外	

表 A-10　　　　　地形图常用符号

序号	名称	图例	说明
1	围墙		
2	打谷场(球场)	谷(球)	
3	高于地面的水池	水　　水	
4	低于地面的水池	水	
5	体育场	体育场	
6	喷水池		
7	一般铁路		

（续表）

序号	名称	图例	说明
8	池塘		
9	沙地		
10	沙砾土、戈壁滩		
11	稻田		
12	旱地		
13	菜地		
14	林地		
15	竹林		
16	天然草地		
17	人工草地		
18	芦苇地		
19	花圃		
20	苗圃		

附录 B 职业资格认证模拟题

一、理论题（100 分）

（一）单项选择题（40×1.5＝60 分）

1. 在 CAD 中，用于打开/关闭"正交"的功能键是（　　）。
   A. F9　　　　　　B. F8　　　　　　C. F11　　　　　　D. F12

2. 设定图层的颜色、线型、线宽后，在该图层上绘图，图形对象将（　　）。
   A. 必定使用图层的这些特性
   B. 不能使用图层的这些特性
   C. 使用图层的所有这些特性，不能单项使用
   D. 可以使用图层的这些特性，也可以在"对象特性"中使用其他特性

3. 在"选项"对话框的"打开和保存"选项卡中可列出的"最近所用文件"的有效值范围为多少？（　　）
   A. 0 到 6　　　　B. 0 到 9　　　　C. 0 到 15　　　　D. 0 到 4

4. 定义文字样式的命令是（　　）。
   A. Text　　　　　B. Style　　　　　C. Texdine　　　　D. Standard

5. 两圆的圆心分别为(50,60)、(150,250)，半径分别为 50、60，与两圆相切的直线长度为（　　）。
   A. 214.48、184.40　　　　　　　　B. 214.35
   C. 184.40、214.35　　　　　　　　D. 170

6. 下列四种点的坐标表示方法中，哪一种是绝对直角坐标的正确表示？（　　）
   A. @15,@32　　　B. 25 32　　　　C. @25,32　　　　D. 25,32

7. 如果防止他人编辑自己的图形，同时又可以允许他人参照自己的图形，你可这样操作（　　）。
   A. 在"选项"对话框，"打开和保存"选项卡下，设置按需加载外部参照文件的方式为"启用"
   B. 在"选项"对话框，"打开和保存"选项卡下，设置按需加载外部参照文件的方式为"使用副本"
   C. 在"选项"对话框，"打开和保存"选项卡下，清除"允许其他用户参照编辑当前图形"复选框
   D. 以上选项都不正确

8. 下列哪个选项不是系统提供的"打印范围"？（　　）
   A. 窗口　　　　　B. 图形界限　　　C. 范围　　　　　D. 显示

9.在命令执行过程中,需要"帮助"时可以怎样实现?(   )

    A.按功能键 F1   B.按功能键 F2   C.按功能键 F10   D.按功能键 F12

10.图案填充的"角度"是(   )。

    A.以 X 轴正方向为0°,顺时针为正   B.以 Y 轴正方向为0°,逆时针为正

    C.以 X 轴正方向为0°,逆时针为正   D.ANSI31 的角度是45°

11.以下哪些工具按钮都是在"绘图"工具栏中?(   )

    A.直线、点、复制、多行文字

    B.直线、图案填充、偏移、多行文字

    C.创建块、点、复制、样条曲线

    D.直线、点、表格、矩形

12.如果要修改标注样式中的设置,则图形中的什么将自动使用更新后的样式?(   )

    A.当前选择的尺寸标注   B.当前图层上的所有标注

    C.除了当前选择以外的所有标注   D.使用修改样式的所有标注

13.Zoom 命令与 Scale 命令(   )。

    A.具有相同作用的放大与缩小   B.Zoom 命令是显示控制命令

    C.Scale 命令是显示放大命令   D.Zoom 是比例放大命令

14.拖动圆弧的一个夹点(端点),将不会改变圆弧的(   )。

    A.圆心   B.半径

    C.中间点   D.另一端点

15.关于样条曲线(Spline),下列说法错误的是(   )。

    A.样条曲线是经过或接近一系列给定点的光滑曲线,不可以控制曲线的拟合程度

    B.创建一种称为非一致有理 B 样条(Nurbs)曲线的特殊样条曲线类型,Nurbs 曲线在控制点之间产生一条光滑的曲线

    C.可以通过指定点来创建样条曲线,也可以将样条曲线化后的多线段转化为样条曲线

    D.也可以封闭样条曲线,使用点和端点重合

16.把块插入图形中时,一个块可以插入多少次?(   )

    A.1   B.2   C.10   D.无穷多次

17.弧长标注用于测量(   )上的距离。

    A.圆弧   B.圆弧或多段线弧线段

    C.线弧线段   D.多段线弧线段

18.同一图层上的图形对象将(   )。

    A.具有统一的颜色

    B.具有一致的线型、线宽

    C.可以使用不同的颜色、线型、线宽等特性

    D.只能属于该层不可以更改

19.多段线命令绘制的线与直线命令绘制的线有什么不同(　　)。
　　A.前者绘制的线,每一段都是独立的图形对象,后者则是一个整体
　　B.前者绘制的线可以设置线宽,后者没有线宽
　　C.前者只能绘制直线,后者还可以绘制圆弧
　　D.前者绘制的线是一个整体,后者绘制的线的每一段都是独立的图形对象

20.当前图形有四个层 0、A1、A2、A3,如果 A3 为当前层,同时 0、A1、A2、A3 都处于打开(ON)状态,并且都没有冻结(Freeze),下面哪句话是正确的?(　　)
　　A.只有 A3 层的对象是可见的
　　B.只有 0 层的对象是可见的
　　C.四个层上的所有对象都是可见的
　　D.任何时候只有一个层上的对象是可见的

21.关于命令行,说法错误的是(　　)。
　　A.用于接受用户使用键盘的命令,并显示操作过程中的各种提示信息
　　B.固定在软件窗口最下方,不可以浮动
　　C.可以拖动到窗口任意处,并可以进行"透明"处理
　　D.可以拖动到窗口任意处

22.连续标注是怎样的标注?(　　)
　　A.自同一基线处测量　　　　　　B.线性对齐
　　C.首尾相连　　　　　　　　　　D.增量方式创建

23.CAD 的英文全称是什么?(　　)
　　A.Computer Aided Drawing　　　　B.Computer Aided Design
　　C.Computer Aided Graphics　　　　D.Computer Aided Plan

24.关于块的定义,以下说法正确的是(　　)。
　　A.将文件中所有插入的图块都删除,图块的定义就不存在了
　　B.将文件中所有插入的图块都炸开,图块的定义就不存在了
　　C.如果图中存在使用某个块定义的块,则这个块不能被重新定义
　　D.如果图中存在使用某个块定义的块,则这个块不能被清

25.移动(Move)命令的操作步骤是(　　)。
　　A."选择对象"→"基点(原来位置)"→"位移至(新位置)"
　　B."选择对象"→"位移至(新位置)"
　　C."选择对象"→"基点(新位置)"
　　D."基点(原来位置)"→"选择对象"→"位移至(新位置)"

26.现在要将 A 对象的特性匹配到 B 对象上,方法是(　　)。
　　A.调用"特性匹配",首先选择"原对象"A,然后选择"目标对象"B
　　B.调用"特性匹配",首先选择"目标对象"B,然后选择"原对象"A
　　C.调用"特性匹配",选择 A 和 B
　　D.选择 A 和 B,调用"特性匹配"

27.若将左图编辑成右图,怎样操作?(　　)

A.必须利用其他编辑命令

B.选择右侧直线作为边界延伸,再按住 Shift 键选择需修剪部分修剪

C.必须要利用修剪命令

D.选择所有图形对象作为边界,先延伸中间水平直线右端,再按住 Shift 键选择需修剪部分修剪

28.刚刚画了半径为 32 的圆,下面在其他位置继续画一个半径为 32 圆,最快捷的操作是(　　)。

A.单击画圆,给定圆心,键盘输入 32

B.单击画圆,给定圆心,键盘输入 64

C.按 Enter 键、空格键或单击鼠标右键,重复圆,给定圆心,键盘输入 32

D.按 Enter 键、空格键或单击鼠标右键,重复圆,给定圆心,按 Enter 键、空格键或单击鼠标右键

29.图案填充时,"添加:拾取点"方式是创造边界灵活方便的方法,关于该说法错误的是(　　)。

A.该方式自动搜索绕给定点最小的封闭边界,该边界必须封闭

B.该方式自动搜索绕给定点最小的封闭边界,可以设定该边界允许有一定的间隙

C.该方式创建的边界中不能存在孤岛

D.该方式可以直接选择对象作为边界

30.在进行打断操作时,系统要求指定第二打断点,这时输入了@,然后按 Enter 键结束,结果是(　　)。

A.没有实现打断

B.在第一打断点处将对象一分为二,打断距离为零

C.系统继续要求指定第二打断点

D.从第一打断点处将对象另一部分删除

31.图块定义中插入点的系统默认值为(　　)。

A.坐标原点　　　　　　　　B.线段端点

C.用户指定　　　　　　　　D.通常不为同一点

32.以下哪种方法可以将对象从其他程序嵌入 CAD 中?(　　)

A.粘贴或拖曳　　　　　　　B.选择性粘贴

C.外部参照　　　　　　　　D.以上均可

33.在对图形对象进行复制操作时,给定了图形位置的基点坐标为(90,70),系统要求给定第二点时输入@,按 Enter 键结束,那么复制后的图形所处位置是(　　)。
　　A.没有复制出新图形　　　　　　B.复制出的图形与原图形重合
　　C.−90,−70　　　　　　　　　　D.0,0

34.系统默认的填充图案与边界是(　　)。
　　A.关联的,边界移动图案随之移动
　　B.不关联
　　C.关联,边界删除,图案随之删除
　　D.关联,内部孤岛移动,图案不随之移动

35.工程图样上所用的国家标准大字体 SHX 字体文件是(　　)。
　　A.Isoct.shx　　B.Gdt.shx　　C.Gbcbig.shx　　D.Gothice.shx

36.下列哪个选项不是建立超级链接的方式?(　　)
　　A."插入"菜单中选择"超链接"
　　B.在命令行中输入"HYPERLINK"
　　C.使用快捷键 Ctrl+K
　　D."插入"菜单中选择"OLE 对象"选项

37.下列对象可以转化为多段线的是(　　)。
　　A.直线和圆弧　　B.椭圆　　C.文字　　D.圆

38.在绘图过程中,为防止对某一图层的误操作,又要显示该图层的图形,需要该层临时(　　)。
　　A.关闭　　B.冻结　　C.锁定　　D.打开

39.线性标注可以测量什么样的线?(　　)
　　A.弧线　　B.直线　　C.斜线　　D.以上都不可以测量

40.进入标注管理器的快捷键是(　　)。
　　A.D　　B.C　　C.A　　D.B

(二) 填空题(20×1.5＝30 分)

1.定位线段 L 的第一点 A 后,想绘制长度为 100,与 X 轴正方向夹角为 90°的线段 AB,可以输入_____或_____命令来完成。

2.绘制图纸前一般要设置_____、文字样式和_____等。

3.用于完成线段、弧线等修剪的操作可以是打断于点、_____以及_____。

4.绘制通信工程图纸时,一般粗实线表示_____,细实线表示_____,细虚线表示_____。

5.使用 CAD 软件,绘制的图形文件格式为_____。

6.移动圆对象,使其圆心移动到直线中点,需要应用_____。

7.在修改编辑时,仅以采用交叉多边形窗口来选取对象的编辑命令是_____。

8.CAD 软件中我们一般都用_____单位来做图以达到最佳的效果。

9.在 CAD 中圆弧快捷键是_____。

10.分解实体的命令为_____,关闭或开启"填充"功能的命令为_____,图纸重生成命令为_____,偏移的快捷命令为_____,修剪的快捷命令为_____,缩放的快捷命令为_____。

(三)判断题(10×1=10 分)

1.在 CAD 中修剪工具只可以对一个对象实行一次修剪。　　　　　　　　(　　)

2.在 CAD 中用尺寸标注命令所形成的尺寸文本、尺寸线和尺寸界线类似于块,可以用 Explode 命令来分解。　　　　　　　　　　　　　　　　　　　　　　　(　　)

3.在 CAD 中 Pan 和 Move 命令实质是一样的,都是移动图形。　　　　　(　　)

4.在 CAD 中加锁后的图层,该层上物体无法编辑,但可以向该层画图形。(　　)

5.在 CAD 中任何图形都是可以分解的。　　　　　　　　　　　　　　(　　)

6.在 CAD 中移动圆对象,使其圆心移动到直线中点,需要应用对象捕捉。(　　)

7.在 CAD 中默认图层为 0 层,它是可以删除的。　　　　　　　　　　(　　)

8.在 CAD 中缩放命令"Zoom"和缩放命令"Scale"都可以调整对象的大小,可以互换使用。　　　　　　　　　　　　　　　　　　　　　　　　　　　　　　(　　)

9.在 CAD 中当正交命令为打开时,只能画水平和垂直线,不能画斜线。　(　　)

10.在 CAD 中所有图层均可加锁,也可以关闭所有图层。　　　　　　　(　　)

二、实践部分(100 分)

(一)绘制 A4 标准图框(15 分)

请使用通信工程制图软件,绘制出一份 A4 标准图框(包括指向正北方向的指北针)。

(二)绘制移动基站工程图(50 分)

请使用通信工程制图软件绘制出以下工程图。机房平面图墙厚:300 mm,并将其创建为块后放于以上所绘制 A4 图框中,并制作设备清单表放置在其中。

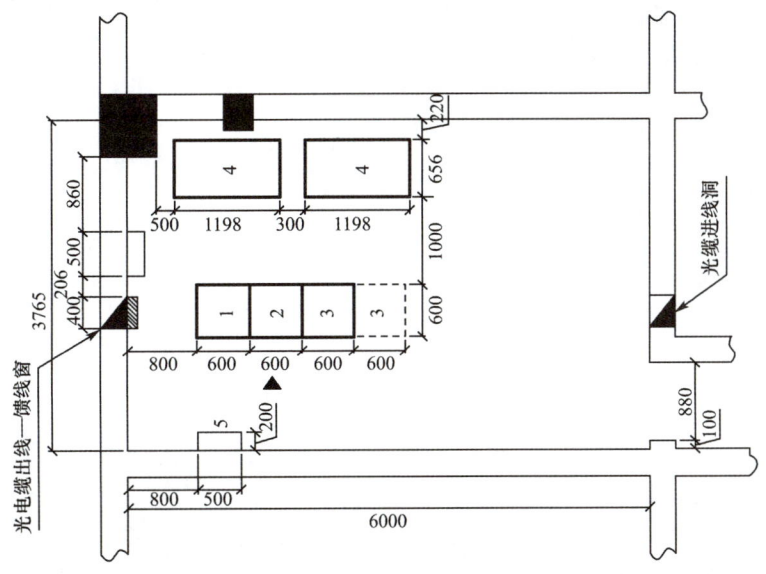

(三)绘制通信线路工程图(35分)

请运用通信工程制图软件绘制出以下通信线路工程图,并将其放置在以上所绘制的 A4 图框里。

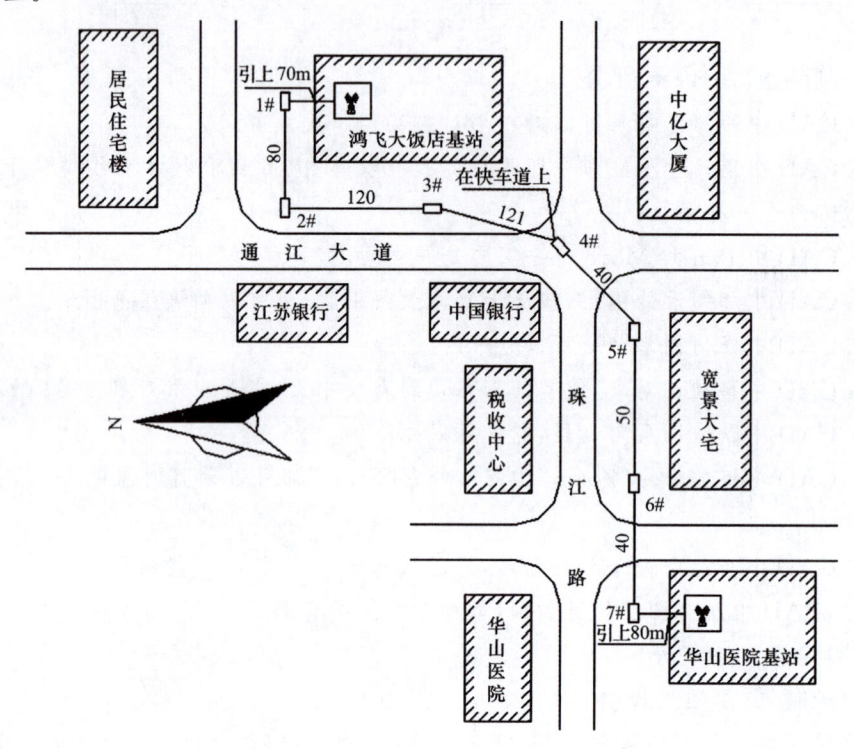